基于 MP2P 的视频资源
共享机制与方法

贾世杰　张瑞玲　王天银　著

科学出版社

北京

内 容 简 介

视频服务为用户提供丰富的可视内容，借助无线通信技术使用户通过移动手持设备接入互联网获取和观看视频内容，已经成为互联网中最重要、最流行的应用。研究基于移动对等网络的视频资源共享机制与方法，对提升视频服务部署规模、资源分发效率和服务质量具有重要的理论意义与实用价值。

本书以理论模型、方法设计和实验验证的研究逻辑系统地介绍在异构网络环境下视频资源共享机制与方法，主要内容包括在车联网、内容中心网等网络环境下用户的需求与兴趣、交互行为、移动行为、播放行为的感知与评估方法，以及视频搜索和调度、视频分布调整、视频协作获取的方法，并进行仿真实验。

本书内容丰富、可读性强，可以作为计算机网络、通信等方向的研究人员和相关信息技术从业人员的技术参考资料。

图书在版编目（CIP）数据

基于 MP2P 的视频资源共享机制与方法 / 贾世杰，张瑞玲，王天银著. — 北京：科学出版社，2023.8
ISBN 978-7-03-076126-2

Ⅰ. ①基… Ⅱ. ①贾… ②张… ③王… Ⅲ. ①视频系统－资源共享 Ⅳ. ①TN94

中国国家版本馆 CIP 数据核字（2023）第 148006 号

责任编辑：赵艳春 霍明亮 / 责任校对：崔向琳
责任印制：赵 博 / 封面设计：蓝正设计

科 学 出 版 社 出版
北京东黄城根北街 16 号
邮政编码：100717
http://www.sciencep.com
三河市骏杰印刷有限公司印刷
科学出版社发行 各地新华书店经销

*

2023 年 8 月第 一 版 开本：720 × 1000 1/16
2024 年 8 月第二次印刷 印张：16 1/4
字数：325 000
定价：**118.00 元**
（如有印装质量问题，我社负责调换）

前　言

　　视频是互联网中信息传播的重要载体，视频服务已经成为目前移动互联网最为重要的应用之一，广泛地应用在教育、娱乐、电子商务、即时通信等领域中，是推动国民经济和社会发展的重要支撑。网络视频服务与传统产业、新兴产业的深度融合必然汇聚起规模庞大的视频用户。此外，为了增加视频用户体验质量，网络视频质量不断提升，如高清视频、虚拟现实、增强现实等高质量网络视频应用需要使用大量网络带宽资源。视频用户规模庞大且持续增长及对视频质量不断提升的要求必然导致网络视频流量快速增加，对网络承载能力提出更大的挑战。如何提升网络资源使用效率、有效地缓解大规模网络视频流量需求与相对有限网络资源之间的矛盾、增强视频用户体验效果已经成为网络视频服务和相关产业快速规模化发展的瓶颈问题。因此，研究基于 MP2P 的视频资源共享机制与方法，是推动移动网络视频服务和相关产业快速规模化发展、提升网络可靠性和安全性的关键环节，对扩大视频服务部署规模、提高资源分发效率和提升服务质量具有重要的理论意义与实用价值。

　　本书围绕基于 MP2P 的视频资源共享机制与方法，研究相关理论模型与方法，并进行仿真实验验证。本书共分 11 章。第 1 章为绪论，主要介绍视频资源共享的研究背景、国内外研究现状、面临的挑战、发展趋势与关键技术；第 2 章为基于需求感知和缓存优化的视频共享方法，主要介绍覆盖网络中视频散播模型的构建方法、节点需求与视频分布变化的评估模型构建方法、基于节点需求和运动行为相似度评价的节点聚类的方法、基于节点簇的视频共享方法和仿真实验；第 3 章为基于用户兴趣感知的视频共享方法，主要介绍视频相似度评估模型和视频聚类方法、混合视频资源查询方法、基于通信质量感知的视频提供节点选择策略和仿真实验；第 4 章为基于用户交互行为感知的视频资源共享方法，主要介绍用户交互模型、用户的视频请求和交付的共性特征抽取方法，以及基于共性特征的用户社区构建方法、社区用户的视频查询方法和仿真实验；第 5 章为面向突发密集请求的视频资源散播方法，主要介绍用户请求行为分类和分析方法、突发密集视频请求所需带宽和周期时间的预测方法、视频动态调度分配方法和仿真实验；第 6 章为基于相似播放模式抽取的视频资源共享方法，主要介绍用户播放行为相似性评估模型与方法、用户虚拟社区构建方法、社区内视频搜索方法和仿真实验；第 7 章为基于聚类树的视频搜索方法，主要介绍基于流行度的视频二叉树构建方法、基于二叉树的用户虚拟社区构建和维护方法，以及社区用户视频查询方法和仿真实验；第 8 章为基于跨层感知和邻居协作的资源共享方法，主要介绍以视频资源为中心的自组织节点簇的构建方法，用户视频资源获取成本评估方法，以及视频资源提供者选择与切换方法和仿真实验；第 9 章为基于稳定邻居节点的视频资源协作获取方法，主要介绍一跳邻居节点移动稳定性评估模型和通信质量预测模型，以及一跳邻居节点协作获取视频方法和仿真实验；第 10 章为基于车辆移动行为相似性评估的视频共享方法，主要介绍车辆位置评估与运动轨迹表示方法、基于车辆跟驰模型的车辆运动模式，以及车辆运动模式识别方法、车辆运动行为相似性评估方法和仿真实验；第 11 章为内容中心网络下基于节点协同的视频共享方法，主要介绍邻居节点内容查询和交付能力、协作邻居选择与维护方法，以及基于邻居协作的视频获取方法和仿真实验。

本书相关工作得到了中国工程院院士、北京交通大学张宏科教授和国家杰出青年科学基金获得者、北京邮电大学许长桥教授的指导，在此对两位恩师表示感谢。感谢为本书投入过心血、辛勤工作的所有人。

感谢河南省自然科学基金（232300420155）、河南省高校青年骨干教师计划（2020GGJS191）、河南省重点研发专项（221111111700）、河南省高校科技创新团队支持计划（22IRTSTHN016、23IRTSTHN017）和国家自然科学基金（61501216）的资助。

由于作者水平有限，书中难免有不足之处，恳请读者批评指正。

作　者

2021 年 8 月 27 日

目　　录

第1章 绪　论

视频服务为用户提供丰富可视的内容，并借助无线通信技术快速发展，吸引了海量用户利用移动手持设备接入互联网获取和观看视频内容。视频服务利用移动对等网络（mobile peer-to-peer，MP2P）技术实施高效的视频资源共享，在移动互联网中实现大规模、可扩展、个性化的移动视频服务部署，为用户提供高体验质量的视频内容。

1.1　视频资源共享的研究背景

随着无线通信技术和移动设备的快速发展，通过手持智能终端随时随地获取互联网服务已经成为人们必不可少的生活方式，这标志着移动互联网时代已经到来[1]。移动互联网不仅改变人们传统的生产生活方式，而且培育出的新型服务必将成为推动我国经济转型发展的新增长点。移动视频服务是目前移动互联网中最为流行的应用之一，主要包括视频直播和视频点播等服务，视频直播能够为视频用户提供视频内容推送服务，视频用户根据自身兴趣及需求变更直播的视频内容，但不具备与内容间的交互式操作；视频点播能够为用户提供主动式、交互式和个性化的服务，支持节目即点即放，同时支持视频与用户的互动，甚至支持节目的播放、暂停、倒退、快进和随机跳转等盒式录像机（video cassette recorder，VCR）操作[2-8]。根据 2022 年 11 月发布的《爱立信移动市场报告》，2022 年底，全球移动数据流量为每月 118EB，未来五年将增长 4.2 倍，全球移动数据流量达到每月约 282EB，视频流量占所有移动数据流量的 69%，预计到 2027 年将增加到 79%。根据第 50 次《中国互联网络发展状况统计报告》，截至 2022 年 6 月，短视频用户规模为 9.62 亿，较 2021 年 12 月增长 2805 万，占网民整体的 91.5%；网络直播用户规模达 7.16 亿，较 2021 年 12 月增长 1290 万，占网民整体的 68.1%[9-17]。如图 1-1 所示，移动互联网下视频服务实现了异构网络融合、资源泛在接入，为视频用户提供高服务质量（quality of service，QoS）和体验质量。例如，在车载网络（vehicular ad hoc network，VANET）中部署视频服务能够为乘客提供高体验质量的视频内容、丰富人们的数字生活，而且也可以成为未来无线异构网络环境下视频服务的重要组成部分。

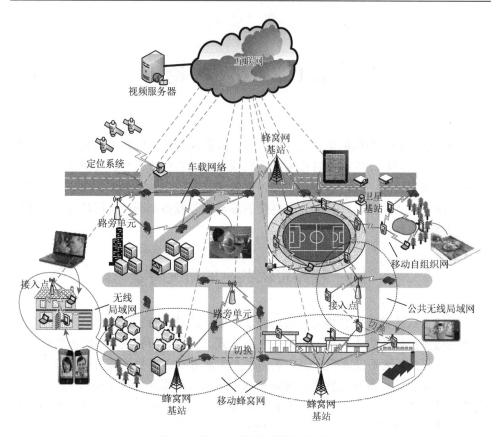

图 1-1　移动互联网部署的视频服务

在移动互联网中部署视频服务通常采用对等（peer-to-peer，P2P）网络技术和 MP2P 网络技术构建视频资源分发模型，其中，MP2P 是移动环境下的 P2P 网络，描述了一种在无线移动网络环境下自治的移动设备以对等方式交互、共享协作处理模式。MP2P 支持节点的移动性，在网络带宽资源和终端资源有限的条件下，充分地利用每一个移动节点的资源为其他移动节点提供服务，使系统规模最大化。与传统的客户端/服务器（client/server，C/S）结构不同，P2P/MP2P 是一种分布式计算模型，具有分布式、自组织等特征，能够有效地解决分布式环境下视频资源共享的可扩展性差、共享代价高等问题，已经成为国内外学者的研究热点[18-26]。P2P/MP2P 网络中的每个节点可以相互分享自身的带宽和存储资源，为其他节点提供所需的视频资源，充分地利用网络中所有节点的带宽和存储资源，大大提高了视频系统的可扩展性。近年来，随着移动视频技术的发展[27-30]，MP2P 技术为大规模移动视频服务提供了可行的解决方案，现有研究主要围绕 MP2P 组网策略、资源管理、分发和查询策略等方面展开研究。例如，文献[26]提出了一种车载网络下基于

P2P 的多媒体服务解决方案,建立了用户满意度模型,设计了视频资源分发和缓存更新策略,优化了资源共享效率,提高了用户的视觉体验效果。在移动环境下文献[31]～[33]提出了基于 Chord 结构的 P2P 模型。文献[32]改进了传统 Chord 结构中的 finger 表,增加了三个属性域:查询成功域、失败域及节点状态标志域。通过记录和标识资源查询结果与效率,从而提高资源查询成功率和效率。在 Mesh 网络中,文献[34]提出了基于 Chord 结构的 P2P 文件分享方法,将 Mesh 路由器的位置坐标进行哈希计算,使 Mesh 路由器组织成为一个 Chord 结构,不仅能够实现资源的快速定位,而且能够确保发现的资源供应者与资源请求者在物理位置上保持相近。文献[35]提出了一种车载网络下以用户体验质量为驱动的视频点播(video-on-demand,VoD)系统。该系统包含了两层网络:底层为基于 V2V(vehicle-to-vehicle)的车载网络;上层为基于 4G(generation)蜂窝网的 Chord 网络。在 Chord 结构中,每个节点利用本地的静态缓冲区存储一个或多个视频块,以确保可用资源的稳定性;将节点进行分组聚类,以平衡服务负载;利用 Chord 结构查询请求的资源,以降低用户启动时延。基于现有移动互联网中视频资源共享方法的研究,在移动互联网中部署视频服务需要解决以下几个问题。

(1)在视频服务特性方面,视频用户对视频内容的兴趣是驱动视频资源请求行为产生与变化的主要原因。当用户对视频内容产生兴趣时,会发送视频资源请求消息,当视频服务器或 P2P/MP2P 网络中的节点收到请求消息后,将所请求的视频资源发送至请求视频的用户;当请求视频的用户完成对视频内容的观看后,失去了对当前视频内容的兴趣,从而退出视频系统或请求其他感兴趣的视频资源。例如,对于视频直播服务,视频用户可以在不同视频直播间进行切换;视频点播服务除了能够支持视频用户在不同视频内容间进行切换,还允许视频用户异步请求和主动变更播放内容。视频用户不仅可以在任意的视频播放点加入视频系统,也可以在视频播放过程中改变播放点位置,从而形成视频用户在播放时间轴上的异构性。

视频用户对视频内容兴趣的变化导致了其对视频资源需求的不确定性,使得 P2P 网络中视频资源的供给与需求产生动态的不平衡。例如,当 P2P/MP2P 网络和视频服务器中存储的视频资源对应的计算与带宽资源小于视频用户请求规模时,视频用户需要等待 P2P/MP2P 网络和视频服务器提供所需的计算与带宽资源以完成视频数据接收与播放,从而产生等待时延;当 P2P/MP2P 网络和视频服务器中存储的视频资源对应的计算与带宽资源大于视频用户请求规模时,视频用户无须等待 P2P/MP2P 网络和视频服务器的计算与带宽资源分配时延,仅需要付出相对小的启动时延即可接收视频数据以完成视频播放,但 P2P/MP2P 网络和视频服务器中存储的冗余视频资源也会造成存储资源的浪费。因此,动态的播放行为会引起节点频繁地从 P2P/MP2P 网络中查询携带请求资源的提供者,以获取所需要的视频内容,造成网络中视频资源提供者与接收者间的逻辑连接不断地发生更迭，严重影响视频用户播放体验效果，并且大量的资源请求消息消耗宝贵的无线网络带宽资源。

（2）在视频资源分发体系结构方面，P2P/MP2P 技术将网络节点映射到逻辑的覆盖网络中，为节点定义彼此之间的逻辑连接，并将节点进行组织，从而构建 P2P 网络结构，从而支持视频资源的大规模共享。现有的面向互联网的 P2P/MP2P 网络主要采用结构化和非结构化的方法组织与维护网络中的节点。结构化的 P2P/MP2P 网络主要包括分布式哈希表（distributed Hash tables，DHT）、Tree 和混合结构（DHT 与 Tree 的混合结构、DHT 与链表的混合结构、Tree 与链表的混合结构等）。结构化的 P2P/MP2P 网络能够利用结构中预先定义的节点间逻辑关系实现存储、计算和带宽资源的分配与调度，以支持视频资源的快速查询；然而，节点状态的变化（如改变播放内容、退出视频系统等）会导致预先定义的逻辑关系也产生变化，为了维护结构化的 P2P/MP2P 网络，网络节点需要不断地共享彼此的状态信息，从而维护彼此间的逻辑关系，产生极高的维护负载（维护负载与节点数量相关）。非结构化的 P2P/MP2P 网络没有为网络节点定义彼此间的逻辑关系，即网络节点根据视频分发需求动态地维护与其他节点间的逻辑关系，松散的 P2P/MP2P 网络结构具有较强的可扩展性，不会随着网络节点数量的增加而产生难以承受的维护负载；然而，网络节点查询视频资源依赖于自身维护的邻居节点数量，视频资源查询时延大且易变性高，视频资源查询成功率低，且一旦查询失败，则利用泛洪方法广播视频请求消息，不仅浪费网络带宽资源，而且造成查询时延提升、网络拥塞风险增加。

（3）在视频资源管理与共享方面，视频资源在 P2P/MP2P 网络中离散分布，P2P/MP2P 网络节点在本地存储一定数量的视频资源，为其他网络节点提供视频传输服务。由于网络节点存储能力相对有限，当网络节点存储空间已满且需要请求新的视频资源时，需要删除本地存储的视频资源以存储新的视频资源。事实上，网络节点本地视频资源的替换会引起 P2P/MP2P 网络视频资源分布的变化。当网络节点本地存储的视频资源众多且替换视频数量较少时，网络节点本地资源的变化对整个 P2P/MP2P 网络视频资源分布的影响程度较小；当网络节点本地存储的视频资源众多且替换视频数量较大时，网络节点本地资源的变化对整个 P2P/MP2P 网络视频资源分布的影响程度较大；当网络节点本地存储的视频资源较少时，网络节点本地资源的轻微变化也会对整个 P2P/MP2P 网络视频资源分布带来较大的影响。视频资源管理应当根据视频用户兴趣变化调节 P2P 网络视频资源分布，动态平衡视频资源需求与供给，利用有限的存储资源满足视频用户需求，最小化视频请求时延，最大化网络存储资源利用率。

（4）在节点移动性方面，移动互联网中节点根据自身需要在区域内移动，节点的移动导致地理位置不断发生变化，也使得网络拓扑不断变化，对视频资源的分布和视频数据的传输带来严重的负面影响。对于视频资源的分布，网络节点作为视频资源的携带者，视频资源随节点的移动而产生地理位置的变化，导致视频资源在地理位置上的分布发生动态变化。视频请求消息通过有限数量的中继节点转发到视频提供节点，因此，视频资源在地理空间的位移引起的分布变化不仅容易增加视频搜索的时间（视频请求节点与视频提供节点间的地理距离增加导致视频查询路径中继节点数量增加），而且增加视频搜索失败的风险。对于视频数据传输，视频请求节点与视频提供节点间的地理距离随通信双方节点的移动而发生动态变化，以至于视频请求节点与视频提供节点间的视频数据传输路径发生动态变化，从而增加了视频数据传输的风险，而且增大视频数据丢失的风险。

移动互联网中移动节点的带宽、计算、存储和续航能力相对有限，视频资源共享受到用户兴趣变化、节点能力、移动性等方面的影响，应当感知用户兴趣变化，动态调整视频资源分布，满足用户资源需求；感知用户移动性变化，动态调整视频数据传输策略，确保视频传输实时性和可靠性；建立自适应动态网络环境的 P2P/MP2P 网络结构，优化与平衡网络资源分布和使用，支持节点间协作共享视频资源，降低网络结构维护成本。

国务院发布的《关于积极推进"互联网＋"行动的指导意见》、工业和信息化部与国家发展和改革委员会联合发布的《信息产业发展指南》明确指出，适应重点行业融合创新发展需求，完善无线传感网、行业云及大数据平台等新型应用基础设施。实施云计算工程，大力提升公共云服务能力，引导行业信息化应用向云计算平台迁移，加快内容分发网络建设，优化数据中心布局。加强物联网网络架构研究，组织开展国家物联网重大应用示范，鼓励具备条件的企业建设跨行业物联网运营和支撑平台。加强未来网络顶层设计，加强未来网络长期演进的战略布局和技术储备，开展网络体系架构、安全性和标准研究，重点突破软件定义网络（software defined network，SDN）/网络功能虚拟化（network functions virtualization，NFV）、网络操作系统、内容分发等关键技术，推动关键技术试验验证，组织开展规模应用试验。因此，研究视频资源共享机制与方法，使用移动对等网络技术有效地解决在移动互联网中提供大规模和高质量的视频服务时存在的问题，使得移动节点具备协同、感知、学习和自适应的能力，提高基于 MP2P 的视频系统的整体性能和服务质量，对移动视频服务的应用和发展具有重大的理论与现实意义。

1.2 视频资源共享的研究现状

移动互联网融合多种无线网络技术，如蜂窝网、车载网、移动自组网、无线局域网等，为泛在接入互联网获取视频服务提供支持，用户可以通过手机、平板电脑、车载播放终端观看视频内容。近年来，无线通信技术得到迅猛发展，覆盖范围不断增大的长期演进技术（long term evolution，LTE）网络，即将部署的全球微波接入互操作性（worldwide interoperability for microwave access，WiMAX）网络，以及未来的 LTE-Advance[36]和 WiMAX-2[37]网络，使无线网络的带宽、容量和通信质量迅速提升，为移动视频服务发展带来新的机遇。然而，高清视频应用与移动用户大规模请求必然增加网络拥挤程度，造成网络带宽损耗严重，从而限制了系统的规模。另外，节点资源需求行为与移动行为的随机性，以及无线通信链路存在的不确定性对视频系统的资源交付能力带来显著的负面影响，导致用户体验质量低下，增加系统的部署成本。如何提供高质量服务、支持大规模访问、降低部署成本成为当前移动视频服务迫切需要解决的难题。近年来，移动视频服务理论技术研究已经成为通信和网络领域关注的焦点，主要在用户播放行为预测、基于 MP2P 的资源管理与分发体系结构、视频资源调度与分配、基于虚拟社区的视频资源管理与共享等方面展开研究。

1.2.1　用户播放行为预测

为了提高用户体验质量，确保播放平滑性，通过分析系统中存储的历史播放记录，预测用户未来播放的内容，将预测结果预先下载到本地播放缓冲区中，若预先下载的内容能够满足用户的需求，用户无须重新连接新的资源提供者即可实现平滑播放。这种基于预测的预先获取视频资源的方法称为预取策略，已经成为目前研究的热点。现有预取策略主要采用如下方法：将视频内容分块处理，分析用户历史播放记录，获取播放点在视频块间的跳转频率，从而计算视频块间的跳转概率。利用视频块间的跳转概率预测用户未来的播放内容，利用剩余带宽预先下载预测结果到本地缓冲区中。文献[38]提出了一个基于用户行为预测的视频资源预取策略。根据用户播放日志记录，建立用户状态分析模型，通过考察用户播放状态变化，利用马尔可夫状态转移模型，预测用户未来状态（即播放内容）。然而，用户状态转移过程依赖于初始状态，而且状态的定义依赖于视频块内容的划分，无法确保高的状态预测精度，从而降低预取结果的准确性。文献[39]提出了一个面向 P2P VoD 系统的预取优化机制，用来指导和改进节点查询行为，提高查询效率。通过分析用户资源查询行为，计算每两个视频块间的关联程度，从而设计视频块预取策略。文献[40]提出了一个基于视频块子串关联的预取方法。将用户历史播放日志中连续视频块视为一个视频块子串，计算视频块子串间的跳转概率，从而预测用户未来预取的视频内容。

现有基于预测的预取策略依赖于统计模型计算视频块间的跳转概率来预测用户未来的播放内容，忽略了播放行为背后反映出的用户兴趣因素，难以确保预测精度。若预取结果无法满足用户需求，不仅无法确保用户平滑播放，而且预取失败也会浪费大量的网络资源。

1.2.2 基于 MP2P 的资源管理与分发体系结构

传统的视频系统采用 C/S 模式，服务器作为系统的核心存储着初始的视频资源信息，为客户端节点提供视频资源。由于服务器带宽相对有限，无法采用单播方式为每个客户端提供所需的视频资源，基于 C/S 模式的视频系统通常采用广播和组播方式[41, 42]。

（1）广播方式。为了节省有限的带宽资源，服务器采用周期广播的方式为用户提供视频服务。广播方式分为单通道广播和多通道广播：①服务器使用单个通道广播视频信息，每个用户需要等待一个广播周期的时间才能获取视频内容；②视频被划分为若干个视频块，采用多个通道的方式分别周期地广播每个视频块内容，每个用户能够在相对较短的周期时间内获取视频内容[43]。然而，当用户的播放点发生变更时，用户需要等待一个广播周期时间才能获取另一个播放点的视频数据，较长的用户启动时延严重影响用户播放的连续性。因此，广播的方式难以为用户提供真正意义上的点播服务。

（2）组播方式。若多个用户请求在一定时间范围内到达服务器，则这些用户构成一个组结构，可以通过组播的方式为其提供视频服务，即 batching 流[41]。由于请求节点的到达时间具有先后顺序，请求时间较早到达服务器的用户需要忍受一定的启动时延。当用户改变当前播放内容时，需要等待服务器端创建新的视频组播，为用户带来较长的启动时延。虽然通过调节 batching 流窗口大小来降低用户的启动时延，但当组内成员数量较少时造成通道资源浪费。因此，基于 batching 流的视频系统无法提供 VoD 服务。为了降低用户的启动时延，快速响应用户资源请求，视频系统改进了 batching 流的分发策略，允许用户异步请求视频资源，并利用补偿流（patching）的方式为用户提供所需的视频内容[42, 44]。采用 batching 和 patching 策略的视频系统能够快速地响应用户的资源请求，大大降低了用户启动时延，从而支持 VoD 服务。然而，基于单播的 patching 流策略消耗大量的服务器带宽，从而限制了视频系统的可扩展性。

P2P 技术为解决传统视频服务的可扩展性和可靠性差及服务质量低下等问题提供了解决方案。通过利用客户端闲置的带宽、存储和计算资源为其他客户端提供服务，分担服务器的计算、带宽和存储压力，提高系统健壮性、可靠性、可扩展性及服务能力。近年来，在互联网中已经出现了较多成功部署 P2P VoD 系统的案例，例如，PPLive、SopCast、TVants、Zattoo 及 TVU Networks。现有基于互联网的 P2P VoD 系统采用的 P2P 网络主要分为 Tree 结构、Chord 结构、Mesh 结构和基于 P2P 与 CDN 的混合结构。

1）基于 Tree 结构的视频资源共享方法

将 P2P 网络中的任意两个节点根据给定的逻辑关联构成"父子"关系，使得 P2P 网络中节点被组成一个或多个 Tree 结构[13, 14, 45]。基于 Tree 的网络结构能够支持高效的资源查找，使得资源请求节点能够快速地获取所需的视频资源，减少启动时延，保证了用户播放连续性。在 Tree 结构中，父节点为子节点提供视频数据，父子节点的播放点可以保持同步或异步的播放状态，当子节点改变当前播放点位置时，可以根据 Tree 结构查找持有请求资源的供应者，从而快速地获取所需视频资源。文献[13]提出了一个基于 AVL 树的 P2P VoD 系统，树中节点之间根据存储资源的关联关系建立父子关系，树中每个节点连接一个存储相同资源的节点列表。当用户播放点发生迁移时，节点可以通过 AVL 树结构查询资源供应者的信息，并加入对应树中节点所在节点列表中。

用户变更当前的播放内容会导致节点在树中的位置发生变化，使得系统需要构建新的 Tree 结构以适应树中节点播放状态的变化。当 P2P 网络中节点数量较多且频繁改变播放内容时，系统需要不断地重构 Tree 结构，由此引发的维护负载严重限制了系统的健壮性和可扩展性。此外，若 Tree 结构的规模较大（高度与节点数量较大）且播放点的跳转距离较长，则节点的请求消息需要经过多次转发才能到达资源提供者，也将引起较高的启动时延。

2）基于 Chord 结构的视频资源共享方法

文献[11]提出了一个基于衍生树的 P2P VoD 系统，将网络中若干个含有视频资源的节点组织成为 Chord 结构，并将 Chord 结构中的节点作为衍生树的 ROOT 节点，树中节点的播放点保持近似同步。当树中节点执行跳转指令时，系统能够快速定位到对应的资源供应者。

利用分布式哈希表为每个节点分配一个键值，该键值与节点存储的资源信息一一对应，从而将 P2P 网络中节点组织称为 Chord 结构。根据分配的键值，每个节点维护其前驱和后继，使得 Chord 结构中的节点保持一维线性结构。此外，Chord 结构中每个节点维护与其他节点之间的路由信息，使得 Chord 结构能够以较低的查询代价获得较高的查询效率[46]。Chord 结构能够将资源与节点进行映射关联，支持快速的资源查找，能够满足 P2P VoD 系统对资源查询性能的要求。文献[47]提出了无线自组网下基于对等网络的跨层实时多媒体流系统。该系统利用对等网络中节点间的路由信息，将移动节点组织成基于物理位置的 Chord 结构。根据更新的路由信息，动态维护 Chord 结构中邻居节点的信息，从而提高视频资源交付效率。然而，在提出的 Chord 结构维护策略中，需要发送大量的消息以支持节点的加入、离开及状态更新，随着节点数量的增加，高昂的 Chord 结构维护成本严重制约了系统规模。此外，根据路由信息和消息往返时延描述节点移动行为，无法精确地获取节点移动状态，导致 Chord 结构中节点状态出现抖动，进一步增加了 Chord 结构的维护成本和视频资源传输代价。文献[10]提出了一个基于 Chord 结构的 P2P VoD 系统。该系统将 P2P 网络中节点构建成一个 Chord 结构，Chord 中每个节点需要定期发送探测消息来维护前驱节点和后继节点的状态，从而实现对整个 Chord 结构的维护。除了利用 Chord 结构查询新的视频资源，每个节点还维护三个节点列表，即与节点当前播放内容相同的节点列表及存储当前播放内容前后邻近视频内容的节点列表。当节点请求相邻视频块内容时，可以利用节点列表查询资源提供者。在维护 Chord 结构的过程中，若探测周期时间较长，节点状态无法实时更新，将增加资源查询失败的概率；若探测周期时间较短，节点需要频繁地发送状态探测消息，将增加维护负载。Chord 结构中节点数量的增加，以及节点状态的频繁变更（资源替换、节点加入和退出）必然导致 Chord 结构不断重构，高企的维护负载严重限制了系统的可扩展性。

3）基于 Mesh 结构的视频资源共享方法

Mesh 结构是一种典型的非结构化的节点组织策略，其中每个节点维护若干个含有视频资源的节点信息，服务器不干预节点在系统中的行为[48]。基于 Mesh 结构的 P2P VoD 系统具有较易被部署、低维护负载和高可扩展性等特征。然而，Mesh 结构中节点采用泛洪方法查找视频资源，引起启动时延大、搜索代价大的问题，严重影响系统性能和用户体验。文献[49]提出了一种移动自组网下面向可靠性的基于蚁群优化移动对等网络的视频点播系统（reliability-oriented ant colony optimization-based mobile peer-to-peer VoD solution in MANET，RACOM）系统。RACOM 构建了一个以节点为中心的移动对等网络结构，通过分析用户的视频播放行为，评估用户播放状态的可靠性，使得移动节点能够动态地调整与其他节点之间的逻辑连接，根据预测的用户资源需求结果，预先下载未来的播放内容，从而确保视频播放的平滑性。虽然这种无指导的非结构化网络拓扑能够提高视频系统的可扩展性，但网络中存在大量冗余的逻辑连接，造成网络带宽浪费和节点负载增加，忽略了节点移动性，使得视频资源交付效率低下。

4）基于 P2P 与 CDN 的混合结构

P2P 与 CDN 的混合模式成为未来视频系统发展趋势之一[49]。CDN 将内容服务器分布在互联网不同的区域，根据实时的网络流量和负载状况等信息将用户的请求信息重定向至与用户物理距离较近的服务器。CDN 能够将中心服务器的负载均衡分布在各个边缘服务器上，不仅有效地缓解中心服务器压力，提高系统的可扩展性和健壮性，而且能够根据用户的位置为其分配物理位置较近的服务器，从而降低用户的请求时延和骨干网络的流量负载。现有研究主要集中在基于 P2P 与 CDN 的视频直播服务[50-52]。然而，在 P2P 与 CDN 的混合模式中，动态的用户播放行为必然增加视频系统资源管理、调度和分发的复杂度。

1.2.3 视频资源调度与分配

文献[53]提出了一个无线网络环境下视频资源调度策略。通过利用李雅普诺夫优化方法解决网络效用最大化问题，根据视频质量需求动态地选择资源提供者及自适应地调节视频数据的传输速率。为了及时地响应用户的视频资源请求，通过评估视频数据交付时延，利用自适应预缓存策略获取请求的视频内容，从而确保用户的体验质量。文献[54]整合了带宽可用性预测模型和用户移动性预测模型，根据预测的用户移动行为（如移动方向、路径及进入预测路径的时间）及可用上传带宽，视频系统决定是否响应当前用户的资源请求，从而提高系统资源和网络带宽的利用率。文献[55]提出了一个移动自组网下基于能量与频谱感知的视频资源调度策略。通过理论分析与仿真测试，证明了在节点随机移动的情况下，随着节点数量的增加，能量使用效率和频谱利用率会达到一个上限。文献[56]介绍了在蜂窝网中视频聊天应用会受到带宽、时延、丢包、信号的干扰与衰退等因素的影响，并进一步指出移动视频聊天应用还需要面对移动设备的续航能力及数据安全性等诸多挑战。云计算技术的兴起为视频服务的发展带来了新的机遇，基于云的移动视频服务也成为当前的研究热点。文献[57]提出了一种移动云资源的调度方法，根据用户请求视频资源的时间间隔分配可用的服务器资源，并根据先到先服务原则调度资源，提高资源的使用效率。文献[58]提出了一种在社交网络下基于云的无线视频资源配置策略。利用社交环境、缓存资源、分享偏好及设备能力将用户分类，并利用斯塔克尔伯格（Stackelberg）博弈论在资源分享者与接收者之间实现云端带宽的动态分配。文献[28]提出了一个支持移动视频服务的移动云计算体系结构，包括终端用户层、数据中心管理与虚拟化层、会话管理层和网络配置层，通过整合云端和基站资源，为用户提供近端代理服务，从而实现客户端与服务器之间的连接能够在多个服务器间进行无缝的切换。以上文献主要围绕着无线网络环境下视频资源调度与分配策略进行研究，优化了系统与网络资源使用效率，但无法从根本上解决移动视频系统大规模部署所面临的可扩展性差和服务质量低下的问题。文献[59]分析了在基于对等网络的视频直播系统中系统资源供给能力、节点启动时延和资源供给平衡恢复时间的关系，发现系统初始状态与系统资源供给能力无关，而节点退出系统会严重影响资源供给平衡，并证明了通过供给控制能够减少资源供给平衡恢复时间。文献[60]提出了两种移动对等网络的路由优化方法：基于深度与广度搜索的数据散播方法，利用人类移动性的空间区域性和主动异质性等选择中继节点，提高数据散播效率，减少移动性对数据交付产生的负面影响。文献[61]分析了内容（如音频、视频）流行度和传输的联合演化过程，利用线性阈值理论分析兴趣传播的演化过程，结合传染病模型分析资源传播过程，并讨论了模型参数选择对资源散播过程的影响。文献[62]提出了一个扩展的传染病模型，并分析对等网络中节点分享视频行为。利用马尔可夫链描述对等网络状态动态变化过程：节点间的连接从分散到聚集的过程，发现传染病模型中参数值的轻微改变对资源散播过程产生较大的影响。

1.2.4　基于虚拟社区的视频资源管理与共享

虚拟社区技术利用节点间状态关联构建动态、自组织、内聚程度高的社区结构，能够清晰地描述资源维护和查询的边界，从而有效地缓解资源管理成本与查询效率的矛盾，以及获取成本与共享方式的矛盾[63]。基于对等网络的虚拟社区结构及其资源（文件、视频）管理与共享策略已经成为近年来研究的热点。文献[64]假设请求相同资源的节点在一定时间内保持相邻位置不发生变化，并将这些节点组织成为节点社区，社区成员分别下载不同的资源子块，并通过无线局域网（wireless local area network，WLAN）分享下载的资源子块，从而加速资源下载过程。然而，文献[64]提出社区结构和系统的资源共享性能依赖假设前提，难以适应动态网络拓扑变化，无法应用于移动网络中。文献[65]利用划分和分布式 *k*-means 聚类方法构建一个分层对等网络结构，通过分析节点间交互行为，建立节点相似度评估模型，计算节点相似度值，将具有较高相似度值的节点进行聚类处理，从而实现对等网络的分层划分。然而，文献[65]所提出的节点组织策略忽略了节点交互行为变化对社区结构的影响，导致社区边界模糊、节点聚类精度低。文献[66]提出了一种基于层次划分聚类的对等网络结构，将缓存相似资源的节点与存储相同资源且能力较强的超级节点组织成节点社区。超级节点中存储的资源建立索引列表，从而提高资源查询处理效率。文献[9]也提出了一个相似的对等网络结构。在该对等网络结构中，每个视频均被分为多个视频块。根据视频块的大小，将其划分为超级块和普通块。存储超级块的节点被组织成为一个 AVL[①]树结构，普通视频块按照视频内容顺序组织成多个链表结构。按照超级块和普通块在视频内容的相似程度，将 AVL 树中的超级块和链表建立逻辑关联。利用 AVL 树结构的高效查询性能，有效地提升视频查询请求的处理效率。本书提出了一种基于虚拟社区的视频资源共享方法，将请求相同视频子块的节点组织成节点社区，根据视频子块编号，每个社区与邻近社区建立静态逻辑连接，以支持社区成员在社区间移动。为了提高资源查询效率（社区成员移动速度），通过分析社区成员在社区间的移动行为，计算社区内成员移动到其他社区的概率，建立社区间的动态逻辑连接，从而实现快速的视频资源请求转发和响应。然而，文献[66]、[67]采用

---

① AVL 是由发明者 Adelson-Velsky 和 Landis 姓名的缩写构成的。

的社区构建策略依赖于节点请求或存储相同的资源，社区结构相对静态，需要消耗大量的网络资源来维护社区资源信息，以适应节点资源需求变化。此外，随着社区规模的增大，社区成员维护成本增加，严重影响系统的可扩展性。

社交网络相关理论技术为基于对等网络的虚拟社区研究注入了新的活力，根据用户间交互行为发现拥有共同兴趣偏好的节点群体，以提高资源共享能力[68]。文献[69]提出了一种基于社交网络的分层对等网络结构。通过分析在线社交网络中用户分享视频的行为特征，评估用户兴趣相似程度，将兴趣相近的节点组织成树型社区结构，与树根节点的兴趣相似度越高则与树根距离越近，而且访问同一视频资源的概率越高，通过推送视频内容来实现高效的资源共享。然而，仅利用文件类别和文件名评估用户兴趣相似性，使得社区成员间兴趣差异度变大，从而造成视频资源推送成功率低、资源共享性能差。文献[70]提出了一个在无线移动自组网下基于社交网络的文件分享解决方案。利用节点间存储文件相似度和联系频度评估节点的社会关系关联程度，将关联程度高的节点组织成节点社区，并为社区成员定义不同的角色和任务，实现自治的社区管理。然而，存储文件相似度和联系频度无法精确地描述节点的资源需求与共享行为，使得节点聚类精度低，导致社区边界模糊、资源共享效率低下。此外，社区成员管理策略依赖社区成员间的频繁通信，导致社区成员维护成本高，系统可扩展性差。文献[71]通过整合异构社交网络，允许位于社交网络中的不同节点相互通信，评估用户间的联系紧密程度，并在此基础上设计了一个查询机制，发现节点间最优的通信路径，从而提高资源查询效率。然而，跨社交网络的节点通信必然增加网络资源消耗，文献[71]提出方法忽略了社区成员间的资源协同存储与共享，导致资源共享与交付效率低下。文献[72]对社交网络中视频流量的分析发现，其中相当一部分视频流量是由社会关系和用户兴趣偏好驱动产生的，进而提出了一种在社交网络中基于 P2P 分层结构的视频分享方法。通过利用兴趣偏好、社会关系对用户进行聚类划分，根据用户关联程度构建 P2P 分层模型，通过在著名社交网站 Facebook 上验证所提出的方法，证明了社交网络能够提高视频资源分享效率，加速视频资源散播。文献[73]提出了一个基于预测的带宽资源调节方法，通过从 VoD 供应商预订最低带宽资源以匹配预测的最小带宽需求。考察视频通道需求之间的反向关联，调节带宽及存储需求，从而优化带宽与存储资源的消耗。然而，现有云计算技术无法应对动态的服务质量和用户资源需求变化，造成网络资源浪费和视频资源分布不均衡。通过以上分析，现有研究存在着社区成员内聚程度低、社区边界模糊、社区结构相对静态且健壮性差的不足和缺陷，造成社区结构维护成本高、可扩展性差，节点间协同能力弱，资源共享效率低，忽略了节点移动性，无法在移动环境下实现资源的高效交付，难以从根本上解决资源管理成本与查询效率的矛盾，以及获取成本与共享方式的矛盾。

综合国内外相关研究分析，研究移动互联网中视频资源共享机制与方法，研究面向资源与移动性的节点行为演化模型、节点行为动态适应的移动虚拟社区构建机制和社区成员协同的视频资源管理与共享策略，提高移动视频系统的服务质量、可扩展性和网络资源使用效率，降低系统部署成本，对增强我国在未来互联网服务方面的创新能力具有重大意义。

1.3 视频资源共享面临的挑战与发展趋势

1.3.1 面临的挑战

视频服务以为用户提供低时延、连续平滑且高可视效果的播放为目标，具有高体验质量、提供丰富可视内容的视频服务吸引了大量用户。为了满足海量用户观看各类视频内容的需求，视频系统需要提高服务质量、可扩展性、鲁棒性和网络资源使用效率，在满足大规模部署和不断增长的用户体验质量需求的同时，降低移动视频系统的部署成本、合理分配与使用资源。影响视频系统服务质量和用户体验质量的主要因素在用户视频需求、用户流量需求、用户移动性方面。

（1）在用户视频需求方面，影响用户请求视频内容主要包括用户对视频内容的自身需求、视频内容对用户的吸引及来自于其他用户对视频用户的影响三个方面。用户对视频内容的自身需求主要来自于用户自身对视频的兴趣偏好。如用户兴趣偏好于体育，则用户观看的视频偏向于体育类，这种用户自身偏好是驱动用户请求视频资源的重要因素；视频内容对用户的吸引主要是基于视频内容对用户兴趣偏好的影响，视频内容越精彩且趋合用户兴趣偏好，则用户请求该视频的概率越高。如果用户兴趣偏好于体育，视频内容为体育竞技评论，虽然视频内容不是体育竞技，但与体育内容紧密相关且新颖，也会驱使着用户请求该视频；其他用户对视频用户的影响主要在于其他用户与当前用户间的关系强度，若其他用户与当前用户间的关系强度高，则其他用户对当前用户的影响较强，当前用户对其他用户推荐的视频及其他用户所观看的视频具有较高的接受程度，当前用户请求其他用户推荐的视频及其他用户所观看的视频的概率较高；反之，若其他用户与当前用户间的关系强度低，则其他用户对当前用户的影响较低，当前用户对其他用户推荐的视频及其他用户所观看的视频具有较低的接受程度，当前用户请求其他用户推荐的视频及其他用户所观看的视频的概率较低。

显然，用户兴趣偏好受到的影响因素较多且复杂。若用户兴趣偏好变化较快，视频系统需要不断地调整视频资源的分布，以满足用户请求内容的变化。视频系统被动地响应用户兴趣偏好变化，导致视频资源管理和调整成本高，用户启动时延大，系统可扩展性差。由于用户请求视频的行为及不断变更当前观看视频的行为能够反映用户对视频内容的兴趣偏好的变化程度。感知用户视频请求行为是实现视频资源合理分布和动态自适应调整的基础。建立用户视频请求行为感知和预测模型，预测用户视频资源需求变化和评估用户播放状态，及时调整和优化资源分布与分发模式，确保用户播放连续性和移动节点间逻辑连接稳定性，为高效、个性化的管理和分布式存储资源做基础。

（2）在用户流量需求方面，视频服务为用户提供丰富的可视内容，且移动互联网中用户通过手持智能设备随时随地地接入互联网获取视频资源，观看视频的便捷性和内容的丰富吸引了海量用户。用户规模越大，所需视频带宽越大，网络带宽相对于海量用户流量需求而言依然有限，难以承载海量用户规模的视频流量需求。移动视频用户基数庞大且规模持续增长，对移动流媒体系统的服务质量和网络承载能力提出更高的要求。此外，视频服务不断发展，高清视频、三维视频、虚拟现实和增强现实等新视频业务的兴起增强了用户体验效果，但消耗的带宽比传统视频更高，而且较高的体验效果进一步吸引了更多的用户使用，增加了带宽需求。如何利用有限网络带宽满足海量且不断增长的用户视频流量需求成为视频服务面临的重大挑战。

将视频流量在底层网络卸载的方法是缓解核心网络负载、降低视频内容搜索和数据传输时延的有效方法。然而，卸载视频流量在底层网络要求视频共享的双方（视频请求者和提供者）具有较近且相对稳定的地理距离（可以称为视频近端获取），从而确保视频共享双方间的视频内容搜索路径和视频数据传输路径上的中继节点数较少且保持稳定。也就是说，视频请求者需要从众多视频提供者中发现存储所需视频且地理位置相近的节点作为视频提供者，使得视频数据无须借助核心网络中的中继节点的转发直接在底层网络中传输，从而降低核心网络的负载。在无线移动网络中，视频近端获取的实现依赖两个方面：①视频系统需要利用有效的视频资源管理以优化视频资源的分布，使得视频资源能够在本地网络实现供需平衡（即视频资源提供者可以在本地网络中发现存储所需视频的资源提供者）；②在视频分布优化的基础上，视频系统需要利用灵活的资源调度策略来支持视频请求者能够快速地发现本地网络中与其保持较近地理距离的视频提供者。

因此，建立面向资源与移动性的节点行为演化模型，设计移动节点行为感知策略，研究节点资源需求与共享行为、节点移动行为的变化表征、演化过程及其内在规律，使移动节点能够识别并预测流媒体资源与网络环境变化，协同调整视频资源和网络资源的使用行为，降低节点间逻辑连接不稳定和物理位置变化对视频资源交付效率产生的负面影响，提高视频资源和网络资源利用率，从而实现视频流量的底层卸载，提升视频资源共享效率和视频系统的服务质量。

（3）在移动互联网中，用户手持的智能设备存储视频资源，视频随用户的移动而改变物理位置，从而造成视频在物理空间中的分布产生变化，进而给视频分布和搜索带来影响。例如，视频资源随用户的移动导致的视频在物理空间中分布的不断变化，增加了视频在物理空间中分布不均衡的风险，增大了视频资源本地搜索失败的概率和视频资源局部供给失衡的风险，也会进一步增加视频分布调整的代价。此外，视频资源随用户的移动对视频传输的性能产生影响。在移动环境下，用户的移动会导致视频数据传输路径的不断变化，视频传输路径中中继节点的增加或减少及中继节点可用带宽的变化，均会导致数据传输时延的变化。例如，在数据传输路径中继节点变化方面，视频请求消息在视频请求节点和视频提供节点间的数据传输路径转发，依赖于数据传输路径所含的中继节点数量，如果 t_1 时刻中继节点数量为 n，t_2 时刻中继节点数量为 m，当 $n>m$ 时，中继节点数量降低，请求消息转发次数减少，请求消息转发时延减少；当 $n<m$ 时，中继节点数量增加，请求消息转发次数增加，请求消息转发时延增加；当 $n=m$ 时，中继节点数量不变，表明视频请求节点和视频提供节点间地理距离相对稳定。在数据传输路径可用带宽变化方面，视频数据在视频请求节点和视频提供节点间的数据传输路径转发，依赖于数据传输路径所含的中继节点可用带宽大小，如果 t_1 时刻中继节点中最小可用带宽为 n，t_2 时刻中继节点中最小可用带宽为 m，当 $n>m$ 时，数据传输路径可用带宽增加，从而降低了数据传输路径拥塞的风险；当 $n<m$ 时，数据传输路径可用带宽减少，从而提升了数据传输路径拥塞的风险。此外，如果在数据传输路径中所含中继节点过多，中继节点的移动性会导致中继节点的地理位置快速变化，从而导致数据传输路径频繁变化，使丢包率（packet loss rate，PLR）增加。

因此，感知节点移动行为，考察节点移动行为特性，发现节点移动轨迹变化规律，计算节点移动轨迹与预测轨迹的匹配程度，获得节点移动行为易变程度，从而建立相应的节点移动行为演化模型，分析节点行为变化对节点启动时延、流媒体数据传输效率、资源散播速率和视频观看质量的影响因素及程度，从而有效地处理节点移动对视频资源共享带来的负面影响。

1.3.2 发展趋势

现有移动流媒体服务机理主要采用资源需求驱动的体系结构，在流媒体资源的管理和共享方面存在着三种根本矛盾，即资源管理成本与查询效率的矛盾、资源获取成本与共享方式的矛盾、资源共享效率与供给平衡的矛盾，从而导致资源分布失衡、网络带宽浪费现象严重、系统部署成本高。在此基础上的优化和改进难以突破原有体系结构的束缚，无法满足用户对流媒体系统日益增长的服务质量需求。因此，需要建立移动流媒体服务机理，使移动节点具备对网络环境变化特征的认知，从而实现流媒体资源的合理分布、低成本管理、高效率共享，以及网络资源的有效利用，满足移动流媒体服务对可扩展性、鲁棒性、移动性等方面的要求。未来视频资源共享策略的发展趋势：

（1）适应视频需求变化的启发式视频搜索：用户观看的视频能够反映自身的兴趣与需求。通过评价用户对于视频的兴趣及偏好，确定用户的兴趣范围，能够有效地提升用户未来对于视频资源需求的预测精度。在需求预测的基础上，预先调整网络中视频资源的分布，在与视频请求节点邻近的视频提供节点缓存所需视频资源，从而降低视频查询时延。如何精确地预测视频请求节点的需求、度量需求变化程度和降低视频资源分布调整成本是实施适应视频需求变化的启发式视频搜索的关键。

（2）适应视频需求变化的启发式视频分布调整：根据用户对视频资源的需求及其变化程度，预先调整网络中视频资源的分布。网络中节点对视频的缓存及替换是调整视频资源分布的重要手段。如何提升缓存的利用率、降低缓存成本是调整视频分布的关键。节点间视频共享行为拥有显著的社交属性，利用节点间的社交关系紧密程度实施协作缓存，能够有效地提升缓存的利用率。如何确保节点间社交关系的稳定性、准确识别需求变化，以降低视频分布调整的成本成为实施适应视频需求变化的启发式视频分布调整的关键。

（3）节点移动行为度量：节点移动行为给视频分布、搜索和传输带来严重的负面影响。根据节点移动行为轨迹分析节点移动行为偏好，预测节点未来移动行为，能够有效地降低节点移动性对视频分布、搜索和传输的影响。如何精确度量节点移动行为偏好、预测节点未来移动行为、识别节点移动行为变化程度是实施节点移动行为度量的关键。

（4）适应路径传输性能变化的视频数据传输：节点的移动性导致数据传输路径动态变化，传输路径中继节点的转发能力决定了路径传输性能。在节点移动行为度量的基础上监测路径传输性能的变化程度，识别传输异常，实时调整传输和重传策略，能够有效地提升数据传输性能。如何精确地监测路径传输性能的变化程度、设计适应路径动态变化的传输和重传策略是实施适应路径传输性能变化的视频数据传输的关键。

1.4 视频资源共享的关键技术

针对当前移动互联网中视频服务面临的挑战，解决移动视频服务机理中存在的基础设计缺陷，从面向资源与移动性的节点行为演化模型、节点行为动态适应的移动对等网络结构构建机制、社区成员协同的视频资源管理与共享策略等关键技术开展前瞻性研究。首先，设计移动节点行为感知策略，分析移动节点行为特性，建立节点资源需求与共享行为演化模型，以及节点移动行为演化模型。其次，在此基础上，设计适应节点行为动态变化的移动对等网络结构和成员管理策略，以及社区成员协同的资源查询、传播、交换和缓存控制方法，下面分别描述具体研究内容。

（1）面向资源与移动性的节点行为演化模型。节点资源需求与共享行为，以及节点移动行为具有随机性和高动态性，造成节点间逻辑连接抖动和移动网络拓扑动态变化，使得节点间交互频繁、传输时延大且易变性强，从而导致资源共享效率低下、用户体验质量差。设计节点资源需求与共享行为，以及节点移动行为感知策略，使节点具备对流媒体资源与网络环境动态变化的认知能力，分析节点行为表征及其内在联系，建立节点资源需求与共享行为演化模型，以及节点移动行为演化模型，发现节点行为变化的潜在规律，获取影响系统可扩展性和服务质量的主要因素。

（2）基于 MP2P 的视频资源管理和分发机制的研究。MP2P 是一种移动环境下具有对等交互、资源共享和协作处理特性的移动设备所构建的 P2P 网络。MP2P 支持节点的移动性，在网络带宽资源和终端资源有限且可用资源分布不均衡的条件下，充分地利用每一个移动节点的资源为其他移动节点提供服务，使系统规模和服务质量最大化。用户动态的播放行为使得移动节点不断地查询网络中的视频资源，节点间逻辑连接的抖动必然造成网络中散播大量的资源请求消息，增加网络负载并加剧了可用资源匮乏的情况。因此，研究基于移动对等网络的视频资源管理和分发机制，提出能自适应用户播放行为、状态、兴趣变化及主动性流媒体访问特性的 MP2P 的组网和维护策略及资源搜索策略，以支持移动环境下的大规模主动性流媒体服务。

（3）基于网络环境动态变化感知的资源分享与协作机制的研究。无线移动自组网中节点的物理位置发生随机变化，底层物理拓扑变化较快，无线链路不可靠、网络带宽和终端能力有限，严重影响视频数据的传输质量。由于视频服务对带宽需求较高且实时性较强，在无线移动自组网中高效分享流媒体资源面临着巨大的挑战。研究基于网络环境动态变化感知的资源分享与协作机制，结合跨层感知和位置感知技术，提出视频资源获取代价评估模型，降低节点获取资源过程中数据传输时延抖动及丢包，建立移动节点运动和通信质量评估模型，预测移动节点未来的运动状态和获取视频资源的能力，制定移动节点资源协作获取机制，提高移动节点间资源分享效率。

参 考 文 献

[1] 杨海陆，张健沛，杨静. 基于社区的移动互联网混合蠕虫双向反馈遏制系统. 计算机研究与发展，2014，51（2）：311-324.

[2] Ho T Y, Yang D N, Liao W. Efficient resource allocation of mobile multi-view 3D videos with depth-image-based

rendering. IEEE Transactions on Mobile Computing，2015，14（2）：344-357.

[3] Ra M R. Mobile videos：Where are we headed?. IEEE Internet Computing，2015，19（1）：86-89.

[4] Hoque M A，Siekkinen M，Nurminen J K. Energy efficient multimedia streaming to mobile devices：A survey. IEEE Communications Surveys and Tutorials，2014，16（1）：579-597.

[5] Xiao Y，Schaar M V D. Optimal foresighted multi-user wireless video. IEEE Journal of Selected Topics in Signal Processing，2015，9（1）：89-101.

[6] 周超，张行功，郭宗明. 面向 MIMO 多跳无线网络的多用户视频传输优化方法. 软件学报，2013，24（2）：279-294.

[7] Liu L，Yi Y，Chamberland J F，et al. Energy-efficient power allocation for delay-sensitive multimedia traffic over wireless systems. IEEE Transactions on Vehicular Technology，2014，63（5）：2038-2047.

[8] 吴冀衍，乔秀全，程渤，等. 延迟敏感的移动多媒体会议端到端服务质量保障. 计算机学报，2013，36（7）：1399-1412.

[9] Wang D，Yeo C K. Superchunk-based efficient search in P2P-VoD system multimedia. IEEE Transactions on Multimedia，2011，13（2）：376-387.

[10] Yiu W，Jin X，Chan S. VMesh：Distributed segment storage for peer-to-peer interactive video streaming. IEEE Journal on Selected Areas in Communications，2007，25（9）：1717-1731.

[11] Xu T Y，Chen J Z，Li W Z，et al. Supporting VCR-like operations in derivative tree-based P2P streaming systems. Proceedings of IEEE International Conference on Communications，Dresden，2009.

[12] 许长桥，吴志美，李凯慧，等. 支持随机访问的协作式 P2P 流媒体分发策略. 通信学报，2008，29（8）：22-29.

[13] Xu C，Muntean G M，Fallon E，et al. Distributed storage-assisted data-driven overlay network for P2P VoD services. IEEE Transactions on Broadcasting，2009，55（1）：1-10.

[14] Xu C，Muntean G M，Fallon E，et al. A balanced tree-based strategy for unstructured media distribution in P2P networks. Proceedings of IEEE International Conference on Communications，Beijing，2008.

[15] He Y，Liu Y H. VOVO：VCR-oriented video-on-demand in large-scale peer-to-peer networks. IEEE Transactions on Parallel and Distributed Systems，2009，20（4）：528-539.

[16] 汪明. 无线视频传输策略与性能优化方法研究. 北京：北京邮电大学，2018.

[17] 中国互联网络信息中心. 第 50 次《中国互联网络发展状况统计报告》. 国家图书馆学刊，2022，31（5）：1.

[18] Zhou Y，Fu Z，Chiu D M. A unifying model and analysis of P2P VoD replication and scheduling. IEEE INFOCOM，Orlando，2012.

[19] Wu W，Lui J. Exploring the optimal replication strategy in P2P-VoD systems：Characterization and evaluation. IEEE Transactions on Parallel and Distributed Systems，2012，23（8）：1492-1503.

[20] Huang Y，Fu T Z J，Chiu D M，et al. Challenges，design and analysis of a large-scale P2P-VoD system. ACM SIGCOMM Computer Communication Review，Seattle，2008.

[21] Dyaberi J M，Kannan K，Pai V S. Storage optimization for a peer-to-peer video-on-demand network. ACM SIGCOMM，New Delhi，2010.

[22] Ramzan N，Park H，Izquierdo E. Video streaming over P2P networks：Challenges and opportunities. Image Communication，2012，23（8）：401-411.

[23] 张铁赢，刘悦，钟运琴，等. 对等点播系统中节点搜索机制研究. 计算机学报，2012，35（7）：1475-1484.

[24] Wu J，Li B. Keep cache replacement simple in peer-assisted VoD systems. IEEE INFOCOM，Rio de Janeiro，2009.

[25] Fouda M，Taleb T，Guizani M，et al. On supporting P2P-based VoD services over mesh overlay networks. IEEE Global Communications Conference，Hawaii，2009.

[26] Hsieh Y, Wang K. Dynamic overlay multicast for live multimedia streaming in urban VANETs. Computer Networks, 2012, 56 (16): 3609-3628.

[27] Oh H R, Wu D O, Song H. An effective mesh-pull-based P2P video streaming system using fountain codes with variable symbol sizes. Computer Networks, 2011, 55 (12): 2746-2759.

[28] Felemban M, Basalamah S, Ghafoor A. A distributed cloud architecture for mobile multimedia services. IEEE Network, 2013, 27 (5): 20-27.

[29] Sabirin H, Kim M, Kim H Y, et al. DMB application format for mobile multimedia services. IEEE Network, 2012, 19 (2): 38-47.

[30] Paterna F, Acquaviva A, Benini L. Aging-aware energy-efficient workload allocation for mobile multimedia platforms. IEEE Transactions on Parallel and Distributed Systems, 2013, 24 (8): 1489-1499.

[31] Zhou L, Zhang Y, Song K, et al. Distributed media services in P2P-based vehicular networks. IEEE Transactions on Vehicular Technology, 2011, 60 (2): 692-703.

[32] Liu C L, Wang C Y, Wei H Y. Mobile chord: Enhancing P2P application performance over vehicular ad hoc network. IEEE Globecom Workshops, New Orleans, 2008.

[33] Chang J M, Lin Y H, Woungang I, et al. MR-Chord: A scheme for enhancing chord lookup accuracy and performance in mobile P2P network. IEEE Conference on Communications, Ottawa, 2012.

[34] Canali C, Renda M E, Santi P, et al. Enabling efficient peer-to-peer resource sharing in wireless mesh networks. IEEE Transactions on Mobile Computing, 2010, 9 (3): 333-347.

[35] Xu C, Zhao F, Guan J, et al. QoE-driven user-centric VoD services in urban multi-homed P2P-based vehicular networks. IEEE Transactions on Vehicular Technology, 2013, 62 (5): 2273-2289.

[36] Ghosh A, Ratasuk R, Mondal B, et al. LTE-advanced: Next-generation wireless broadband technology. IEEE Wireless Communications, 2010, 17 (3): 10-22.

[37] Ahmadi S. An overview of next-generation mobile WiMAX technology. IEEE Communication Magazine, 2009, 47 (6): 84-98.

[38] Vetro A, Tourapis A M, Mller K, et al. 3D-TV content storage and transmission. IEEE Transactions on Broadcasting, 2011, 57 (2): 384-394.

[39] Xu T, Wang W, Ye B, et al. Prediction-based prefetching to support VCR-like operations in gossip-based P2P VoD systems. Proceedings of International Conference on Parallel and Distributed Systems, Shenzhen, 2009.

[40] He Y, Shen G, Xiong Y, et al. Optimal prefetching scheme in P2P VoD applications with guided seeks. IEEE Transactions on Multimedia, 2009, 11 (1): 138-151.

[41] Viswanathan S, Imielinski T. Metropolitan area video-on-demand service using pyramid broadcasting. Multimedia Systems, 1996, 4 (4): 179-208.

[42] Kim H J, Zhu Y. Channel allocation problem in VoD system using both batching and adaptive piggybacking. IEEE Transactions on Consumer Electronics, 1998, 44 (3): 969-976.

[43] Hua K A, Cai Y, Sheu S. Patching: A multicast technique for true video-on-demand services. Proceedings of ACM Multimedia, Bristol, 1998.

[44] Hua K A, Sheu S. Skyscraper broadcasting: A new broadcasting scheme for metropolitan video-on-demand systems. Proceedings of ACM SIGCOMM, Cannes, 1997.

[45] Zhang X, Liu J, Li B, et al. CoolStreaming/DONet: A data-driven overlay network for peer-to-peer live media streaming. IEEE INFOCOM, Miami, 2005.

[46] Stoica I, Morris R, Karger D, et al. Chord: A scalable peer-to-peer lookup service for internet applications. ACM

SIGCOMM，San Diego，2001.

[47]　Kuo J L，Shih C H，Ho C Y，et al. A cross-layer approach for real-time multimedia streaming on wireless peer-to-peer ad hoc network. Ad Hoc Networks，2013，11（1）：339-354.

[48]　Jia S，Xu C，Vasilakos A V，et al. Reliability-oriented ant colony optimization-based mobile peer-to-peer VoD solution in MANETs. ACM/Springer Wireless Networks，2014，20（5）：1185-1202.

[49]　Shen Z，Luo J，Zimmermann R，et al. Peer-to-peer media streaming: Insights and new developments. Proceedings of the IEEE，2011，99（12）：2089-2109.

[50]　Cho S，Cho J，Shin S J. Playback latency reduction for internet live video services in CDN-P2P hybrid architecture. IEEE International Conference on Communications，Cape Town，2010.

[51]　Chen L，Wu J，Huang Y，et al. CPDID: A novel CDN-P2P dynamic interactive delivery scheme for live streaming. IEEE International Conference on Parallel and Distributed Systems，Singapore，2012.

[52]　Lu Z，Gao X，Huang S，et al. Scalable and reliable live streaming service through coordinating CDN and P2P. IEEE International Conference on Parallel and Distributed Systems，Toronto，2011.

[53]　Bethanabhotla D，Caire G，Neely M J. Adaptive video streaming for wireless networks with multiple users and helpers. IEEE Transactions on Communications，2015，63（1）：268-285.

[54]　Nadembega A，Hafid A，Taleb T. An integrated predictive mobile-oriented bandwidth-reservation framework to support mobile multimedia streaming. IEEE Transactions on Wireless Communications，2014，13（12）：6863-6875.

[55]　Zhou L，Hu R Q，Qian Y，et al. Energy-spectrum efficiency tradeoff for video streaming over mobile ad hoc networks. IEEE Journal on Selected Areas in Communications，2013，31（5）：981-991.

[56]　Jana S，Pande A，Chan A，et al. Mobile video chat: Issues and challenges. IEEE Communications Magazine，2013，51（6）：144-151.

[57]　Zhou L，Yang Z，Rodrigues J J P C，et al. Exploring blind online scheduling for mobile cloud multimedia services. IEEE Wireless Communications，2013，20（3）：54-61.

[58]　Nan G，Mao Z，Li M，et al. Distributed resource allocation in cloud-based wireless multimedia social networks. IEEE Network，2014，28（4）：74-80.

[59]　Chen Y，Zhang B，Chen C，et al. Performance modeling and evaluation of peer-to-peer live streaming systems under flash crowds. IEEE/ACM Transactions on Networking，2014，22（4）：2428-2440.

[60]　Wang S，Liu M，Cheng X，et al. Opportunistic routing in intermittently connected mobile P2P networks. IEEE Journal on Selected Areas in Communications: Supplement，2013，31（9）：369-378.

[61]　Venkatramanan S，Kumar A. Co-evolution of content popularity and delivery in mobile P2P networks. Proceedings of IEEE INFOCOM，Florida，2012.

[62]　Altman E，Nain P，Shwartz A，et al. Predicting the impact of measures against P2P networks: Transient behavior and phase transition. IEEE Transactions on Networking，2013，21（3）：935-949.

[63]　Xu C，Jia S，Wang M，et al. Performance-aware mobile community-based VoD streaming over vehicular ad hoc networks. IEEE Transactions on Vehicular Technology，2015，64（3）：1201-1217.

[64]　Tu L，Huang C M. Collaborative content fetching using MAC layer multicast in wireless mobile networks. IEEE Transactions on Broadcasting，2011，57（3）：695-706.

[65]　Hammouda K M，Kamel M S. Hierarchically distributed peer-to-peer document clustering and cluster summarization. IEEE Transactions on Knowledge and Data Engineering，2009，21（5）：681-698.

[66]　Doulkeridis C，Vlachou A，Norvag K，et al. Efficient search based on content similarity over self-organizing P2P networks. Peer-to-Peer Networking and Applications，2010，3（1）：67-79.

[67] Xu C, Jia S, Zhong L, et al. Ant-inspired mini-community-based solution for video-on-demand services in wireless mobile networks. IEEE Transactions on Broadcasting, 2014, 60 (2): 322-335.

[68] Wang H, Wang F, Liu J, et al. Accelerating peer-to-peer file sharing with social relations. IEEE Journal on Selected Areas in Communications/Supplement, 2013, 31 (9): 66-74.

[69] Shen H, Li Z, Lin Y, et al. SocialTube: P2P-assisted video sharing in online social networks. IEEE Transactions on Parallel and Distributed Systems, 2014, 25 (9): 2428-2440.

[70] Chen K, Shen H, Zhang H. Leveraging social networks for P2P content-based file sharing in disconnected MANETs. IEEE Transactions on Mobile Computing, 2014, 13 (2): 235-249.

[71] Lin P, Chung P C, Fang Y. P2P-iSN: A peer-to-peer architecture for heterogeneous social networks. IEEE Network, 2014, 28 (1): 56-64.

[72] Li Z, Shen H, Wang H, et al. SocialTube: P2P-assisted video sharing in online social networks. IEEE INFOCOM, Florida, 2012.

[73] Niu D, Xu H, Li B, et al. Quality-assured cloud bandwidth auto-scaling for video-on-demand applications. IEEE INFOCOM, Florida, 2012.

第2章 基于需求感知和缓存优化的视频共享方法

移动视频服务吸引了海量用户，产生了海量视频流量需求。为了降低网络负载，减少网络拥塞程度，确保用户体验质量，基于移动对等网络的视频系统需要对视频资源进行高效管理和调度，优化资源分配，提升视频资源共享效率。本章介绍基于需求无线移动网络下基于需求感知和缓存优化的视频共享方法，对视频资源在覆盖网络中的传播过程进行建模，讨论影响视频传播的主要因素，通过评价用户需求和视频分布变化，对具有相似视频需求和运动行为的节点进行聚类，实现视频的分发优化和高效共享，最后对提出的方法进行仿真和性能比较。

2.1 引 言

移动视频服务的广泛应用得益于不断增加的无线网络带宽[1]。无线网络带宽的提升（如已部署的 5G 网络）能够承载由视频服务带来的巨大规模的网络流量，从而能够确保视频用户的体验效果（如高清视频应用）[2]。另外，在异构网络环境下，多种网络接入方式（如移动自组网（mobile adhoc network，MANET）、WLAN、VANET 和蜂窝网络）使视频用户能够通过手持智能终端方便地接入互联网获取视频内容[3]。因此，移动视频服务能够吸引超大规模的视频用户，从而产生了巨大视频流量。此外，众多视频用户共享唯一的网络带宽资源，使得网络带宽资源相对于每个用户而言，变得更加有限，从而降低了系统能够负载的用户数量，限制了系统的可扩展性，而且有限的带宽也难以支持用户较高的观看质量（如观看高清视频）[4-9]。为了提升系统的可扩展性和确保用户高体验质量，大多数系统采用 MP2P 技术。移动对等网络技术利用动态分配覆盖网络中节点贡献的剩余带宽和存储资源实现节点间视频资源的高效共享，从而提升用户的体验质量和系统的可扩展性。图 2-1 为无线移动网络中基于 MP2P 的视频服务部署图。

然而，随着用户规模的逐渐增加，视频用户产生的巨大的视频流量给核心网络带来沉重的负担，由此引发的网络拥塞不仅增加了视频传输时延，而且增大了视频数据丢失的概率，从而严重影响视频用户播放的连续性，进而降低视频用户的体验质量[10, 11]。卸载视频流量到底层网络是一种降低核心网络负载的有效方法，使端到端的视频数据无须通过核心网络转发，实现了视频内容的本地搜

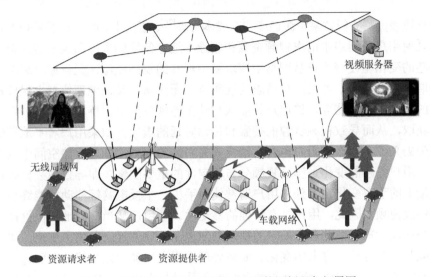

图 2-1　无线移动网络中基于 MP2P 的视频服务部署图

索和视频数据的局部传输，从而有效地降低视频搜索时延和视频数据传输时延。然而，在底层网络卸载视频流量要求视频共享的双方（视频请求者和提供者）具有较近且相对稳定的地理距离（可以称为视频近端获取），从而确保视频共享双方间的视频内容搜索路径和视频数据传输路径上的中继节点保持较少且稳定。也就是说，视频请求者需要从众多视频提供者中发现存储所需视频且地理位置相近的节点，并将其作为视频提供者，使得视频数据无须借助核心网络中的中继节点的转发，可以直接在底层网络中传输，从而缓解核心网络的负载。在无线移动网络中，视频近端获取的实现依赖两个方面：①视频系统需要利用有效的视频资源管理以优化视频资源的分布，使得视频资源能够在本地网络实现供需平衡（即视频资源提供者可以在本地网络中发现存储所需视频的资源提供者）；②在视频分布优化的基础上，视频系统需要利用灵活的资源调度策略来支持视频请求者能够快速地发现本地网络中与其保持较近地理距离的视频提供者。

　　近年来，基于视频缓存与调度的视频资源共享方法成为众多学者关注的焦点。例如，协作缓存方法利用网络节点的剩余存储空间缓存未来可能流行的视频资源，以提升视频资源的散播速度，从而优化视频资源的分布[12,13]。资源预取方法使网络节点利用自身剩余的带宽和存储资源预先存储未来可能要观看的视频资源，从而降低视频资源搜索和播放启动时延[14,15]。强制缓存优化方法要求网络节点根据视频分布变化缓存网络中数量相对较少且请求较多的视频资源，以满足视频的供需平衡[16-21]。基于社交网络的资源调度方法根据网络节点间的社交关系整合网络节点的缓存资源，以提升网络节点间视频资源的共享效率[22-25]。然而，上述方法无法有效地处理由用户需求变化和节点移动性对网络中视频资源分布的负面影响，从而导致视频资源的低效率资源调度和高成本管理[26]。事实上,用户对于视频内容的兴趣是使用户从网络中请求视频资源和删除本地存储视频资源的决定性因素。用户兴趣的变化驱使着用户从网络中请求渴望观看的视频资源,无论通过远端或近端获取。也就是说,如果用户请求的视频资源无法从与其在地理位置上保持较近距离的资源提供者获取,该用户只能从与其在地理位置上保持较远距离的资源提供者获取,从而导致视频资源的搜索和传输时延的增加。如果用户对本地存储的视频失去兴趣,那么该用户也会直接将失去兴趣的视频从本地存储空间中删除。显然,用户兴趣的变化是影响视频分布稳定性的重要因素,即导致视频分布在视频数量上的动态变化。另外,用户通常使用手机、平板电脑等移动智能终端来获取和播放视频,因此,用户具有较强的移动性。当用户从当前的地理位置移动到另一个地理位置时,其自身携带的视频资源也在地理位置上发生了变化,即引起了视频分布在地理位置上的变化。如何处理由用户兴趣变化和移动性引起的视频共享性能低下的问题成为确保视频系统服务质量与用户体验质量的关键因素。

本章提出一个基于需求感知资源缓存优化的视频共享方法(video sharing solution based on demand-aware resource caching optimization,VDRCO),主要包括以下三个部分。

(1)基于传染病模型的视频散播模型。VDRCO 利用传染病模型,对视频在网络中散播的过程进行建模,分析影响视频散播和分布的两个影响因素:初始的视频提供者的数量与影响力、被散播视频的内容流行度与数量。被散播视频的初始提供者的影响力和视频内容的流行度是影响用户需求的主要因素。当视频初始提供者对其他视频用户具有较高的影响力时,其他的视频用户则具有较高概率请求和观看视频初始提供者推送的视频;当视频内容具有较高的流行度时,视频用户也会被视频内容吸引,从而主动请求视频资源。视频初始提供者和被散播视频的数量是影响视频在视频散播过程中视频分布的主要因素。

(2)基于需求感知的资源分布变化评估。VDRCO 设计了一个用户需求感知方法,通过对视频资源进行结构化表示,利用向量夹角余弦计算视频间的相似度。根据视频间的相似度,对视频资源进行聚类处理:将单个视频资源视为一个簇,通过视频簇间的迭代合并形成初始视频簇集合;计算每个视频簇集合的平均相似度,并将簇内元素相似度均值视为簇内元素内聚程度值,并根据簇内元素内聚程度值的变化实施簇内元素除噪处理,从而提升聚类精度。每个视频簇可以视为用户需求的范围和边界。基于视频资源请求和推送过程,VDRCO 分析了资源分布变化影响因素,评估了资源分布变化程度。

(3)视频资源共享方法。VDRCO 利用用户间共享视频行为的频率和用户兴趣与移动行为的相似性对用户进行聚类,根据评价的用户需求和视频分布的变化程度,设计了一个视频共享策略。为了提升视频资源共享效率,降低移动网络环境下视频数据传输路径动态变化对视频资源共享性能的影响程度，根据请求和推送资源频率、一跳关系持续时间等因素评估视频用户间联系紧密程度，进一步设计了基于用户联系紧密程度的视频资源搜索和推送方法。

2.2 相关工作

近年来，众多研究人员采用缓存和调度的方法去不断优化资源分布与增强资源交付性能。例如，文献[13]提出了一个非对称协作资源缓存方法。该方法使每个网络节点创建一个缓存层，当节点间进行资源共享时，任何资源的请求和响应消息均被提交至缓存层进行处理，从而有效地降低数据复制的负载、减少端对端通信时延。文献[14]提出了三种基于 P2P 的资源缓存机制。①缓存预取：无论资源是否为节点所需，网络中所有节点均在本地预取存储所有网络中的资源。②机会存储更新：如果一个缓存内容存储在本地缓冲区中且没有被使用，节点能够替换该内容。③强制缓存和机会缓存的混合策略：能够有效地降低服务器负载。文献[16]设计了一个基于纯P2P网络和分布式服务器网络两种场景的两个缓存策略。在纯 P2P 网络环境下，每个节点分配一个缓冲区用来存储最流行的内容和较为流行的内容。在分布式服务器网络中，节点根据全局视频流行度分布情况和视频资源从缓冲区中移除的概率进行随机内容缓存。文献[17]提出了一个基于延时控制的分布式无线视频调度方法。作者制定了一个随机优化的视频资源调度问题。通过考察延时控制信息和调度性能之间的关系，作者评估了分布式视频调度的理论性能边界，提出了一个基于时序控制信息相关性的分布式视频调度方案。文献[18]设计了一个缓存系统，主要包括虚拟现实器和多网络服务提供商。通过在租赁的内容服务提供商缓存流行的视频内容，虚拟现实器租赁多网络服务提供商的小型基站去为移动用户提供地理位置邻近的视频资源服务商，从而提升视频资源的交付性能。文献[19]设计了一个视频缓存混合优化策略，通过预测用户未来请求的视频，设计一个离线缓存策略，并对离线缓存的视频进行实时动态更新，优化节点存储空间，使分布式服务器能够根据用户资源需求动态变化主动调节本地视频资源。文献[20]设计了一个网络节点本地缓存管理策略，通过评估视频内容流行度变化，预测未来视频流行度，根据视频内容流行度的变化趋势，实施动态的视频资源缓存与替换，从而优化视频缓存性能，提升缓存空间利用率和缓存命中率。

为了进一步提升资源共享性能，众多研究者利用社交网络等技术进一步提升资源缓存和调度性能。例如，文献[22]设计了一个基于通道间交互的通道切换策略和高频交互通道的聚类方法。通过评估高频通道和低频通道间的交互程度，建立高频通道和低频通道间的交互模型，使节点能够停留在同一通道簇内，并利用通道间的交互实现通道间的切换，从而避免重新连接服务器。节点维护一个邻居列表，用于记录具有共同兴趣的通道及其切换时间，从而实现快速的通道切换，降低服务器负载。文献[23]根据用户间的兴趣和社交关系的紧密程度，将用户组织成不同的簇结构，具有相同兴趣和紧密社交关系的用户被组织到同一用户簇中。节点的兴趣变化导致节点可以在簇之间进行移动，即从一个簇转移到另一个簇。节点在簇内的停留时间表示节点兴趣变化程度和变化速率。节点在簇内停留时间越长，表示节点兴趣变化程度和速率越小。因此，从每个簇中抽取在簇内停留时间较长的节点，并将这些节点按照 DHT 结构进行组织。当任意节点请求视频内容时，该节点利用 DHT 结构找到视频内容提供者，并向该视频内容提供者发送一个请求消息。DHT 结构具有较高的搜索性能，从而在有效降低视频资源查询时延的同时，极大地提升了视频查询的成功率。文献[24]设计了一个基于在线社交网络的视频资源预取策略。通过评估视频流行度并计算视频被请求概率，网络节点根据评估的流行度和请求概率预取流行度较高的视频，从而降低视频请求节点的启动时延。文献[27]利用网络编码和随机转发在内容中心网络（content-centric network，CCN）中提供多路径路由，改进不同数据传输路径中缓存内容的密度，从而增加缓存命中率，提升缓存空间的利用率。文献[28]设计了一个基于用户兴趣感知的视频资源缓存策略。为了优化视频资源分布，将基于马尔可夫决策过程的资源分配过程转化为部分可观测的马尔可夫决策过程，并进一步设计了一个频谱管理与分配机制，从而有效地提升视频缓存效率和频谱分配效率。

2.3　视频散播模型

视频用户可以被视为网络中的节点，且每个网络节点均存储着视频资源。在覆盖网络中视频资源的管理关注于实现最优的视频分布以支持高效的视频共享。视频资源的供应与需求在本地网络中保持平衡是一个最优视频分布的重要特征。例如，当一个节点 n_i 需要请求视频 v_j 时，如果 n_i 总是能够从一跳邻居中搜索到存储 v_j 的邻居节点，视频提供者与 n_i 之间的一跳邻居关系可以将转发视频请求消息和视频数据路径中所含的中继节点数量最小化，从而降低视频搜索及传输的等待时延和视频数据丢失的风险。显然，视频供应与需求在本地网络的平衡可以有效地支持以较近地理距离获取视频资源的视频共享行为（即视频的近端获取），从而确保用户的体验质量。

维护移动节点缓存视频资源并使其在本地网络内保持供应与需求平衡存在着重大挑战。这是因为用户对于视频内容兴趣的变化及自身的移动性会对视频资源分布的本地平衡带来极为严重的负面影响。例如，节点 n_i 已经完成对 n_i 的一跳邻居节点缓存的所有视频的观看，使得 n_i 对这些视频失去了兴趣。因此，当本地缓存的视频（n_i 的一跳邻居范围）无法满足 n_i 的需求时，n_i 就会向超过一跳邻居范围的节点请求新的视频。显然，节点对视频内容的兴趣变化会导致视频资源分布的供需失衡。另外，移动节点担当视频资源的携带者，节点的移动性会导致视频资源在地理位置上发生移动，使得视频资源分布在地理区域内发生变化。由于视频资源分布的动态变化，维护视频资源的本地供需平衡的稳定性需要不断地根据节点兴趣变化和移动性进行调整。用户兴趣变化会改变视频系统可用资源的数量，从而决定了视频搜索的性能（一旦覆盖网络中无法搜索到请求的视频，只能向服务器获取初始视频数据，这时产生巨大的搜索时延）。节点移动性仅仅只会导致视频资源分布在地理区域内的变化，使得视频传输性能受到影响。

视频资源在散播过程中均处于动态变化，且存在一个显著的周期过程。当一个视频 v_i 出现在网络中时，节点会对 v_i 产生潜在的兴趣。一些节点缓存 v_i 会向其他节点推送 v_i，这就增加了 v_i 的散播范围和散播速度，即缓存 v_i 的节点数量不断增加。当大部分节点完成对 v_i 的播放后，对 v_i 的内容失去了兴趣，并从本地缓冲区中移除了 v_i，则网络中 v_i 的数量急剧下降。这时存在以下定义：①对视频感兴趣的节点被视为易感染节点，此类节点主动发送视频请求消息；②正在观看或完成观看的节点由于缓存了该视频，被视为已感染节点，此类节点可以为请求节点提供初始视频数据且主动向其他节点推送视频。请求和推送是视频散播的两种主要方式，能够将视频资源快速散播至整个网络。显然，视频散播过程可以由传染病模型表示。网络中所有节点的数量为 N，$N = N(S) + N(I) + N(R)$，其中，$N(S)$ 为对视频 v_i 感兴趣的节点数量（易感染节点数量）；$N(I)$ 为缓存 v_i 的节点数量（已感染节点的数量）；$N(R)$ 为对 v_i 失去兴趣且从缓冲区中删除 v_i 的节点数量（免疫节点的数量）。设 $S = N(S)/N$、$I = N(I)/N$、$R = N(R)/N$ 分别为 $N(S)$、$N(I)$、$N(R)$ 与 N 的比值。在 t 时刻，S、I、R 满足 $S(t) + R(t) + I(t) = 1$。v_i 的散播模型可以被定义为

$$\begin{cases} \dfrac{\mathrm{d}I}{\mathrm{d}t} = \lambda SI - \mu I \\[2mm] \dfrac{\mathrm{d}S}{\mathrm{d}t} = -\lambda SI \\[2mm] \dfrac{\mathrm{d}R}{\mathrm{d}t} = \mu I \end{cases} \tag{2-1}$$

式中，λ 与 μ 分别为请求和删除 v_i 的节点数量的增长速率。$\lambda = N_r/(t_e - t_s)$，其中，$t_e$ 与 t_s 分别为时间间隔 $t_e - t_s$ 的结束时间和开始时间，N_r 为在时间间隔 $t_e - t_s$ 内请求 v_i 的节点数量；$\mu = N_q/(t_e - t_s)$，N_q 为在时间间隔 $t_e - t_s$ 内从本地缓冲区中删除 v_i 的节点数量。若 v_i 的内容较为流行，则节点请求 v_i 的概率较高；若缓存的 v_i 节点对其他节点的影响力较高，则将 v_i 推送给其他节点且被接受的概率较高。因此，当视频 v_i 的内容较为流行且缓存的 v_i 节点对其他节点的影响力较高时，视频 v_i 的请求增长速率 λ 的值较高（I 的值也将保持快速增长），若缓存 v_i 的节点已经完成对于

v_i 的观看，则这些节点对 v_i 失去了兴趣，将从本地缓冲区中删除 v_i，因此，μ 的值将保持较高水平（即 R 的值将保持快速增加）。视频散播过程分析如下：

（1）初始时，视频提供者的数量较少，一些节点对 v_i 内容感兴趣，则 v_i 的散播速率较低，λ 的值缓慢增加；此时，由于没有节点完成对于 v_i 的播放，则网络中没有节点将 v_i 从本地缓冲区中删除，因此，μ 的值为 0。

（2）随着散播时间的增加，请求 v_i 的节点数量不断增加，这些节点在获取 v_i 数据后将其缓存至本地缓冲区中。存储 v_i 的节点也将向其他未观看且未请求 v_i 的节点推送 v_i。对 v_i 感兴趣程度越高，节点主动请求 v_i 的概率越高；如果节点受其他社交邻居的影响越大，节点在收到社交邻居推送 v_i 的消息后，接受推送且存储 v_i 的概率就越高。如果在较短时间间隔内主动请求 v_i 的节点数量和接受推送且存储 v_i 的节点数量达到峰值，则 λ 也将达到峰值。此时，网络中一些节点完成了对于 v_i 的观看，则这些节点将 v_i 从本地缓冲区中删除且退出系统。此时，μ 的值将开始保持增加的趋势。

（3）当对 v_i 感兴趣的节点数量的增量下降时，λ 的值开始下降；此时，由于大量已完成观看 v_i 的节点开始退出系统并从本地缓冲区中删除 v_i，则 μ 的值将开始快速增加且达到峰值。

（4）当对 v_i 感兴趣的节点数量处于相对稳定状态时，λ 的值将保持在较低水平。最终当所有节点都完成对于 v_i 的播放且从本地缓冲区中删除 v_i 时，I 和 S 的值为 0，λ 和 μ 的值也为 0。事实上，总是会出现对于 v_i 感兴趣的节点，因此，S 和 I 的值应当会一直保持在一个较低水平上抖动。

如果节点完成播放后立刻删除 v_i，则 λ 和 μ 的值将保持相同的变化过程。如果节点完成对 v_i 的播放，但不立刻删除 v_i，则 μ 的值始终保持变化状态，则 μ 的变化时间周期要大于 λ 的变化时间周期。

2.4　基于需求感知的资源分布变化评估

视频资源分布的优化能够提升视频资源的共享效率，降低视频的搜索和传输时延。精确地感知用户对于视频资源的需求去动态调节视频分布是优化视频资源分布的重要手段。

2.4.1　用户需求感知

用户一旦对视频资源产生兴趣，则会发送视频请求消息去获取视频内容。用户的请求充分地反映了用户的兴趣及兴趣范围。另外，若用户收到来自其他用户推送的视频且接受了该视频，则推送且接受的视频也反映了用户的兴趣。特别地，用户的兴趣是在一定的有限范围内的，且用户兴趣范围可以被视为用户的兴趣范围。为了精确地度量用户的兴趣范围，可以将用户观看的视频进行聚类，并进一步根据用户对于视频的感兴趣程度定义用户的兴趣范围。聚类后的视频集合即可表示用户的兴趣范围。设 $S_v(n_i)$ 表示节点 n_i 已观看视频的集合。可以将视频的名称、演员、导演、简介作为表示视频的属性，进一步利用向量夹角余弦公式评估两个视频之间的相似度。

　　设 S_{jk} 为视频 v_j 和视频 v_k 之间的相似度，且 v_j，$v_k \in S_v(n_i)$。如果 S_{jk} 为视频 v_k 与 $S_v(n_i)$ 中所有元素相似度的最大值，那么视频 v_j 和视频 v_k 构成了一个新的视频集合 $S_{\text{sub}_j} = (v_j, v_k)$，如图 2-2（a）所示。同样地，如果 S_{hk} 表示视频 v_h 和视频 v_k 之间的相似度，v_h，$v_k \in S_v(n_i)$，且 S_{hk} 为视频 v_h 与 $S_v(n_i)$ 中所有元素相似度的最大值，则视频 v_h 加入集合 S_{sub_j}，如图 2-2（b）所示。经过上述迭代过程，$S_v(n_i)$ 中元素被组织到若干个视频集合中，即 $S_v(n_i) = (S_{\text{sub}_a}, S_{\text{sub}_b}, \cdots, S_{\text{sub}_j})$，如图 2-2（c）所示。可将每一个视频聚类集合中的元素按照相似度值进行升序排序，例如，$S_{\text{sub}_j} = (v_a, v_b, \cdots, v_j)$。由于每个集合 S_{sub} 中的任意视频只与集合中一个视频计算了视频相似度，因此，S_{sub} 会包含一些噪声元素。例如，$v_s \in S_{\text{sub}_j}$ 且 v_s 与 v_k 的相似度值 S_{sk} 是 v_s 与 $S_v(n_i)$ 中所有元素的最大值。如果 S_{sk} 的值较小且 v_s 与 S_{sub_j} 中其他元素的相似度值较小，则 v_s 就不适合成为 S_{sub_j} 中的元素，即 v_s 可被视为 S_{sub_j} 中一个噪声元素。这是因为 v_s 只与 S_{sub} 中一个元素进行了相似度匹配，没有与 S_{sub} 中其他元素进行相似度匹配，因此，S_{sub_j} 中会存在噪声元素，即并不相似的视频被加入聚类集合中。为了消除聚类视频集合中的噪声元素，首先计算 S_{sub_j} 中所有元素间的平均相似度：

$$\overline{S}(S_{\text{sub}_j}) = \frac{\sum_{c=1}^{|S_{\text{sub}_j}|} \sum_{e=1}^{|S_{\text{sub}_j}|-1} S_{ce}}{|S_{\text{sub}_j}|(|S_{\text{sub}_j}|-1)}, \quad \overline{S}(S_{\text{sub}_j}) \in [0,1] \tag{2-2}$$

式中，$|S_{\text{sub}_j}|$ 返回 S_{sub_j} 中元素数量；S_{sub_j} 中元素间初始的平均相似度值被定义为 $\overline{S}(S_{\text{sub}_j})^{(1)}$。由于 S_{sub_j} 中所有元素都按照相似度值升序排列，因此，v_a 是 S_{sub_j} 中拥有最小相似度值的视频，v_a 可以首先从 S_{sub_j} 中删除，删除 v_a 后 S_{sub_j} 中剩余元素构成了一个新的集合 $S_{\text{sub}_j}^{(2)}$。$S_{\text{sub}_j}^{(2)}$ 中所有元素间的相似度平均值 $\overline{S}(S_{\text{sub}_j})^{(2)}$ 可以根据式（2-2）计算。如果 $\overline{S}(S_{\text{sub}_j})^{(2)} \leqslant \overline{S}(S_{\text{sub}_j})^{(1)}$，那么表明 v_a 不是一个噪声元素，v_a 会被重新添加至 $S_{\text{sub}_j}^{(2)}$。否则，如果 $\overline{S}(S_{\text{sub}_j})^{(2)} > \overline{S}(S_{\text{sub}_j})^{(1)}$，那么表明 v_a 是一个噪声元素，也就是说，存在 v_a 与 S_{sub_j} 中某一元素的相似度较高但与其他元素相似度较低的情况，因此，将 v_a 从 S_{sub_j} 中删除后提升了 S_{sub_j} 中其他元素间的相似度，即删除 v_a 使得 S_{sub_j} 中剩余元素的联系紧密程度提升。在实施保留或删除 v_a 的动作之后，$S_{\text{sub}_j}^{(2)}$ 会继续删除第二个元素 v_b。$S_{\text{sub}_j}^{(2)}$ 中其他元素构成了一个新的集合 $S_{\text{sub}_j}^{(3)}$。

如果 $\bar{S}(S_{\mathrm{sub}_j})^{(3)} \leqslant \bar{S}(S_{\mathrm{sub}_j})^{(2)}$，那么表明 v_b 不是一个噪声元素，v_b 会被重新添加至 $S_{\mathrm{sub}_j}^{(2)}$。否则，如果 $\bar{S}(S_{\mathrm{sub}_j})^{(3)} > \bar{S}(S_{\mathrm{sub}_j})^{(2)}$，那么表明 v_b 是一个噪声元素。经过上述过程的迭代后，S_{sub_j} 中噪声元素被移除，如图 2-2（d）所示。根据相同的迭代过程，$S_v(n_i)$ 中其他聚类结合也可以将所含的噪声元素移除。将进一步对所有的噪声元素进行相似度计算和聚类处理，并移除所有噪声元素。经过反复迭代后，最终的迭代收敛条件为：①若存在噪声元素导致无法与其他聚类集合构成一个新的集合，则任意噪声元素将成为一个聚类集合；②若不存在噪声元素，则任意聚类集合中元素数量大于等于 2。

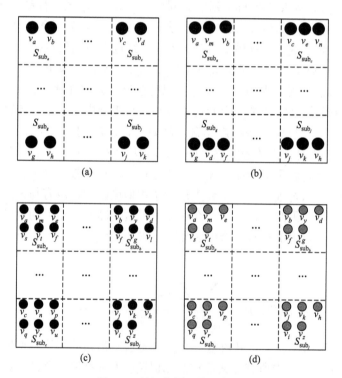

图 2-2　兴趣范围评估及表示

为了进一步地从视频聚类集合中抽取节点 n_i 的需求域范围，可以利用 n_i 观看视频的长度及视频推送的频率来表示 n_i 对任意视频 v_j 的兴趣程度：

$$I_i(v_j) = \alpha \frac{l_i(v_j)}{L_i} + \beta \frac{f_i(v_j)}{F_i}, \quad \alpha, \beta \in [0,1] \tag{2-3}$$

式中，$l_i(v_j)$ 为节点 n_i 对于视频 v_j 的播放时间长度；L_i 为 n_i 对于所有已观看视频的观看总时间长度；$f_i(v_j)$ 为 n_i 推送视频 v_j 的推送频率；F_i 为 n_i 对于所有已观看视频的总推送频率；α 与 β 为对于视频 v_j 的观看时间和推送频度的权重且 $\alpha + \beta = 1$。$I_i(v_j)$ 的值的范围为[0, 1]。如果视频 $v_j \in S_{\text{sub}_j}$ 在集合 S_{sub_j} 中拥有最高的兴趣程度，那么 v_j 为集合 S_{sub_j} 的代表视频。视频集合 S_{sub_j} 所含元素的平均兴趣程度为

$$\overline{I}(S_{\text{sub}_j}) = \frac{\sum_{c=1}^{|S_{\text{sub}_j}|} I_i(v_c)}{|S_{\text{sub}_j}|} \tag{2-4}$$

可进一步计算 $S_v(n_i)$ 中所有视频元素的平均兴趣程度：

$$\overline{I}(S_v(n_i)) = \frac{\sum_{c=1}^{|S_v(n_i)|} \overline{I}(S_{\text{sub}_j})}{|S_v(n_i)|} \tag{2-5}$$

式中，$|S_v(n_i)|$ 返回 $S_v(n_i)$ 中所含视频集合的数量。如果任意视频集合 $S_{\text{sub}_j} \in S_v(n_i)$ 的平均兴趣程度 $\overline{I}(S_{\text{sub}_j})$ 大于 $\overline{I}(S_v(n_i))$，那么 S_{sub_j} 被视为 n_i 的一个需求域范围。根据上述方法比较 $S_v(n_i)$ 中所含视频集合的平均兴趣程度与 $\overline{I}(S_{\text{sub}_j})$ 的大小，n_i 的需求域范围可以被定义为 $D_i = (d_1, d_2, \cdots, d_k)$。当 n_i 请求并观看了一个视频 v_d 时，将 v_d 与 n_i 所有需求域范围的代表视频进行相似度计算。如果 v_d 与一个集合 S_{sub_j} 的代表视频 v_j 的相似度值大于 v_d 与其他所有集合 S_{sub} 的代表视频的相似度，v_d 将被添加至集合 S_{sub_j} 中。通过除噪处理，若 v_d 是个噪声视频，则 v_d 将与所有的噪声视频（单个视频构成的聚类视频集合）进行相似度计算。v_d 将与拥有最大相似度值的噪声视频组建新的视频集合。否则，若 v_d 不是一个噪声视频，则 v_d 将被保留在集合 S_{sub_j} 中。

2.4.2 视频分布变化程度的感知

由于节点本地缓冲区容量有限，当节点想要观看新的视频且本地缓冲区已满时，节点需要删除本地缓冲区的若干视频来存储新的请求视频。本地视频的替换导致视频分布的变化。缓存视频在本地缓冲区中的停留时间是度量本地视频替换的重要参数。当节点 n_j 想要观看视频 v_k 时，n_j 发送请求消息以获取视频 v_k。若视频提供者 n_i 存储了 v_k 并收到了来自于 n_j 的请求，则 n_i 向 n_j 发送视频数据且无法删除 v_k。也就是说，视频提供者收到的请求消息数量越多，则缓存视频停留在本地缓冲区的时间越长，视频的散播周期也越长。任意视频 v_k 的下载时间可以被定义为

$$\text{TR}_i(v_k) = \frac{\text{size}_k}{\overline{B}_i(1 - \overline{P}_i)} \tag{2-6}$$

式中，size_k 为视频 v_k 的大小；$\overline{B}_i$ 与 $\overline{P}_i$ 分别为 n_i 在传输视频数据过程中的带宽和

PLR 的平均值。当视频提供者在一个周期时间 Δt 内没有收到视频请求消息时，则可以将本地缓存的视频 v_k 从本地缓冲区中删除。如果节点 n_i 在周期时间 $t_a < NR_i \times TR(v_k)$ 内收到的视频请求消息数量为 NR_i，则 v_k 在 n_i 的本地缓冲区的停留时间为 $NR_i \times TR(v_k) + \Delta t$。如果 $\overline{B_i}$ 等于视频请求者的播放速率，那么 v_k 的传输时间长度等于视频请求者的播放时间长度。若在周期时间 $t_b - t_a$ 内视频请求者与提供者的数量分别为 NR_k 和 NP_k 且 $NR_k < NP_k$，缓存和观看 v_k 既可以成为 v_k 的 NR_k 个视频请求者也可以成为 v_k 的视频提供者。网络中缓存视频 v_k 节点数量为 $2 \times NR_k$；若此时删除视频 v_k 的视频提供者数量为 $NP_k - NR_k$（由于 $NP_k - NR_k$ 个视频提供者没有收到视频请求消息），则在周期时间 $t_b - t_a$ 内 v_k 的视频分布变化程度为 $VL_k = NR_k / (NP_k - NR_k)$。

另外，节点间的视频推送也驱动着视频的散播。例如，一个视频提供者 n_i 存储着视频 v_k，并向节点 n_j 推送视频 v_k。如果 n_j 接受推送的视频 v_k，那么 n_j 返回一个确认消息至 n_i，并从 n_i 处收到返回的视频数据。否则，如果 n_j 对 v_k 不感兴趣，那么其忽略推送的视频 v_k。视频推送成功率也是视频散播周期时间的影响因子。如果在周期时间 $t_b - t_a$ 内对于 v_k 的成功推送的数量为 NU_k，则 v_k 的视频分布变化程度为 $VL_k = (NR_k + NU_k)/(NP_k - NR_k - NU_k)$。其中，$NP_k > NR_k - NU_k$。显然，$(NR_k + NU_k)/(t_b - t_a)$ 与 $(NP_k - NR_k - NU_k)/(t_b - t_a)$ 分别表示网络中 v_k 存储数量的增加率和减少率，即 $\lambda = (NR_k + NU_k)/(t_b - t_a)$ 和 $\mu = (NP_k - NR_k - NU_k)/(t_b - t_a)$。对于视频 v_k 的分布变化程度可以被定义为 $VL_k = \lambda / \mu$。

2.5　视频共享方法

根据对用户需求和视频分布变化程度的感知结果，视频系统可以实施视频的缓存和调度去优化视频分布，以提升视频在散播过程中的共享效率。例如，如果两个节点 n_i 和 n_j 频繁地共享彼此缓存的视频，n_i/n_j 根据节点需求感知结果推送 n_j/n_i 可能感兴趣的视频，那么可以增加视频推送成功率。如果 n_i/n_j 的视频需求超过了原有评估范围且拥有较高的变化程度，那么 n_i/n_j 需要调整本地缓存的视频资源以保持彼此间的视频供需平衡。此外，如果节点拥有相似的视频需求，这些节点可被组织到一个节点集合中。相似的需求可以确保节点缓存的视频能够满足节点集合内元素对视频的需求。在相同节点集合内根据节点的需求和缓存视频的变化程度调整本地缓存的视频内容，可以实现对于整个网络的视频供需平衡。节点集合内所含元素间的逻辑连接的构建依赖于需求的相似程度，但并没有考虑节点间地理位置是否邻近且移动行为是否相似。视频提供者与请求者间拥有邻近的地理位置可以减少视频请求消息和视频数据的转发数量及降低视频数据的传输时延和丢失的概率。视频提供者和请求者间拥有相似的移动行为，能够降低视频数据通信双方的相对地理距离的变化程度，即确保视频数据传输路径的稳定性。在构建节点集合时，除了需要考察节点对于视频资源需求的相似程度，还需要考虑节点间移动行为的相似性。

为了有效地提升节点的视频请求成功率和推送成功率，以进一步评价节点间的交互成功率，从而确定节点间的需求相似度。首先，网络中任意两个节点 n_i 与节点 n_j 的交互频度可以被定义为

$$F_{ij} = f_i^{\text{push}} + f_j^{\text{push}} + f_i^{\text{pull}} + f_j^{\text{pull}} \qquad (2\text{-}7)$$

式中，f_i^{push} 与 f_i^{pull} 分别为节点 n_i 对于节点 n_j 的视频推送和请求的频率；f_j^{push} 与 f_j^{pull} 分别为节点 n_j 对于节点 n_i 的视频推送和请求的频率。被接受的视频和成功响应的请求均可被视为节点 n_i 与节点 n_j 间成功的交互。$\text{IR}_{ij} = \dfrac{F_{ij}^{(s)}}{F_{ij}}, \text{IR}_{ij} \in [0,1]$ 表示节点 n_i 与节点 n_j 间交互成功率，其中，$F_{ij}^{(s)}$ 为节点 n_i 与节点 n_j 间成功交互的频度。节点间交互的频度越高且交互成功率越高，能够加速视频的散播，也反映了节点间联系的紧密程度高且稳定性高。节点间联系的紧密程度高且稳定性高，除了能够提升视频请求和推送的成功率，还能够降低节点间状态消息的交互频率，从而降低节点集合的维护负载和提升节点集合的可扩展性。

移动节点的带宽、存储、计算和续航能力有限，维护较多节点的状态信息需要消耗大量带宽、存储、计算和续航资源，移动节点难以承受这种持续和大规模的消耗；此外，维护地理位置较远节点的状态信息会消耗大量的网络带宽。因此，移动节点仅能与地理位置较近（一跳范围内）的节点进行交互并维护彼此的状态信息，即评估节点间需求相似程度和移动行为相似程度的目标节点均来自于节点的一跳邻居节点。如果节点 n_i 与节点 n_j 在 t_a 时刻互为一跳邻居节点，则可视为节点 n_i 与节点 n_j 在 t_a 时刻遭遇。遭遇的频度越高且每次遭遇后保持一跳邻居关系的时间越长，表明节点 n_i 与节点 n_j 间的一跳邻居关系越稳定。节点 n_i 与节点 n_j 的移动稳定程度计算公式如下：

$$\text{MS}_{ij} = \frac{2\arctan\left(\sum_{c=1}^{s} \text{et}_c\right)}{\pi} \qquad (2\text{-}8)$$

式中，et_c 为节点 n_i 与节点 n_j 遭遇一次后保持一跳邻居节点关系的时间长度；s 为节点 n_i 与节点 n_j 遭遇的总次数；由于 $\arctan\left(\sum_{c=1}^{s} \text{et}_c\right) \in \left[0, \dfrac{\pi}{2}\right)$，因此，对节点 n_i 与节点 n_j 的遭遇时间进行了归一化处理。基于节点 n_i 与节点 n_j 的需求相似度和移动

行为相似度的评估结果，节点 n_i 与节点 n_j 的联系紧密度可以定义为

$$GR_{ij} = DS_{ij} \times IR_{ij} \times MS_{ij}, \ GR_{ij} \in [0,1) \tag{2-9}$$

式中，$DS_{ij} = \dfrac{\sum\limits_{c=1}^{VN_i}\sum\limits_{e=1}^{VN_j} S_{ec}}{VN_i + VN_j}$ 为节点 n_i 与节点 n_j 的视频间的相似度均值，VN_i 和 VN_j 分别为节点 n_i 与节点 n_j 的视频数量。

任意节点 n_i 会记录每次遭遇的节点信息，并建立一个节点集合列表 GN_i。节点 n_i 会评估与 GN_i 中所有节点的联系紧密程度。例如，如果节点 n_j 与节点 n_i 的联系程度值大于节点 n_j 与 GN_j 中所有节点的联系紧密程度值，则节点 n_j 与节点 n_i 构成一个节点集合 GS_j。同样地，如果节点 n_k 与节点 n_j 的联系程度值大于节点 n_k 与 GN_k 中所有节点的联系紧密程度值，节点 n_k 会加入节点集合 GS_j。根据上述聚类过程，网络中的节点将构成多个节点集合。按照 2.4.1 节中对于视频集合的除噪过程来消除节点集合中的噪声节点。经过除噪迭代后，网络中的节点构成多个节点集合，即 $NS = (GS_1, GS_2, \cdots, GS_n)$，节点集合中的元素间具有较高的需求相似度和移动行为相似度。在同一节点集合中的元素会周期地相互交换彼此的代表视频和状态信息。

任意节点在搜索或推送视频时，优先将同一节点集合内的元素作为目标节点，以增加视频的搜索和推送成功率。节点在请求或推送视频前，首先要考察发送请求消息目标节点或推送视频的目标节点的需求域范围，如果推送或请求的视频与目标节点需求域范围所有代表视频的相似度较低，表明目标节点对该视频兴趣程度低，查询的失败或推送失败的概率较高，则应当更换目标节点。例如，节点 n_i 想要观看视频 v_k，则节点 n_i 首先评价视频 v_k 与当前节点集合中所有元素的代表视频间的相似度值，若视频 v_k 与视频 v_h 的相似度值是视频 v_k 与所有的代表视频相似度值中的最大值且节点集合中存在一个节点 n_j 存储着视频 v_h，则节点 n_i 将节点 n_j 作为目标节点，向节点 n_j 发送关于视频 v_k 的请求消息。此时，如果节点 n_j 存储着视频 v_k，则节点 n_j 直接向节点 n_i 传输视频数据。否则，如果节点 n_j 没有存储视频 v_k，节点 n_j 会按照上述方法，从节点 n_j 的一跳邻居节点中选择其他节点集合中存储着与视频 v_k 相似度最高的节点 n_p 作为目标节点，将节点 n_i 的请求消息转发至节点 n_p。节点 n_p 收到请求消息后，若本地没有存储视频 v_k，则会继续将视频 v_k 与节点集合内所有元素的代表视频进行相似度计算，并将节点 n_i 的请求消息转发至存储着与视频 v_k 拥有最大相似度值的代表视频的节点处。经过上述视频搜索的迭代过程，一旦搜索到存储视频 v_k 的节点，则该节点向节点 n_i 返回确认消息。当节点 n_i 在发送视频 v_k 的请求消息后，在本地计算搜索时延，一旦在搜索时间间隔 T 内没有收到返回的确认消息，则节点 n_i 向整个网络广播视频 v_k 的请求消息。若网络

中没有存储着视频 v_k，则节点 n_i 向服务器发送请求消息，服务器将向节点 n_i 传输视频 v_k 的数据。

另外，为了提升节点集合内的搜索和推送成功率，可以根据节点的需求域范围的变化程度来调整节点集合内的视频资源分布，以确保节点集合内对于视频的供需平衡。例如，在一个节点集合内，可以根据对于任意视频的搜索成功率来决定是否缓存该视频，评估在一个周期时间内节点集合关于视频 v_k 分布的变化程度 VL_k，如果 VL_k 的值持续增加，那么表明节点集合内需要增加视频 v_k 的缓存数量，以满足不断增长的需求；如果 VL_k 的值持续减少或在一个相对稳定的值附近抖动，那么表明节点集合内需要降低视频 v_k 的缓存数量，以缓存其他视频资源。例如，当 VL_k 的值为当前节点集合内所有视频的变化程度的最小值，则 v_k 应当优先被移除；反之，如果当 VL_k 的值为当前节点集合内所有视频的变化程度的最大值，那么 v_k 应当优先被缓存。此外，当 VL_k 的值既不是当前节点集合内所有视频的变化程度的最大值也不是最小值时，在周期时间 $(1 + VL_k)\Delta t$ 内没有收到关于视频 v_k 的请求消息且缓存视频 v_k 的节点可以从本地缓冲区中移除视频 v_k。根据节点集合内视频资源的需求变化程度来调整缓存的资源，可以进一步提升节点集合内视频搜索的成功率和推送成功率，以提升视频共享效率。

2.6　仿真测试与性能评估

2.6.1　测试拓扑与仿真环境

本节所提出方法 VDRCO 与无线移动网络下基于蚁群优化和虚拟小社区的视频共享方法（ant-inspired mini-community-based video sharing solution in wireless mobile networks，AMCV）[29]进行性能比较。本节采用 NS-2 仿真系统为 VDRCO 和 AMCV 分别建立模型与实现方法编码。VDRCO 和 AMCV 的仿真场景为：①区域大小为 1000m×1000m；②400 个移动节点；③移动节点的信号范围半径为 200m；④移动节点的运动速度范围为[1, 20]m/s；⑤仿真时间为 400s；⑥数据传输协议为 UDP，无线路由协议为 DSR；⑦视频传输速率为 128Kbit/s。为了降低网络拥塞对仿真效果的影响，服务器和移动节点的带宽分别为 20Mbit/s 和 10Mbit/s。

400 个移动节点中有 200 个节点担当视频资源请求者，当 200 个移动节点请求视频且启动播放视频时，即可将 200 个节点视为系统成员。视频文件数量设置为 30（即有 30 个内容不同的视频）；视频文件长度均为 100s；每个视频系统成员拥有 200 个视频播放日志，视频播放日志主要记录视频系统用户请求观看的视频名和播放时间。在仿真初始时，系统成员在 0～100s 内会按照生成的视频播放日志依次完成首个视频资源请求。每个视频系统成员请求的视频资源和播放视频的时间长度均按照视频播放日志定义的内容随机分配。每个视频系统成员的视频播放日志中包含 5 个需要请求的视频资源；当视频系统成员完成视频播放日志中设定的请求播放的视频后，视频系统成员退出系统。每个视频系统成员在本地缓冲区中缓存视频数量为 3。在 VDRCO 中，创建 200 个历史视频播放日志，用来评估 200 个视频系统成员的需求域。为视频系统成员创建成员间视频共享的交互行为历史日志，以及创建成员间在物理空间中成为一跳邻居节点的移动行为历史日志。在仿真开始之前，视频系统成员根据遭遇和交互日志的历史记录进行聚类处理。α 和 β 分别设置为 0.5；视频系统成员的阈值 Thr 设置为 0.2；Δt 的值设置为 20s。另外，为 400 个移动节点分别创建 400 个移动行为日志。在移动行为日志中，移动节点的移动速度、目标位置都会随机分配。当移动节点按照设定的速度移动到目标位置后，不做任何停留（即停留时间为 0），会按照自己的移动行为日志中设定的新的移动速度向已定义的移动目标移动。在 VDRCO 中，在节点簇集合中的成员节点会根据新的移动轨迹重新评估节点之间的移动行为相似性，并进一步计算节点间的联系紧密程度，从而做出留在当前节点簇集合、加入到新的节点簇集合的决定。

　　AMCV 拥有灵活的部署方案，能够在移动网络环境下实施视频资源共享，是 VDRCO 的合适的性能对比对象。在 AMCV 中，请求相同视频块的节点组织到同一节点社区中，在仿真中，AMCV 将请求相同视频文件的节点被组织到同一节点社区中。AMCV 中的社区数量在(0, 30]内。AMCV 的维护策略和视频块共享策略也均适合视频文件的共享。为 30 个视频文件分别设置 ID，AMCV 中的节点社区能够按照视频文件 ID 建立节点社区间的静态连接；通过创建 5000 份历史视频播放日志（包括节点请求的视频 ID），AMCV 能够根据节点的视频资源请求行为建立节点社区间的动态连接。在 AMCV 中，α 和 β 分别设置为 0.5；PT_b 和 PT_r 的值分别设置为 0.2 和 0.12；参数 UT 的值设置为 60s。AMCV 和 VDRCO 的网络架构采用具有同一结构的基于社区的移动对等网络；AMCV 和 VDRCO 也采用同一方法对节点的视频资源请求行为进行评估，以支持高效的视频资源共享。AMCV 依赖于节点请求视频间的关联关系去建立社区间的动态连接，以支持快速的视频资源查询。VDRCO 通过考察节点请求的视频资源间的内容相似程度和节点间移动行为相似程度实施节点聚类。在仿真开始之前，视频系统成员均按照 AMCV 和 VDRCO 的方法实施对应的组织聚类。

2.6.2　仿真性能评价

　　AMCV 和 VDRCO 之间的性能比较主要包括三个方面：平均启动时延（average

startup delay，ASD）、缓存利用率（caching utilization rate，CUR）和 PLR。

（1）ASD。设 SD $= t_v-t_r$ 为启动时延值的计算公式，其中，t_r 为应用层视频数据包的发送时间；t_v 为应用层视频数据包的接收时间；SD 为 t_r 和 t_v 的差值。

图 2-3 表示 AMCV 和 VDRCO 的 ASD 随仿真时间增加的变化过程。$\text{ASD} = \sum_{i=1}^{m} \dfrac{\text{SD}_i}{m}$，其中 m 为在时间间隔 $T = 20\text{s}$ 内完成启动的节点的数量。对应 VDRCO 和 AMCV 两条曲线（三角形曲线代表 VDRCO、方形曲线代表 AMCV）在 0～200s 内保持快速上升，在 220～400s 内保持下降趋势。VDRCO 的曲线在 0～60s 内快速地增加，在 80～120s 内保持缓慢上升的趋势并在 220s 处达到峰值。AMCV 的曲线在 0～120s 内保持相对稳定的上升，并在 220s 处达到峰值。虽然 VDRCO 的 ASD 在 0～60s 内高于 AMCV，但在 80～400s 内 VDRCO 的 ASD 低于 AMCV 的 ASD，而且在 220s 处 VDRCO 的 ASD 峰值也要低于 AMCV。

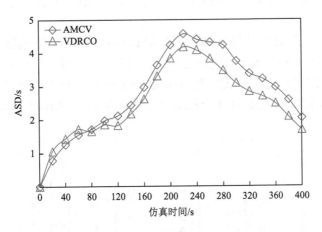

图 2-3　AMCV 和 VDRCO 的 ASD 随仿真时间增加的变化过程

图 2-4 展示了 AMCV 和 VDRCO 的 ASD 随请求节点数量增加的变化过程。$\text{ASD} = \sum_{i=1}^{n} \dfrac{\text{SD}_i}{n}$ 其中 n 为在每 20 个请求视频节点的时间间隔内完成启动的节点数量。VDRCO 对应三角形曲线；AMCV 对应方形的曲线。VDRCO 的曲线在请求节点数量为 0～100 的过程中保持快速的上升趋势，并在请求节点数量为 100～140 的过程中快速下降。最终，VDRCO 的曲线在请求节点数量为 140～200 的过程中继续保持上升趋势。AMCV 的曲线在 200 个请求节点增加的过程中始终保持快速的增加趋势。虽然 VDRCO 的 ASD 在请求节点数量为 0～120 的过程中始

终高于 AMCV，但是 VDRCO 的 ASD 在请求节点数量为 120～200 的过程中低于 AMCV。

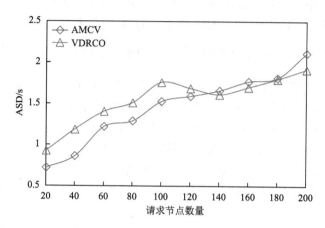

图 2-4　AMCV 和 VDRCO 的 ASD 随请求节点数量增加的变化过程

图 2-5 展示了 AMCV 和 VDRCO 的 ASD 在移动节点的不同移动速度区间的变化过程，其中，ASD 被定义为所有在仿真过程中对应移动节点 4 个移动速度区间的节点启动时延均值。AMCV 和 VDRCO 的 ASD 保持快速增加的趋势，其中 AMCV 和 VDRCO 的 ASD 在 4 个移动节点移动速度区间均低于 AMCV。

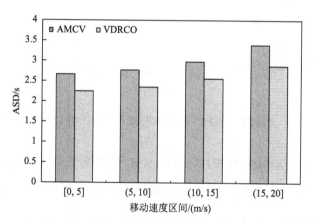

图 2-5　AMCV 和 VDRCO 的 ASD 在移动节点的不同移动速度区间的变化过程

　　AMCV 中请求相同视频资源的视频系统成员节点被组织到一个节点社区中。节点社区依赖于社区间建立的静态和动态接口支持节点在社区间的移动（当节点改变当前播放的视频内容时，节点离开当前社区并加入播放视频对应的社区）。如果所有的视频资源对应的节点社区均在覆盖网络中建立，意味着所有的视频资源均被覆盖网络中的对等节点存储。当任意节点请求视频资源时，请求节点均可以从覆盖网络中的节点获取视频资源，而不是从视频服务器获取。因此，节点社区成员在请求视频资源时能够利用节点社区间的静态和动态连接转发请求消息，从而快速地发现视频资源提供者，并从视频资源提供者处获取视频数据。由于在仿真初始时，节点社区结构和节点社区间的接口已经建立，因此，AMCV 在仿真初始时的 ASD 结果要低于 VDRCO。然而，视频系统成员不断地增加且视频系统成员在节点社区间频繁迁移，从而导致节点社区结构和节点社区间的动态接口频繁变化，对视频搜索成功率和视频搜索时延产生了较大的负面影响；另外，由于视频请求节点完成当前视频观看后，对当前视频失去兴趣，从而请求新的视频，从而导致视频请求节点发送请求消息，在覆盖网络中搜索视频资源提供节点。当视频请求节点发现视频资源提供节点并从提供节点获取视频数据后，视频请求节点即从当前节点社区迁移至已获取视频资源对应的节点社区。节点社区间的动态接口随社区内节点请求的视频资源变化而改变，当节点在不同视频类别间进行频繁请求时，表示节点对视频兴趣的变化程度较高。当节点的兴趣变化程度较高时，频繁的动态接口变化对视频资源搜索的成功率和时延带来较大的负面影响（由于动态接口反映了社区内节点兴趣的变化）。此外，如果在节点请求视频资源的过程中请求消息无法利用节点社区间动态节点转发，只能依赖于静态接口转发，从而引起较高的视频资源查询时延。也就是说，节点对视频内容的兴趣变化会导致覆盖网络中视频资源分布的变化，对视频资源的供给造成严重的负面影响，从而导致视频查询时延大。因此，AMCV 的平均查询时延的值保持快速增加的趋势。另外，AMCV 并没有考察移动节点的移动性，视频请求消息和视频数据可能会经历未知数量的中继节点转发。如果视频请求消息和视频数据被较多中继节点转发，不仅带来较高的转发时延，而且中继节点的移动性也会导致传输路径的动态变化，从而对视频请求消息和视频数据的传输造成时延增加的影响。此外，随着视频请求节点数量的增加，产生的大量的视频请求消息也会触发大规模的视频流量。保持快速增加的视频流量超过传输路径带宽时会导致网络拥塞，因此，AMCV 的 ASD 在 140~340s 内保持快速增加的趋势，也就是说 AMCV 在 140~340s 内经历了网络拥塞。当视频系统成员完成 5 个视频的观看后，则退出系统，在网络中传输的视频数据规模下降，网络拥塞程度逐渐降低，AMCV 的 ASD 逐渐下降。然而，在 AMCV 中，视频请求节点和视频提供节点间数据传输路径的中继节点数量难以保持持续的低水平，因此，AMCV 的 ASD 受到传输路径的中继节点数量变化的影响较大，AMCV 的 ASD 在移动节点移动速度较低区间的值低于在节点移动速度较高区间的值。

在 VDRCO 中，视频系统成员根据节点间视频共享的交互行为和移动过程中遭遇的频率被聚类到节点集合中。节点集合内部的成员在视频资源请求响应和推送方面具有较高优先级。由于节点集合内的视频系统成员会根据与其他节点进行的视频共享的交互行为和移动过程中遭遇的频率不断地评估节点间联系紧密程度,因此,节点社区结构的不断变化会给视频资源共享性能带来一定的负面影响。初始时,节点集合考察的节点间移动行为轨迹样本数据较少,导致节点聚类精度较低,并且节点移动行为和视频资源请求行为变化较快,初始聚类的节点集合结构变化较为频繁,从而导致初始时 VDRCO 的视频资源查询成功率低、视频资源数据传输时延大,以至于初始时 VDRCO 的 ASD 较高。随着视频资源请求行为和节点移动行为样本数据的不断增加,节点聚类精度不断提升,节点集合结构趋于稳定,节点集合内成员在视频资源查询和视频数据传输时能够利用节点移动行为相似评估结果,使视频资源请求节点能够连接与其物理距离较近的视频资源提供节点,并从连接的视频资源提供节点获取视频资源响应消息和视频数据。由于视频请求节点和视频提供节点间物理距离较近,视频数据传输路径所含中继节点相对较少,视频数据传输时延将保持在较低水平。进一步地,在同一节点集合中的视频系统成员节点能够相互获取彼此的视频资源需求范围,从而能够根据节点集合内各节点视频资源需求变化动态地调整本地缓冲区中的视频资源。基于视频资源需求变化的视频资源动态调节能够不断地优化节点集合内视频资源的分布,平衡节点集合内视频资源的供应与需求,从而提升节点集合内视频资源请求成功率、降低视频资源请求时延,为整个覆盖网络的视频资源供应与需求提供支持。因此,VDRCO 的 ASD 能够在 60s 内随着请求节点不断加入系统获取视频资源且保持降低的趋势,VDRCO 虽然在 140~340s 内遭遇了网络拥塞,但 VDRCO 的 ASD 仍然低于 AMCV,并且 VDRCO 的 ASD 的峰值也低于 AMCV,VDRCO 的 ASD 的下降速度高于 AMCV。另外,由于在同一节点集合内视频系统成员节点保持频繁的遭遇(遭遇的节点成为一跳邻居节点),并拥有稳定的一跳邻居关系(即保持一跳邻居关系时间较长),基于一跳邻居的视频数据传输受到网络拥塞的影响较小,因此,VDRCO 的 ASD 随着移动节点的移动速度的增加保持平稳的增加趋势,VDRCO 的 ASD 的增量低于 AMCV。

(2)CUR。视频系统成员响应节点的视频请求,并利用本地缓存的视频资源为请求节点传输视频数据,则视为缓存利用。N_{CU} 与 N_{RM} 分别表示缓存利用数量和请求消息数量。CUR 被定义为 $R_{CU} = N_{CU}/N_{RM}$。

图 2-6 展示了 VDRCO 和 AMCV 的 CUR 随仿真时间增加的变化过程。VDRCO 和 AMCV 的曲线在整个仿真过程中均保持上升趋势。AMCV 对应的曲线在 40~320s 内保持快速的上升趋势,在 320~400s 内保持稳定的上升趋势。VDRCO 对应的曲线在 40~180s 内保持快速上升趋势,在 180~400s 内保持稳定的上升趋势。VDRCO 的 CUR 在整个仿真过程中要高于 AMCV。在 AMCV

中，视频系统成员发送视频请求消息至当前节点社区的代理节点。节点社区的代理节点利用与其他节点社区维护的静态接口和动态接口将收到的请求节点转发至与视频资源对应节点社区的代理节点。如果请求的视频在覆盖网络中没有被缓存（即现有视频系统成员节点未请求过的视频），那么该视频对应的节点社区并未建立，则请求该视频的节点需要从视频服务器获取，即当节点社区的代理节点未发现存储该视频的节点社区时，该代理节点将请求消息转发至视频服务器，视频服务器收到该请求消息后，直接将响应消息和视频数据发送至视频请求节点。节点社区成员在完成视频观看后并未删除本地缓冲区中的视频资源，这些节点社区成员继续请求新的视频资源，并退出当前节点社区，加入到当前请求和播放视频对应的节点社区中。当节点退出原来的节点社区、加入到新的节点社区后，此类节点会断开与原来节点社区代理节点间的连接，并与新节点社区的代理节点建立连接，因此，此类节点本地存储的视频资源不为其他节点提供视频资源传输。另外，节点的兴趣具有广泛和随机变化的特性，视频系统中所有的视频资源难以在同一时间内被所有节点请求。因此，AMCV 的 CUR 相对于 VDRCO 而言总是保持相对较低的水平。在 VDRCO 中，在同一节点集合内视频系统成员拥有频繁的视频交互行为和较高的兴趣相似度，因此，在同一节点集合内的视频系统成员利用本地缓存的视频资源服务于当前节点社区内的其他节点。即使节点集合内视频系统成员没有缓存其他节点请求的视频资源，这些节点也可以将收到的请求消息在当前节点集合内广播，或将收到的视频请求消息转发至其他节点集合，从而在整个覆盖网络中搜索存储请求视频资源的节点。因此，VDRCO 的 CUR 在整个仿真过程中要高于 AMCV。此外，VDRCO 具有较高的 CUR 也意味着 VDRCO 能够进一步降低视频服务器的负载，从而获取更高的系统可扩展性。

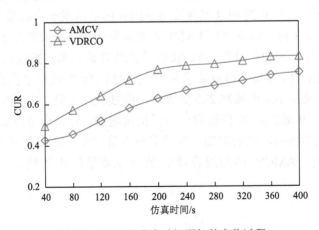

图 2-6　CUR 随仿真时间增加的变化过程

（3）PLR。在视频数据传输过程中应用层丢失的数据包数量和视频提供者、视频服务器发送的数据包总数之间的比值称为 PLR。

图 2-7 展示了 VDRCO 和 AMCV 的 PLR 随仿真时间增加的变化过程，其中 PLR 值为每 40s 内计算的 PLR。对应 VDRCO 和 AMCV 的两条曲线拥有相似的变化过程。VDRCO 和 AMCV 的曲线在 40～120s 内保持缓慢上升趋势，在 120～200s 内快速上升，在 200～400s 内保持下降趋势。AMCV 的曲线要高于 VDRCO 的曲线（即 VDRCO 的 PLR 要低于 AMCV），而且 VDRCO 的 PLR 增量和在 40～200s 内的峰值也要低于 AMCV。AMCV 的 PLR 在 240～400s 内的下降规模也要低于 VDRCO。

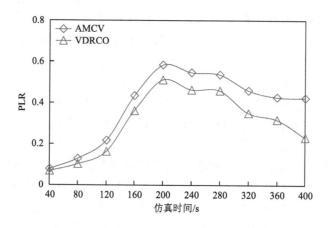

图 2-7　PLR 随仿真时间增加的变化过程

200 个视频系统成员按照泊松分布在 0～100s 内请求视频资源加入视频系统，VDRCO 和 AMCV 的 PLR 结果在 0～100s 内随请求节点数量增加的变化过程被展示在图 2-8 内。VDRCO 和 AMCV 的两条曲线随请求节点数量由 20 变化到 200 时拥有相似的变化过程。VDRCO 的曲线在请求节点数量从 20 增加到 80 的过程中快速上升，在请求节点数量从 80 增加到 100 的过程中快速下降，最后，在请求节点数量从 100 增加到 200 的过程中继续快速上升。AMCV 的 PLR 在请求节点数量从 20 增加到 80 的过程中同样快速增加，在请求节点数量从 80 增加到 140 的过程中保持轻微的增加，在请求节点数量从 140 增加到 200 的过程中继续快速增加。AMCV 的曲线在随请求节点数量的增加整个期间都要高于 VDRCO。

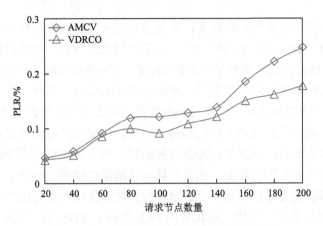

图 2-8　PLR 随请求节点数量增加的变化过程

图 2-9 展示了 VDRCO 和 AMCV 的 PLR 在节点不同移动速度区间内的变化过程。VDRCO 和 AMCV 的 PLR 结果随节点移动速度的增加保持快速增加。VDRCO 的结果在节点移动速度区间[0, 5]和(5, 10]内保持较低的增加幅度，在 (10, 15]和(15, 20]内保持快速的增加。AMCV 的结果在节点移动速度区间[0, 5] 内保持较低的增加幅度，在(5, 10]和(10, 15]内保持缓慢的增加，在(15, 20]内保持显著的增加。VDRCO 的 PLR 结果随节点移动速度的增加（四个节点移动速度区间）低于 AMCV 的 PLR。

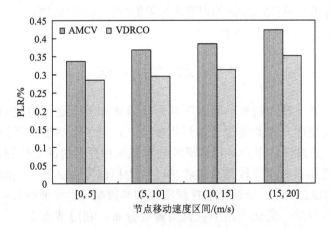

图 2-9　PLR 在节点不同移动速度区间内的变化过程

AMCV 忽略了节点移动速度对节点发送的消息和视频数据带来的负面影响。AMCV 根据节点请求的视频组织视频系统成员到不同的节点社区。视频请求消息的转发依赖于视频请求节点和视频提供节点间的逻辑距离，从而忽略了视频请求节点和视频提供节点间的地理距离，导致视频请求节点和视频提供节点间的消息与数据传输难以确保以近端传输交付。如果视频请求节点和视频提供节点间的地理距离较长，数据传输路径所含中继节点较多，视频数据传输必然占据较多中继节点的带宽，从而降低网络可用带宽，增加网络拥塞风险。然而，在 200～400s 内 AMCV 遭遇了网络拥塞增加，即使一些视频系统成员不断退出系统，AMCV 的 PLR 在时间间隔内保持快速上升的趋势。另外，如果视频请求节点和视频提供节点间的地理距离较长，中继节点的带宽被消耗，如果中继节点缓冲区被占满，那么中继节点会丢弃收到的数据；如果在数据传输路径中所含中继节点过多，那么中继节点的移动性会导致中继节点的地理位置快速变化，从而使数据传输路径频繁变化，使 PLR 增加。因此，AMCV 的 PLR 要高于 VDRCO。VDRCO 根据节点间视频交互行为和节点移动行为的相似性组织视频系统成员到多个节点集合。在同一节点集合中的视频系统成员拥有相对稳定且较近的地理距离（甚至是相对稳定的一跳邻居关系），这些节点进行视频数据传输时能够利用彼此之间较近的地理距离实现快速和高效的视频传输，不仅能够降低视频数据传输时延和 PLR，而且能够降低网络节点带宽的消耗，从而降低网络拥塞程度，减少在数据传输过程中网络拥塞导致数据丢失的风险。VDRCO 的 PLR 在 200～280s 内保持相对较低的水平，在 280～400s 内保持快速的降低，意味着网络拥塞对 VDRCO 的影响程度要低于对于 AMCV 的影响程度。此外，由于 VDRCO 考察了节点集合内成员间的移动性，VDRCO 的 PLR 在移动速度区间[0, 5]、(5, 10]和(10, 15]内保持较低的增加趋势。虽然 VDRCO 的 PLR 在(15, 20]区间内遭遇显著的影响，但 VDRCO 的 PLR 在(15, 20]区间内依然低于 AMCV 的 PLR。

2.7　本章小结

　　本章提出了一种无线移动网络下基于需求感知资源缓存的视频共享方法。根据传染病模型建立视频资源传播过程模型，讨论了影响视频资源传播和分布的主要因素，通过评估用户对视频资源需求范围和视频资源变化程度，VDRCO 将对视频资源具有相似度较高兴趣和移动行为相似度较高的节点组织到多个节点集合内。VDRCO 进一步设计了视频资源共享策略，通过平衡节点集合内视频资源的供应与需求，优化网络中视频资源的分布，利用节点集合内成员间拥有较高的视频兴趣和移动行为的相似度，使节点间视频资源共享能够实施近端通信（即数据传输路径中所含中继节点较少或一跳邻居关系），从而极大地提升了视频共享性能。根据仿真实验结果，VDRCO 与 AMCV 在相同仿真环境下进行性能对比，VDRCO 在 ASD、CUR 和 PLR 三个方面拥有较高的性能，且优于 AMCV。

参 考 文 献

[1] Yoon J，Zhang H，Banerjee S，et al. Video multicast with joint resource allocation and adaptive modulation and coding in 4G networks. IEEE/ACM Transactions on Networking，2014，22（5）：1531-1544.

[2] Eiza M H，Ni Q，Shi Q. Secure and privacy-aware cloud-assisted video reporting service in 5G-enabled vehicular networks. IEEE Transactions on Vehicular Technology，2016，65（10）：7868-7881.

[3] Chan C A，Li W，Bian S，et al. Assessing network energy consumption of mobile applications. IEEE Communications Magazine，2015，53（11）：182-191.

[4] Xu C，Jia S，Wang M，et al. Performance-aware mobile community-based VoD streaming over vehicular ad hoc networks. IEEE Transactions on Vehicular Technology，2015，64（3）：1201-1217.

[5] Yang L，Lou W. A contract-ruled economic model for QoS guarantee in mobile peer-to-peer streaming services. IEEE Transactions on Mobile Computing，2016，15（5）：1047-1061.

[6] Sun Y，Guo Y，Li Z，et al. The case for P2P mobile video system over wireless broadband networks：A practical study of challenges for a mobile video provider. IEEE Network，2013，27（2）：22-27.

[7] Kuo J L，Shih C H，Ho C Y，et al. A cross-layer approach for real-time multimedia streaming on wireless peer-to-peer ad hoc network. Ad Hoc Networks，2013，11（1）：339-354.

[8] Jia S，Xu C，Vasilakos A V，et al. Reliability-oriented ant colony optimization-based mobile peer-to-peer VoD solution in MANETs. Wireless Networks，2014，20（5）：1185-1202.

[9] Fiandrotti A，Bioglio V，Grangetto M，et al. Band codes for energy-efficient network coding with application to P2P mobile streaming. IEEE Transactions on Multimedia，2014，16（2）：521-532.

[10] Xu C，Zhao J，Muntean G. Congestion control design for multipath transport protocols：A survey. IEEE Communications Surveys and Tutorials，2016，18（4）：2948-2969.

[11] Xu C，Liu T，Guan J，et al. CMTQA：Quality-aware adaptive concurrent multipath data transfer in heterogeneous wireless networks. IEEE Transactions on Mobile Computing，2013，12（11）：2193-2205.

[12] Cruces O T，Fiore M，Ordinas J M B. Cooperative download in vehicular environments. IEEE Transactions on Mobile Computing，2012，11（4）：663-678.

[13] Zhao J，Zhang P，Cao G，et al. Cooperative caching in wireless P2P networks：Design，implementation，and evaluation. IEEE Transactions on Parallel and Distributed Systems，2010，21（2）：229-241.

[14] Kozat U C，Harmanci O，Kanumuri S M，et al. Peer assisted video streaming with supply demand-based cache optimization. IEEE Transactions on Multimedia，2009，11（3）：494-508.

[15] Xu C，Zhao F，Guan J，et al. QoE-driven user-centric vod services in urban multihomed P2P based vehicular networks. IEEE Transactions on Vehicular Technology，2013，62（5）：2273-2289.

[16] Tan B，Massoulie L. Optimal content placement for peer-to-peer video-on-demand systems. IEEE/ACM Transactions on Networking，2013，21（2）：566-579.

[17] Zhou L，Yang Z，Wen Y，et al. Distributed wireless video scheduling with delayed control information. IEEE Transactions on Circuits and Systems for Video Technology，2014，24（5）：889-901.

[18] Li J，Sun J，Qian Y，et al. A commercial video-caching system for small-cell cellular networks using game theory. IEEE Access，2016（4）：7519-7531.

[19] Mokhtarian K，Jacobsen H. Flexible caching algorithms for video content distribution networks. IEEE/ACM Transactions on Networking，2017，25（2）：1062-1075.

[20] Li S，Xu J，Schaar M V D，et al. Trend-aware video caching through online learning. IEEE Transactions on

Multimedia，2016，18（12）：2503-2516.

[21] Zhou L，Yang Z，Rodrigues J J P C，et al. Exploring blind online scheduling for mobile cloud multimedia services. IEEE Wireless Communications，2013，20（3）：54-61.

[22] Shen H，Lin Y，Li J. A social-network-aided efficient peer-to-peer live streaming system. IEEE/ACM Transactions on Networking，2015，23（3）：987-1000.

[23] Shen H，Li Z，Chen K. Social-P2P: An online social network based P2P file sharing system. IEEE Transactions on Parallel and Distributed Systems，2015，26（10）：2874-2889.

[24] Zhang S，Shao Z，Chen M，et al. Optimal distributed P2P streaming under node degree bounds. IEEE/ACM Transactions on Networking，2014，22（3）：717-730.

[25] Shen H，Li Z，Lin Y，et al. Socialtube: P2P-assisted video sharing in online social networks. IEEE Transactions on Parallel and Distributed Systems，2014，25（9）：2428-2440.

[26] Xu C，Jia S，Zhong L，et al. Socially aware mobile peer-to-peer communications for community multimedia streaming services. IEEE Communications Magazine，2015，53（10）：150-156.

[27] Wu Q，Li Z，Tyson G，et al. Privacy-aware multipath video caching for content-centric networks. IEEE Journal on Selected Areas in Communications，2016，34（8）：2219-2230.

[28] Si P，Yue H，Zhang Y，et al. Spectrum management for proactive video caching in information-centric cognitive radio networks. IEEE Journal on Selected Areas in Communications，2016，34（8）：2247-2259.

[29] Xu C，Jia S，Zhong L，et al. Ant-inspired mini-community-based solution for video-on demand services in wireless mobile networks. IEEE Transactions on Broadcasting，2014，60（2）：322-335.

第3章　基于用户兴趣感知的视频共享方法

在网络中快速查询具有充足带宽和资源交付能力的视频资源提供节点是基于
MP2P 的视频资源共享的关键，通过考察用户间的社交互动发现用户共同兴趣是
提高视频共享效率的重要手段。本章介绍一个基于用户兴趣感知的视频共享方法。
首先，通过分析用户历史的视频资源请求行为，评估视频间联系紧密程度，将视
频聚类成基于链表的树形结构，然后，介绍混合视频资源查询方法和基于通信质
量感知的视频提供节点选择策略，提升视频资源交付效率，最后，对本章提出方
法进行仿真实验和性能对比。

3.1　引　　言

随着无线网络技术的快速发展，如 4G 的部署、车联网和无线局域网的应用，
无线带宽不断增加和网络接入方式多样化为移动流媒体系统的部署提供了巨大的
支持，如图 3-1 所示。移动流媒体服务已经成为当前互联网中最为流行和重要的
应用，并为整个互联网贡献了超过一半的数据流量[1]。随着视频用户（包括移动
视频用户）规模及对视频观看体验需求的不断增加，视频流量呈指数级上升趋势，
消耗了极大的网络带宽，为整个网络带来了沉重的流量负担[2]。P2P 技术为客户
端之间建立逻辑连接，以实现资源的共享，即希望能够借助客户端的计算、存储
和带宽资源服务彼此，从而降低服务器的负担，提升系统的可扩展性。当 P2P 视
频系统在无线移动网络中部署时，需要处理节点的移动性所引发的资源在地理区
域内的位移而导致的资源分布变化及移动环境下视频资源传输性能容易受到动态
传输路径影响的问题[3-7]。无线移动网络中的 P2P 视频系统不仅需要增强系统对于
视频资源的供给能力，而且也需要提供可靠且高效的视频交付，从而确保用户的
高体验质量[8-12]。

现有的无线移动网络环境下的 P2P 视频系统大多采用传统的系统体系结构。
例如，文献[13]采用基于衍生链的 Chord 结构组织覆盖网络节点，通过利用 Chord
结构实现快速的资源搜索，并利用衍生链中节点存储资源的相关与相似特性来实
现节点间的资源供给服务的负载平衡。文献[14]根据用户在视频块间的跳转播放
行为评估视频块间联系的紧密程度。网络节点根据视频块联系的紧密程度建立彼
此间的逻辑连接并周期性地维护彼此间的逻辑连接；网络节点利用维护的逻辑连

接发送和转发视频请求资源。然而，随着覆盖网络规模的扩大，节点数量的增加会导致节点状态维护负载的增加，维护节点状态需要消耗大量的计算和带宽资源，计算和带宽资源的消耗随节点数量的增加而呈指数级上升趋势，从而限制了系统的可扩展性。图 3-1 为无线异构网络下视频系统部署图。

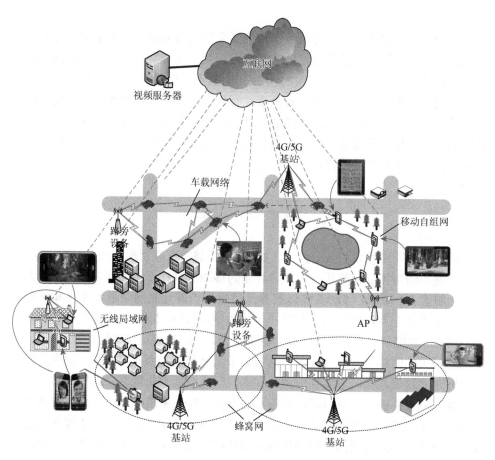

图 3-1　无线异构网络下视频系统部署图

社交网络是一个新兴的技术，根据用户对于内容的兴趣和交互频率来定义用户间关系的紧密程度[15-19]。在社交网络中，用户可以主动地搜索、转发和关注任意视频资源[20]。主动地搜索展现出用户对于视频内容的兴趣程度较高；转发表示用户愿意主动地接受其他用户产生的内容且将其转发，也表现出用户对视频内容具有较高的兴趣；关注表示用户愿意从其他节点接收该视频内容。显然，在社交网络中，用户对于视频内容的行为能够反映出其兴趣程度[21]。综合来说，用户在社交网络中对于视频内容的行为可以被分为请求（pull）和推送（push）。社交网络中这种混合的共享模式（即请求和推送综合使用）有利于视频系统将视频资源在整个 P2P 网络中快速地散播，从而提高节点间视频共享的效率。例如，当用户 A 希望能够获取视频 v_a 时，与用户 A 关系较为密切的用户 B 为其推送了视频 v_a。此时，用户 A 就无须等当前视频播放完成后在整个网络中搜索视频 v_a，用户 A 可以在播放当前视频时从用户 B 处接收视频 v_a 的数据，完成当前视频的播放后，在本地可以立刻播放视频 v_a，从而降低了用户 A 的启动时延，提升了其体验质量。

除了视频共享方式，为了解决传统 P2P 视频系统视频供给能力低下、可扩展性差的问题，视频共享效率的提升也是一个重大的挑战。用户的搜索行为与视频内容密切相关。用户搜索行为与内容之间的联系是发现用户兴趣的重要评价参数。然而，视频与视频之间的联系及用户搜索行为之间的联系往往被忽略。事实上，视频与视频之间的联系能够对用户的搜索行为产生影响。例如，对于一个电视连续剧而言，用户看完视频 v_1 后，会继续请求视频 v_2。这是因为视频 v_1 与视频 v_2 之间存在着内容上的相关与连续。反之，也能够从用户的搜索行为之间的联系反映出视频与视频之间的关联。例如，除了电视连续剧，用户可能会不断地观看兴趣程度较高的视频，用户看完视频 v_a 后，很可能会继续看与视频 v_a 属于同视频种类的视频 v_b，显然，视频 v_a 与视频 v_b 在内容上或视频种类上存在着相关与相似。

本章提出一种无线移动网络下基于用户兴趣感知的视频共享方法（a video solution based on awareness of user interest in wireless networks，ESVS）。通过评估视频内容之间的相似性和分析用户请求行为之间的联系，ESVS 计算视频之间联系的紧密程度，并将视频聚类到一个基于链表结构的二叉树中，以支持节点间对于视频内容的精确推送。ESVS 设计了一个混合视频资源搜索策略，根据用户请求的视频内容，利用视频二叉树结构快速地搜索视频和精确地推送视频内容。经过仿真实验，ESVS 对于性能对比方法而言拥有更高的资源查询成功率、更低的启动时延、更低的 PLR 和更低的覆盖网络结构维护负载。

3.2　相　关　工　作

近年来，众多研究人员采用内容相似评估的方法提升视频共享性能。例如，文献[13]提出了一个在城市区域的多宿车载网络下基于体验质量驱动的以用户为中心的视频点播服务（QoE-driven user-centric VoD services in urban multi-homed vehicular networks，QUVoD）。QUVoD 利用一个扩展的 DHT 将节点进行组织。扩展的 DHT 结构由一个 DHT 结构和衍生链表结构构成；衍生的链表结构由存储相同或相似视频块的节点构成；DHT 结构与衍生的链表结构拥有关联关系，如果 DHT 结构中的节点存储的视频与衍生的链表结构中的节点存储视频相同或相似，那么 DHT 结构与衍生的链表结构建立关联关系。由于衍生的链表结构内所含节点存储相同或相似节点，所以视频块的请求消息能够以较高概率被衍生的链表结构内节点响应，从而降低请求消息转发的次数，减少启动时延。然而，由于衍生的链表结构所含节点存储的视频相同或在视频块序列上连续，一旦请求的视频内容超出视频块序列，则请求消息依然需要被 DHT 结构转发。一方面，DHT 结构转发必然带来较高的转发次数，从而增加请求消息的转发时延；另一方面，随着节点数量增加，DHT 结构及其衍生的链表结构必然不断地发生变化，为了维护 DHT 结构及其衍生的链表结构，覆盖网络中的节点必然增加彼此间状态消息交互，从而增加 DHT 结构及其衍生的链表结构的维护负担，以至于高昂的维护负担限制了 QUVoD 的可扩展性。文献[22]提出了一个基于超级块的视频资源分发方法——SURFNet，将在线时间较长的节点组织到一个混合树结构中，混合树结构由 AVL 树及其衍生链表结构组成，AVL 树所含节点均存储相同的超级视频块（superchunk，即存储的视频块拥有较长的视频播放时间）；AVL 树的衍生链表结构所含节点存储的视频块长度相对于超级视频块而言较短且视频块内容为超级块子集，衍生链表结构与对应的 AVL 树中节点相连接。SURFNet 利用建立的 AVL 树快速查询请求的视频块资源，并能够根据衍生的链表结构平衡资源服务负载。然而，SURFNet 和 QUVoD 一样面临着视频系统的可扩展性差的问题：随着覆盖网络中节点数量不断增加，节点状态和混合结构的维护产生极高的维护负载，从而极大地限制了系统的规模和可扩展性。文献[14]提出了一个移动自组网下面向可靠性的基于蚁群优化移动对等网络的视频点播系统（reliability-oriented ant colony optimization-based mobile peer-to-peer VoD solution in MANET，RACOM）。RACOM 将 P2P 网络构建成为一个以节点为中心的非结构化覆盖网络。P2P 网络中的每个节点通过评估其他节点在状态可靠性和未来播放内容的预测结果来选择需要维护的邻居节点，即网络中的节点希望能够维护播放状态可靠（即不发生随机跳转等抖动现象）且未来播放的视频内容与自身未来播放内容重合的邻居节点，从而能够获得稳定视频资源供给。RACOM 分别设计了邻居节点的选择和维护策略，以及视频资源的查询方法。虽然 RACOM 采用了 Mesh 覆盖网络，但 RACOM 并没有使用基于消息广播的视频资源查询方法。P2P 网络中的节点利用与逻辑邻居之间的逻辑连接，通过逻辑邻居间对于请求消息的不断转发，从而实现视频资源的搜索。然而，P2P 网络中的节点间可能同时维护多个重复逻辑邻居节点，从而造成在整个网络中存在大量的冗余逻辑连接，这些冗余逻辑连接的维护必将造成网络带宽的巨大浪费。

基于社交网络的内容共享方法能够更好地处理视频内容相似性评估，从而进一步提高视频资源共享效率[21-28]。文献[23]提出了一个文件共享方法 SPOON，通过抽取存储在移动节点本地的文件名中的关键词，为每个节点构建兴趣向量，利用向量夹角余弦的方法计算节点间的兴趣相似度。SPOON 进一步利用节点间兴趣相似度和节点间文件共享行为评估节点间联系紧密程度，将联系紧密程度高的节点组织到同一节点社区内。SPOON 为节点社区内的成员分配不同角色,从而实现社区结构自治维护和建立资源请求与响应机制,确保文件共享效率。然而,SPOON 并没有详细介绍节点间交互机制与过程,仅利用本地存储的文件名相似度难以准确评价节点间的兴趣相似度,从而影响节点间联系紧密程度的精确评价。节点间联系紧密程度精度较低会导致节点社区成员间逻辑连接脆弱,以至于导致节点社区结构频繁调整,从而增加节点社区结构维护负载,降低节点社区可扩展性,并给节点社区内文件共享效率带来较大负面影响(文件查询成功率低、文件查询时延较高)。文献[24]根据节点间已观看视频的交集数量评价节点间兴趣相似程度。将具有较高兴趣相似度的节点组织到同一节点集合中,并按照节点间兴趣相似程度为节点分配不同的角色:资源提供者、追随者、非追随者。资源提供者向节点集合中其他节点推送视频内容,追随者均接受资源提供者的推送,从而提升视频共享效率。然而,仅利用已观看视频数量评估节点间兴趣相似度,难以精确地评估节点间兴趣相似程度,难以确保推送成功率(即资源提供者推送的视频并非是追随者渴望观看的视频);精度难以确保的节点间兴趣程度导致资源提供者与其他用户间的关联关系较为脆弱、动态易变,从而导致节点集合结构维护成本提升、节点集合内资源共享效率低下。文献[25]将请求和存储相同视频的节点组织到同一节点社区中,当节点社区成员改变当前观看的视频时,迁移到正在观看视频对应的节点社区中。该方法的社区构建成本较低,当覆盖网络中节点数量较少时,节点社区结构的维护成本和节点状态的维护成本较低。随着节点社区内节点数量的增加,节点在社区间的迁移会导致节点社区成本逐渐升高,节点社区间的连接维护成本较高,从而降低视频资源共享效率。

综上所述,节点间兴趣相似程度的评估方法对于节点社区结构的稳定性和节点社区内视频资源的共享效率是极为重要的。如何能够有效地处理用户兴趣的变化对节点社区结构和视频资源共享效率的影响成为必须解决的难题。节点状态的变化导致节点社区结构和资源提供者发生变化,从而消耗大量节点的计算和带宽资源。因此,通过视频间内容相似性和节点播放行为的相似性评估节点间的关联关系,利用精确的节点关联关系评估结果构建稳定的节点社区,提升视频资源查询工程率、资源推送成功率、网络带宽利用率,以及降低节点社区维护负载、提升节点社区的可扩展性。此外,视频传输路径的通信质量评估也能够进一步降低PLR、减少传输路径带宽的消耗,降低视频资源请求者的启动时延。

3.3　用户查询行为分析

视频服务器拥有较强的计算与存储能力和带宽资源,能够利用本地存储的视频资源 $VS = (v_1, v_2, \cdots, v_n)$ 为请求视频资源的移动节点提供初始的视频数据。当任

意移动节点 n_i 请求视频 v_j 时，它首先向服务器发送请求消息。服务器将 n_i 的信息（包括请求的视频文件、节点 IP，以及为节点 n_i 分配的资源提供者的 IP）记录到本地存储的节点列表 NS 中。当节点 n_i 收到来自服务器分配的资源提供者所传输的视频数据时，节点 n_i 已经加入系统中。如果节点 n_i 改变当前播放的内容，那么节点 n_i 优先从由加入系统的节点构成的 P2P 网络中搜索请求的资源；如果节点 n_i 退出系统，那么节点 n_i 向服务器发送一个请求消息（包括节点 n_i 在系统中播放过的视频及播放视频的时间）。服务器通过收集所有节点的播放行为信息，分析视频内容间的关系，能够提升视频内容推送成功的概率，从而提高视频系统资源分享的效率。

用户兴趣变化是导致用户请求不同视频内容的主要原因，即用户的请求行为与视频内容之间存在紧密的关联。设 $v_i = (\text{nam}_i, \text{act}_i, \text{intro}_i)$ 表示一个视频信息的组成结构，其中，nam_i、act_i 和 intro_i 分别表示视频 v_i 名称、参演人员和简介。这种基于特征表示的方法不仅能够精确地描述视频信息，而且也能够让视频更加容易地实现基于语义的视频相似度匹配。由于视频特征主要通过文本描述，因此，在计算视频相似度前，首先，抽取特征文本的特征词，其次，将抽取的特征词通过向量表示，最后利用向量夹角余弦公式计算视频内容相似度。例如，两个视频 v_i 和 v_j 的 nam_i 特征相似度可以由式（3-1）计算：

$$S(\text{nam}_i, \text{nam}_j) = \frac{\boldsymbol{fw}_i \cdot \boldsymbol{fw}_j}{\| \boldsymbol{fw}_i \| \cdot \| \boldsymbol{fw}_j \|} \tag{3-1}$$

式中，$\boldsymbol{fw}_i$ 和 $\boldsymbol{fw}_j$ 分别表示 nam_i 与 nam_j 的特征词构成的向量；$\| \boldsymbol{fw}_i \|$ 和 $\| \boldsymbol{fw}_j \|$ 分别表示 nam_i 和 nam_j 的特征词向量的模。同理，根据式（3-1），可以对视频 v_i 和视频 v_j 的其他特征 act 和 intro 计算相似度。视频名称、参演人员和简介都是吸引用户访问的关键因素。然而，用户首先关注视频名称，其次是参演人员和简介。因此，在计算视频间的相似度时，可以给视频名称、参演人员和简介三个特征分别设置权值。通过为三个特征设置不同的权值，可以调节三个特征在视频相似度值计算方面的重要程度。加权视频相似度的计算公式如下：

$$S(v_i, v_j) = S(\text{nam})^{\alpha} \times S(\text{act})^{\beta} \times S(\text{intro})^{\gamma} \tag{3-2}$$

式中，α、β 和 γ 分别是 nam、act 和 intro 三个参数的权重，并且满足 α、β、$\gamma \in (0,1)$，$\alpha = \beta < \gamma$，$\alpha + \beta + \gamma = 1$。当用户对视频 v_j 十分感兴趣时，如果视频 v_i 和视频 v_j 之间拥有较高的相似度，那么用户也会以较高的概率访问视频 v_i。视频间的内容相似度可以支持视频之间关联关系的建立，即视频内容之间相似度的值的大小可以表明视频间是相似或不相似的。利用视频间是否相似的关系可以建立视频间一对多的逻辑映射。例如，一个视频 v_i 可以与多个相似的视频建立连接。

除了基于内容相似度的视频之间关联关系的描述，用户的请求行为也可以描述潜在的视频关联关系。当用户完成当前视频的播放时，该用户可能会请求另一个视频，这种请求行为就可以为视频间建立一个访问路径。视频系统可以将所有的用户请求行为记录在视频播放日志中。设 $\text{LS} = (\log_1, \log_2, \cdots, \log_m)$ 表示用户播放日志记录的集合，其中 $\log_i = (v_a, v_b, v_c, \cdots, v_k)$ 表示用户 u_i 访问视频的集合。根据用户请求视频内容的顺序，可以将视频日志视为多个视频请求路径的集合，即 $\log_i = (\text{path}_a, \text{path}_b, \cdots, \text{path}_k)$，$\text{path}_a = (v_a \to v_b \to v_c \cdots \to v_k)$。视频 v_b 拥有与视频 v_a 和视频 v_c 的直接关联关系。当用户观看完视频 v_a 时，会以很高的概率请求视频 v_b，并且视频 v_a 与视频 v_c 拥有间接的关联关系，即视频 v_a 与视频 v_c 拥有两跳的距离。用户的播放日志记录存储在用户的本地缓存中，当用户退出系统时，将播放日志记录发送至服务器。服务器分析已收集的播放日志记录，并建立视频间的关联关系，评估视频间的跳转概率（即当请求和播放完视频 v_i 后，播放另一个视频 v_j 的概率）。$\log_k$ 中视频 v_i 和视频 v_j 之间的距离（$\log_k$ 必须包含）用来表示两个视频之间的联系紧密程度，可以定义为

$$\tau_{ij}^{\log_k} = \frac{1}{D_{\log_k}(v_i, v_j)^{\delta}}, \ \tau_{ij} \in (0,1], \ \delta \in (0, +\infty) \tag{3-3}$$

式中，$D_{\log_k}(v_i, v_j)$ 返回 $\log_k$ 中视频 v_i 和视频 v_j 之间的跳数；δ 为一个影响因子，用来控制 $\tau_{ij}^{\log_k}$ 的下降过程。随着两个视频间的距离不断增加，两个视频间的关联关系的紧密程度不断下降；反之，两个视频间的距离不断减小，两个视频间的关联关系的紧密程度不断增加。在所有播放日志记录中，视频 v_i 和视频 v_j 之间的关联关系的紧密程度就可以定义为

$$\hat{\tau}_{ij} = \sum_{c=1}^{u} \tau_{ij}^{\log_c} \tag{3-4}$$

式中，u 为视频 v_i 和视频 v_j 的播放日志记录的总数量；$\hat{\tau}_{ij}$ 为在所有用户播放的历史记录中视频 v_i 和视频 v_j 之间的联系紧密程度。可以根据 $\hat{\tau}_{ij}$ 值的大小来推测用户播放完视频 v_i 后，请求视频 v_j 的概率，$\hat{\tau}_{ij}$ 值越大，表明用户在播放完视频 v_i 后请求视频 v_j 的概率越高，在用户播放完视频 v_i 之前，推送视频 v_j 的数据给当前用户，可以降低用户请求视频 v_j 的等待时延。然而，仅利用 $\hat{\tau}_{ij}$ 计算用户未来请求视频内容概率，忽略了视频内容的相似程度，难以确保未来播放内容请求概率的精确程度。因此，除了根据用户播放行为建立的视频间的关联关系计算用户在视频间的跳转概率，视频间的相似度也可以作为评估参数来计算用户的播放跳转概率。通过设计一个基于用户播放行为的视频相似度评估方法来计算视频间的传递相似度，以此作为计算用户的播放跳转概率的另一个评估参数。例如，在 $\log_k$ 中视频 v_a 和视频 v_c 拥有两跳距离，则视频 v_a 和视频 v_c 的传递相似度可以被定义为 $S(v_a, v_b) \times S(v_b, v_c)$。在同一播放日志记录中任意两个视频间的传递相似度可以被定义为

$$\eta_{ij}^{\log_k} = \prod_{c=i}^{D_{\log_k}(v_i,v_j)} \text{sim}(v_c,v_{c+1}) \tag{3-5}$$

进一步地，在包含视频 v_i 和视频 v_j 的所有播放日志记录中传递相似度的累加和可以被定义为

$$\hat{\eta}_{ij} = \sum_{c=1}^{u} \eta_{ij}^{\log_c} \tag{3-6}$$

视频 v_i 及其关联的所有视频之间的关联关系的紧密程度和传递相似度的累加和可以利用式（3-4）和式（3-6）获得。通过设计基于蚁群算法的视频请求概率评估方法，计算视频 v_i 和视频 v_j 之间的请求跳转概率：

$$P(v_i,v_j) = \frac{\hat{\tau}_{ij}^{\lambda} \times \hat{\eta}_{ij}^{\mu}}{\sum_{c=1}^{s} \hat{\tau}_{ic}^{\lambda} \times \hat{\eta}_{ic}^{\mu}}, \ P(v_i,v_j) \in (0,1], \lambda, \mu \in (0,1) \tag{3-7}$$

式中，s 为与视频 v_i 建立关联关系的所有视频的总数量；λ 与 μ 分别为 τ 和 η 的影响因子；$P(v_i,v_j)$ 为当用户正在播放视频 v_i 时请求视频 v_j 的概率。所有与视频 v_i 拥有关联关系的视频构成一个集合，可以表示为 $S_{v_i} = (v_a, v_b, \cdots, v_h)$，其中 v_i 是 S_{v_i} 的头元素，并且 S_{v_i} 中所有元素按照与视频 v_i 之间的请求跳转概率值大小降序排列。当一个用户请求视频 v_i 时，为该用户传输视频数据的资源提供者就可以推荐 S_{v_i} 中的元素 v_k。若该用户在完成播放视频 v_i 之前接受来自于资源提供者的推荐，则接收视频 v_k 的数据到本地缓冲区，不仅能够确保用户实现无时延的播放启动，而且也能够增加在网络中视频 v_k 的资源供给，从而提高视频共享效率。基于上述方法，服务器能够根据本地存储的用户播放日志记录和视频间传递相似度的计算结果，为所有视频建立面向请求跳转概率的关联视频集合。

3.4　基于视频聚类的节点社区构建

为了降低用户的视频资源获取时延、提升用户的体验质量，根据视频间的关联关系强弱对视频进行聚类处理，视频聚类的目的是构建一个视频系统的资源分发模式，从而提升在网络中的资源查询性能。在视频聚类之前，可以采用一个自学习的过程对视频进行预处理。一个视频可能与多个视频拥有关联关系。例如，在 S_{v_i} 和 S_{v_k} 中均包含视频 v_j，并且视频 v_i 和视频 v_k 均与视频 v_j 拥有关联关系，当一个网络节点（用户）n_a 查询视频 v_i 和视频 v_k 时，视频 v_j 会被重复推荐给 n_a，这种低效的视频推荐会浪费 n_a 的网络带宽和计算资源。视频推送的目的是降低节点获取视频时的等待时延、提升节点的体验质量。为了提升视频推送的成功率，需要考察节点对于视频内容的兴趣程度，即根据节点对于视频内容的需求推送视频，从而提升推送成功率。因此，需要将视频之间的噪声关联关系（跳转概率较低的视频

关联关系）进行消除，根据视频间的跳转概率值的大小，使每个视频仅拥有一个与其他视频的关联关系。例如，视频 v_i 与视频 v_j 之间的跳转概率 $P(v_i, v_j)$ 要大于视频 v_k 和视频 v_j 之间的跳转概率 $P(v_k, v_j)$，也就是说，当用户在完成视频 v_j 播放之前，向用户推送视频 v_i 的成功率要高于推送视频 v_k 的成功率。因此，视频 v_k 和视频 v_j 之间较低的跳转概率就可以被视为噪声关联关系，应当保留视频 v_i 和视频 v_j 之间的关联关系。可利用以下规则来删除视频间的噪声关联关系。

规则 1　在视频集合 S_{v_i} 和 S_{v_k} 中，若视频 v_i 和视频 v_k 均拥有与视频 v_j 的关联关系，并且 $P(v_i, v_j) > P(v_k, v_j)$，则视频 v_k 删除与视频 v_j 之间的关联关系，即将视频 v_j 从 S_{v_k} 中移除。

根据规则 1 消除视频间的噪声关联关系后，任意视频 v_i 仅拥有一个与其他视频 v_j 的关联关系，且在所有与视频 v_i 拥有关联关系的视频的跳转概率中 $P(v_i, v_j)$ 的值最大。通过不断消除视频间的噪声关联关系，会存在一些仅包含头元素的视频集合。例如，$S_{v_x} = (v_a, v_b, \cdots, v_i)$，在消除噪声关联关系后，$S_{v_x}$ 中仅包含两个部分：①头元素 v_x；②与 v_x 拥有最大跳转概率的视频。也可能会存在任意视频集合包含多个视频元素，这是因为该集合的头元素与相关联的视频拥有较高的跳转概率。因此，可对所有的视频集合进行合并，合并规则如下所示。

规则 2　如果 S_{v_j} 仅拥有视频 v_j 和视频 v_i 两个元素（$P(v_i, v_j)$ 为在所有与视频 v_i 拥有关联关系的视频的跳转概率中的最大跳转概率），那么 S_{v_j} 应当被合并到 S_{v_i} 中。

根据规则 2，通过不断地合并视频集合，合并后的所有视频集合满足要求：所有视频集合中所有元素的并集等于视频集合 VS，即 $S_{v_a} \cup S_{v_b} \cup \cdots \cup S_{v_k} = \text{VS}$。合并后的视频集合构成了一个基于视频相似度和播放行为关联的视频簇。例如，S_{v_i} 可以被视为一个视频簇 C_{v_i}，其中视频 v_i 仍担当 C_{v_i} 的头元素。所有视频簇的头元素构成一个二叉树结构，簇中的其他元素构成一个链表结构与头元素建立连接关系。为了提高二叉树中节点的遍历效率，可以将每个簇的所有成员流行度的累加和作为组织二叉树中节点的依据。

$$p_{C_i} = \frac{\sum_{e=1}^{|C_{v_i}|} f_{v_e}}{\sum_{c=1}^{n} f_{v_c}} \tag{3-8}$$

式中，f_{v_e} 为视频的请求频率；$|C_{v_i}|$ 为返回视频簇 C_{v_i} 中所含元素的数量；n 为所有视频的数量；$\sum_{e=1}^{|C_{v_i}|} f_{v_e}$ 表示在视频簇 C_{v_i} 中所含元素跳转概率的累加和。所有的视频簇可以根据所含元素流行度进行排序，即 $(C_{v_a}, C_{v_b}, C_{v_c}, \cdots, C_{v_k})$。如果 C_{v_a} 中所有元素的流行度累加和在所有视频簇中是最大的，那么 C_{v_a} 的头元素成为二叉树的根

节点，C_{v_a} 中其他元素构成一个链表并与 v_a 相连接。如果 C_{v_b} 为除 C_{v_a} 外拥有最大流行度累加和的视频簇，那么视频 v_b 为视频 v_a 的左孩子节点。同理，视频 v_c 为视频 v_a 的右孩子节点，即左孩子节点对应的视频簇的流行度累加和要大于右孩子节点对应的视频簇的流行度累加和。基于上述方法，根据视频簇的流行度累加和，可以将其他视频簇的头元素组织到二叉树中。

将播放同一视频的节点组织成为一个节点社区，节点社区包含一个或多个代理成员，也包含多个普通成员。例如，一个节点子集 $NC_{v_a} = (n_i, n_j, \cdots, n_k)$ 构成了对应于视频 v_a 的节点社区。由于视频 v_a 是 C_{v_a} 的头元素且与 C_{v_a} 中其他元素相联系，因此，NC_{v_a} 拥有多个代理成员去维护与对应 C_{v_a} 中其他元素构成的节点社区的代理成员。此外，NC_{v_a} 还拥有两个代理成员来维护与 NC_{v_b} 和 NC_{v_c} 的代理成员之间的联系。对应 C_{v_a} 中其他元素构成的节点社区仅需要一个代理成员来维护与 NC_{v_a} 的代理成员之间的联系。如图 3-2 所示，由于视频 v_a 是二叉树的根节点，NC_{v_a} 对应于视频 v_a 的节点社区在二叉树的最顶层，拥有两个代理成员来维护与第二层的 NC_{v_b} 和 NC_{v_c} 的代理成员之间的联系；视频 v_u 和视频 v_t 是 C_{v_a} 中的元素，对应于视频 v_u 与视频 v_t 的节点社区 NC_{v_u} 和 NC_{v_t} 在二叉树的顶层，各拥有一个代理成员维护与 NC_{v_a} 的代理成员之间的逻辑连接。

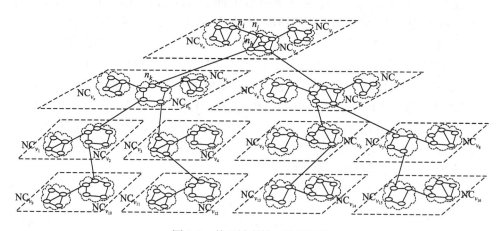

图 3-2　基于链表的二叉树结构

在二叉树中位于较高层次的节点社区对应的视频拥有较高的流行度，并且这些视频之间拥有较高的跳转概率。也就是说，节点具有较高的概率访问位于二叉树较高层次的视频，并且拥有较高概率在同层内进行跳转播放。同层内的节点社区和相邻层内的节点社区利用代理成员之间的逻辑连接支持节点在社区之间的跳转，从而能够实现快速的资源搜索。例如，在节点社区 NC_{v_u} 中成员搜索视频 v_x，请求消息则会被快速地转发到 NC_{v_a}、NC_{v_b} 和 NC_{v_x} 的代理成员，NC_{v_x} 的代理成员则会在当前社区内为 NC_{v_u} 中成员提供资源提供者的信息，从而降低了资源搜索时间。此外，NC_{v_u} 中成员搜索视频 v_a 和视频 v_i，也可以利用节点社区的代理成员之间的逻辑连接来实现快速请求消息转发。另外，由于二叉树是由视频构成的，二叉树中节点之间的联系是基于视频流行度建立的，二叉树中同层视频之间的联系是由视频间跳转概率建立的，因此，二叉树结构是相对稳定的，不会由于节点状态的频繁变化而重构，从而极大地降低了对于二叉树结构的维护负载，从而提高了系统的可扩展性。由于在二叉树的同一层中存在多个视频，从而降低了树的高度，以至于可以进一步减少请求消息转发的时间，提高了视频搜索的效率。

3.5　视频混合搜索策略

节点社区拥有一个或多个代理成员。例如，节点社区 NC_{v_u} 拥有一个代理成员 n_i，n_i 需要维护当前节点社区中所有普通成员的状态，以及与 NC_{v_a} 中代理成员 n_j 的逻辑连接，以保持与 NC_{v_a} 的联系。对于移动节点和 NC_{v_a} 与其他节点社区中成员而言，资源的搜索依赖于 n_i。

（1）如图 3-3 所示，当移动节点请求视频 v_u 时，它们会发送请求消息至服务器，服务器会记录请求节点的信息至本地节点列表 NS 中，并返回一个包含请求视频的资源提供者列表至请求节点。由于服务器无法实现对于 NS 中所有节点的实时状态维护，因此，请求节点需要询问服务器返回的资源提供者的状态。请求节点联系可用的资源提供者，并从资源提供者处接收视频数据。资源提供者会将请求节点的信息转发至 n_i。n_i 会记录请求节点的信息，主要包括节点的 ID 和本地存储的视频信息。此时，请求节点会成为 NC_{v_u} 中的普通成员。此外，由于请求节点在加入系统之前并未播放任何视频内容，n_i 会发送一个包含请求节点可能感兴趣的视频信息（即视频 v_a）及其对应的节点社区代理成员的信息（NC_{v_a} 的代理成员 n_j）至请求节点。当请求节点想要获取推送的视频内容时，可向对应的节点社区代理成员发送请求消息，以获取视频数据。

（2）如图 3-4 所示，当 NC_{v_a} 中成员请求视频 v_u 时，NC_{v_a} 的代理成员 n_j 收到请求消息，并且将请求节点的信息添加至请求消息中，转发至 NC_{v_u} 的代理成员 n_i。n_i 会为请求节点分配资源提供者，并将资源请求者的信息和资源搜索路径信息记录在本地，其中资源搜索路径包括请求消息转发路径中所有的中继节点。由于视频 v_u 仅与视频 v_a 拥有跳转关联，并且请求节点来自于视频 v_a 对应的节点社区，因此，n_i 不会为请求节点推送视频内容。

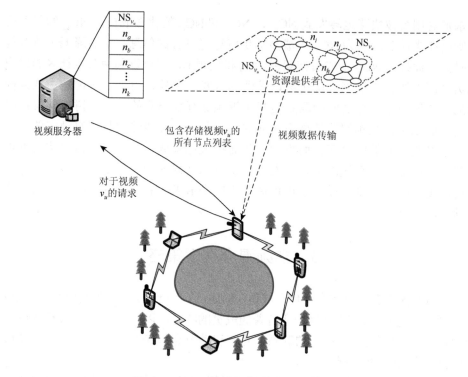

图 3-3　移动节点请求视频资源过程示意图

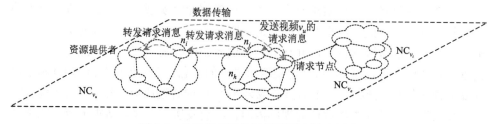

图 3-4　社区节点请求视频资源过程示意图

（3）如图 3-5 所示，当 NC_{v_x} 中成员请求视频 v_u 时，请求消息会先转发至 NC_{v_b} 的代理成员 n_k，其中 n_k 负责维护与 NC_{v_x} 和 NC_{v_a} 的连接。n_k 继续将请求消息转发至 NC_{v_a} 的代理成员 n_h，其中 n_h 负责维护与 NC_{v_b} 的连接。当 n_h 发现视频 v_u 是与视频 v_a 相连的视频链表中的一个元素且请求节点并没有观看过 C_{v_a} 中所含视频时，n_h 会推送 C_{v_a} 中所含视频的信息至请求节点，并将请求消息转发至 n_i，n_i 收到来自于 n_h 转发的请求消息后，会记录请求节点和资源搜索路径的信息及返回一个包含资源提供者信息的消息至请求节点。

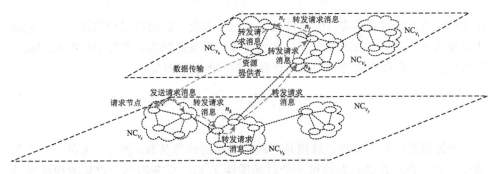

图 3-5　非同层社区节点请求视频资源过程示意图

如果一个社区拥有多个代理成员，这些代理成员将会被分配不同的任务。例如，n_j 是 NC_{v_a} 的代理成员，n_j 建立与 NC_{v_u} 代理成员 n_i 的联系，通过交互彼此的状态消息，维护 NC_{v_u} 和 NC_{v_a} 之间的逻辑连接。n_j 接收与处理来自于 NC_{v_u} 和其他节点社区的请求消息，为请求节点分配资源提供者和推送视频内容，并将请求节点的信息存储至本地，并维护请求节点的信息。n_j 与其他联系的节点社区的代理节点交换当前的状态信息，从而实现请求消息的快速转发，降低请求节点的启动时延。

此外，当一个请求节点 n_p 的请求消息被 NC_{v_a} 的代理成员 n_j 接收后，n_j 为 n_p 分配资源提供者，并从请求消息中抽取 n_p 的节点信息，当 n_p 连接分配的资源提供者并开始接收数据时，n_p 就可以被视为 NC_{v_a} 中的普通成员。为了实现资源搜索，n_p 会记录 n_j 的节点信息，并在搜索新的资源时，向 n_j 发送请求消息。如果 n_p 接收来自于 n_j 推荐视频内容 v_t 时，n_p 发送资源请求消息至 n_j，要求 n_j 帮助其搜索请求的视频资源，并将该视频资源存储至预取缓冲区中。由于 n_p 同时存储了视频 v_a 和视频 v_t，则 n_p 同时成为 NC_{v_a} 和 NC_{v_t} 的普通成员，因此，n_p 可以成为 NC_{v_a} 和 NC_{v_t} 的准代理成员，协助 n_j 处理节点社区成员的资源请求消息，从而减轻了 n_j 的负担，提高了节点社区的可扩展性和资源共享效率。另外，请求节点 n_p 也可以拒绝接收 n_j 推送的视频。推送的成功率不仅可以直接反映出视频间跳转概率评估精度，也可以作为调节视频间跳转概率的因素。因此，视频间推送成功率可以被定义为

$$RP_{ij} = \frac{f_{ij}^s}{f_{ij}^p} \tag{3-9}$$

式中，f_{ij}^s 与 f_{ij}^p 分别表示当节点在观看视频 v_i 时，向其推送视频 v_j 的成功次数和总次数；RP_{ij} 表示当请求节点 n_p 在观看视频 v_i 时，向其推送视频 v_j 的成功率。当请求节点 n_p 退出系统时，n_p 将本地计算的推送成功率信息发送至服务器。服务器会将收集的推送成功率作为调节视频间跳转概率的影响因子，重新计算视频间的跳转概率。此外，服务器还会从节点社区的代理节点处收集资源的搜索路径（即节点

社区对应的视频信息所构成的跳转路径）。服务器会按照利用用户的播放日志记录计算视频间传递相似度的方法，从这些收集的视频资源搜索路径中抽取视频间传递相似度，结合推送成功率，重新计算视频间的跳转概率：

$$P(v_i,v_j) = \text{RP}_{ij} \times \frac{\hat{\tau}_{ij}^{\lambda} \times \hat{\eta}_{ij}^{\mu}}{\sum_{c=1}^{s} \hat{\tau}_{ic}^{\lambda} \times \hat{\eta}_{ic}^{\mu}} \tag{3-10}$$

服务器无法负担实时计算视频间跳转概率的计算负载，因此，设置了一个周期时间 T_u。也就是说，在经过一个时间周期 T_u 后，服务器利用收集的视频资源搜索路径和推送成功率，更新视频间跳转概率，并调整二叉树结构及其连接的链表结构。T_u 的值越大，更新频率越低，服务器负载越低，当前二叉树及其链表结构难以反映出用户的兴趣变化；反之，T_u 的值越小，服务器负载越高，但视频间跳转概率更新越及时，二叉树及其链表结构能够相对及时地反映出用户的兴趣变化。视频系统依赖由视频构成的二叉树及其链表结构去组织节点并实施资源管理与共享。利用视频间跳转概率的周期更新来调整由视频构成的二叉树及其链表结构，避免了用户状态的频繁变化引起二叉树及其链表结构的频繁重构，极大地降低了系统二叉树及其链表结构的维护负载，提升了系统的可扩展性。即使用户的需求出现频繁的变化（节点在社区间频繁地跳转），也不会对构建的二叉树及其链表结构产生任何负面影响，从而确保了系统结构的稳定性。此外，在链表结构中视频间的相似度越高，且节点兴趣变化程度越低，节点的跳转范围也可以被保持在较低的程度，从而减小视频搜索路径的长度，降低节点的启动时延。

另外，用户播放内容的改变会导致节点在节点社区间不断迁移。这是因为请求节点在完成当前视频播放并且获取新的视频内容后会断开与当前节点社区的代理节点间的逻辑连接，并且与新视频对应的节点社区的代理节点建立新的逻辑连接。如果一个节点社区拥有多个代理成员，即该社区的任意代理成员负责维护一个与当前社区具有关联关系的社区的逻辑连接，可以将维护节点社区间的逻辑连接和社区内普通成员状态的负载分配到多个代理成员，从而避免代理成员出现负载超载的现象，提高了节点社区的可扩展性。为了进一步避免代理成员出现负载超载的现象，可以采用一个代理成员更替方法，从而实现代理成员负载均衡化。例如，可设 $\left[\cos\left(\frac{1}{p_{v_i}}\right)-1\right] \times (L_{v_i}-T_p)$ 为 NC_{v_i} 中代理成员的更替时间，其中，$p_{v_i} \in (0,1)$ 表示视频 v_i 的流行度，视频 v_i 的流行度 p_{v_i} 越高，访问视频 v_i 的节点越多，NC_{v_i} 的代理成员处理请求消息的负载越高。为了避免代理成员出现超载的现象，代理成员更替时间越短越好。$T_p \in [0,L_{v_i}]$ 表示节点社区中普通成员的播放点，T_p 的值越小，$L_{v_i} - T_p$ 越大，表明代理成员为其他成员服务的时间越长。利用 $\cos\left(\dfrac{1}{p_{v_i}}\right) - 1$ 调节 $L_{v_i} - T_p$ 的值，可以确保代理成员负载的均衡化效果。

3.6　仿真测试与性能评估

3.6.1　测试拓扑与仿真环境

本章将所提出方法 ESVS 的性能与相关方法 SURFNet 进行了对比。ESVS 和 SURFNet 被部署在一个无线网络环境中，仿真工具采用 NS-2，仿真无线网络环境的参数设置如表 3-1 所示。

表 3-1　仿真无线网络环境的参数设置

参数名称	值
区域大小/m²	1000×1000
通信信道	Channel/WirelessChannel
网络层接口	Phy/WirelessPhyExt
链路层接口	MAC/802 11
移动节点数量	300
播放视频的移动节点数量	200
节点移动速度范围/(m/s)	[0, 30]
仿真时间/s	500
移动节点信号范围/m	200
服务器与节点间的默认跳数/跳	6
传输层协议	UDP
路由层协议	DSR
服务器带宽/(Mbit/s)	20
移动节点带宽/(Mbit/s)	10
视频数据传输速率/(Kbit/s)	128
移动节点移动方向	随机
移动节点停留时间/s	0

视频服务器存储了 100 个视频，每个视频的长度为 100s，按照真实视频内容为 100 个视频文件设置视频信息（包括视频名称、演员、导演、简介等）。300 个移动节点被部署在无线网络中，每个移动节点的初始位置和初始速度均为随机分配。当移动节点按照被分配的移动速度到达被分配的位置时，移动节点会被分配新的移动目标和移动速度，并继续以新分配的移动速度向新分配的移动目标位置匀速移动。创建 20200 个视频播放记录（播放记录包括视频 ID 和观看时长），其中，20000 个视频播放记录及其所含视频信息用来计算视频间的访问概率。200 个移动节点按照泊松分布请求视频资源，加入视频系统，并按照 200 个视频播放记录请求和播放视频，其中，200 个视频的流行度满足 Zipf 分布，50 个节点仅播放 4 个视频。当任意节点完成播放记录中分配的视频播放后，退出视频系统。在 ESVS 中，阈值 T_l 的值被设置为 0.35。在仿真初始时，ESVS 完成基于链表的树形结构的建立，即视频间的逻辑关联关系已经被定义。当移动节点加入视频系统后，即可根据当前播放的视频加入对应的节点社区中。在 SURFNet 中，拥有在线时间较长的节点组成 AVL 树，且播放相同视频的节点组成链表结构，并附属连接在 AVL 树中对应的节点。

3.6.2 仿真性能评价

ESVS 与 SURFNet 的性能比较主要包括平均查询成功率（average lookup success rate，ARLSR）、启动时延、PLR 和维护负载。

（1）ARLSR：请求节点发送资源请求消息并成功地从覆盖网络（P2P 网络）中获取视频内容被视为一次成功的查询。资源成功查询的数量与资源查询总数量间的比值被定义为资源查询成功率。

图 3-6 展示了 ESVS 与 SURFNet 的 ARLSR 随仿真时间增加的变化过程。ESVS 与 SURFNet 的曲线在整个仿真时间内均呈现快速增加的趋势。SURFNet 曲线在 50～250s 内保持快速上升趋势，在 250～500s 内保持相对缓慢的下降趋势。ESVS 曲线在 50～300s 内保持快速上升的趋势，在 300～500s 内保持相对缓慢的增加。ESVS 的 ARLSR 的增量和峰值（83.8%）均高于 SURFNet。

图 3-7 展示了平均查询成功率随播放节点数量增加的变化过程。ESVS 与 SURFNet 的 ARLSR 随播放节点加入系统数量的增加始终保持上升的趋势。虽然 SURFNet 曲线在播放节点数量增加过程中保持快速上升的趋势，但 SURFNet 曲线也呈现出显著的波动。ESVS 曲线在播放节点数量增加过程中也保持快速上升的趋势，但波动的程度要小于 SURFNet，ESVS 曲线要高于 SURFNet，且 ESVS 的 ARLSR 的增量和峰值均高于 SURFNet。

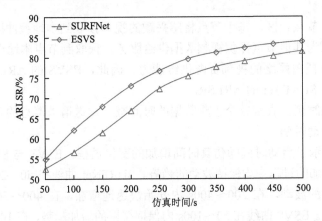

图 3-6 ESVS 与 SURFNet 的 ARLSR 随仿真时间增加的变化过程

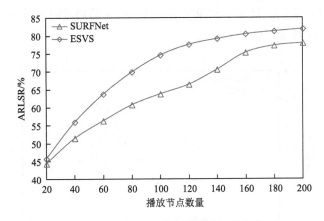

图 3-7 ARLSR 随播放节点数量增加的变化过程

在 SURFNet 中，拥有较长在线时间的节点构成 AVL 树结构，其余的节点根据存储资源被组织成链表连接到 AVL 树中对应的节点上。在仿真初始时，加入系统的节点首先构建 AVL 树，并从视频服务器获取请求的视频资源。随着节点不断加入视频系统，覆盖网络中节点数量增加，覆盖网络中存储的视频资源不断增加，能够为请求节点提供相对充足的可用视频资源，使得 SURFNet 的平均查询成功率保持快速增加的趋势。另外，节点对视频内容的兴趣驱动着节点请求新的视频资源，由于节点对视频内容兴趣的变化对视频资源需求带来不确定性，以及节点对视频内容兴趣的多样性，因此，覆盖网络中存储的视频资源难以满足所有节点请求的视频资源。一旦节点请求的视频资源没有被覆盖网络存储，则请求节点只能从视频服务器获取视频资源。因此，SURFNet 的 ARLSR 在快速增加后保持相对平稳和轻度的增加。ESVS 组织视频到基于链表的树结构中，使播放同一视频资源的节点构成节点社区，每个节点将感兴趣的视频预取到本地缓冲区中，利用预取的视频资源为其他节点提供视频数据供给服务。预取到节点本地缓冲区的视频资源能够提升覆盖网络的视频资源供给能力。因此，ESVS 的 ARLSR 保持快速的增加且高于 SURFNet 的 ARLSR。

（2）启动时延：收到首个视频数据的时间戳和发送请求消息的时间戳间的差值被定义为启动时延。

图 3-8 展示了启动时延随仿真时间增加的变化过程。ESVS 与 SURFNet 在整个仿真时间增加的过程中均保持波动的趋势。SURFNet 曲线在 50～200s 内经历了一个较为轻微的波动，在 200～400s 内开始快速地增加，在 400～500s 内保持快速下降的趋势。ESVS 曲线在 50～100s 内保持缓慢的增加趋势，在 100～200s 内呈快速下降的趋势，在 200～350s 内保持快速的增加趋势，在 350～500s 内又保持下降趋势。ESVS 的启动时延低于 SURFNet，且 ESVS 的启动时延峰值（2.87s）低于 SURFNet 的启动时延峰值（3.32s）。

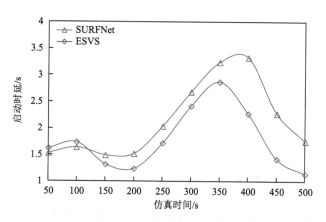

图 3-8　启动时延随仿真时间增加的变化过程

图 3-9 展示了播放节点数量增加的过程中启动时延均值的变化过程。ESVS 曲线与 SURFNet 曲线随播放节点数量的增加整体保持快速增加的趋势。SURFNet 曲线保持剧烈抖动式的增加趋势，并在节点数量为 160 时到达峰值（2.95s）。ESVS 曲线也保持剧烈抖动式的增加趋势，但 ESVS 曲线整体低于 SURFNet，且 ESVS 曲线的启动时延峰值（2.53s）低于 SURFNet 曲线的启动时延峰值（2.95s）。

在 SURFNet 中，请求消息的转发依赖于 AVL 树中的节点，AVL 树中的节点利用预定义的树中父子节点关系中继转发请求消息。请求消息转发过程中中继节点数量越多，启动时延越长。SURFNet 利用 AVL 树结构能够获得较低的查询时延。随着节点数量的增加，网络中视频流的数量快速增加消耗网络带宽资源，从

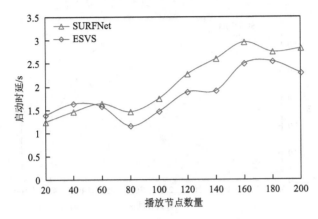

图 3-9　播放节点数量增加的过程中启动时延的变化过程

而导致网络拥塞。因此，SURFNet 的启动时延在 200～400s 内保持快速增加的趋势。由于 50 个节点在完成 4 个视频资源播放后退出系统，网络中的视频流下降，从而缓解网络拥塞程度。网络拥塞程度的下降能够使启动时延快速下降。ESVS 分析视频内容间的相似程度及用户播放行为的相似程度，从而计算视频间的联系紧密程度。具有较高的联系紧密程度的视频被组织到基于链表的树结构中。视频隶属视频簇，如果节点播放的视频属于同一视频簇，那么这些节点组成一个节点社区。当节点加入视频系统后，节点按照当前播放视频所隶属的视频簇加入对应的节点社区，即播放同一视频的节点加入同一节点社区中。由于链表中的视频彼此间具有较高的访问概率，视频请求消息仅需经历两个中继节点即可被转发到对应的节点社区，从而降低了视频查询时延。此外，节点社区拥有多个代理节点，能够进一步降低视频请求者和视频提供者之间的逻辑距离，从而能够确保请求消息能够被较少地转发即可被发送到视频提供者。ESVS 的请求节点能够评估与视频提供者间数据传输路径的通信质量，从而确保了视频数据的低传输时延。由于当视频数据传输路径的通信质量下降时，视频资源接收者会主动断开与当前视频提供者之间的连接，并重新搜索新的视频提供者。虽然连接断开及重新查询视频提供者会增加视频数据传输时延，但也会缓解网络拥塞程度，ESVS 的网络拥塞程度要低于 SURFNet。因此，ESVS 的启动时延受网络拥塞的影响程度要低于 SURFNet，以至于 ESVS 的启动时延要低于 SURFNet。

（3）PLR：在视频数据传输过程中丢失的视频数据包的数量与发送的视频数据包的总数量之间的比值称为 PLR。

图 3-10 展示了 PLR 随仿真时间增加的变化过程。SURFNet 的曲线在 50～350s 内保持快速上升的趋势，在 350～500s 内保持下降的趋势，并在 350s 处达到峰值（49%）。ESVS 的曲线在 50～400s 内保持剧烈抖动下的快速上升趋势，

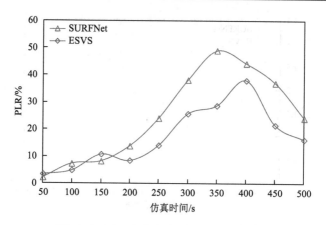

图 3-10　PLR 随仿真时间增加的变化过程

在 400～500s 内呈现下降趋势。ESVS 曲线在大部分仿真时间增加过程中低于 SURFNet。

图 3-11 展示了 PLR 随节点数量增加的变化过程。SURFNet 的曲线在整个节点加入系统数量增加的过程中整体呈现快速上升的趋势，并伴随着抖动，且在节点数量为 160 时达到峰值（43%）。在请求节点数量增加的过程中，ESVS 的曲线呈现相对轻微波动且快速上升的过程，ESVS 的 PLR 在大部分时间内小于 SURFNet 的 PLR，且 ESVS 的 PLR 峰值（36.9%）小于 SURFNet 的 PLR 峰值。

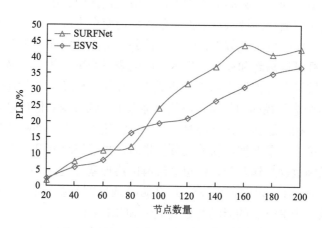

图 3-11　PLR 随节点数量增加的变化过程

在 SURFNet 中，节点在视频传输过程中并没有考虑传输路径通信质量的问题，数据传输的性能容易受到节点移动带来的传输路径变化的影响。例如，网络拥塞导致 SURFNet 的 PLR 在 200～350s 内快速上升。在 ESVS 中，视频请求节点在与视频提供节点建立连接之前评估视频数据传输路径的通信质量，虽然产生了一定的时延，但高通信质量的视频数据传输路径能够有效地降低视频数据的丢失，从而确保了视频播放的连续性和用户观看质量。此外，当视频数据的接收者（视频请求节点）发现当前视频数据传输性能下降时（即视频传输路径的 PLR 大于阈值 $T_l = 35\%$），视频数据接收者断开当前与视频数据发送者的连接，继续重新搜索新的视频资源提供者，从而降低了视频数据丢失的概率。因此，ESVS 的 PLR 要低于 SURFNet。特别地，网络拥塞导致大量的视频数据丢失，视频数据接收者周期地评价视频数据传输路径的通信质量，也会造成 PLR 超过阈值（$T_l = 35\%$）但依然保持与视频数据提供者间的连接，因此，ESVS 的 PLR 峰值 36.9%会大于阈值 $T_l = 35\%$。

（4）维护负载：维护覆盖网络结构所发送的消息（如节点的加入和离开）被视为控制消息。每秒发送控制消息所占用的带宽被定义为维护负载。

图 3-12 展示了维护负载随仿真时间增加的变化过程。SURFNet 的曲线在 50～400s 内以剧烈波动的形式快速上升，在 400s 时到达峰值（4.8Kbit/s），在 400～500s 内保持下降趋势。ESVS 的曲线在 50～250s 内保持以轻微抖动的形式缓慢上升的趋势，在 250～400s 内保持快速上升的趋势，在 400～500s 内保持下降的趋势。ESVS 的维护负载曲线在大部分仿真时间内低于 SURFNet，且 ESVS 的峰值（4.3Kbit/s）低于 SURFNet 的峰值。

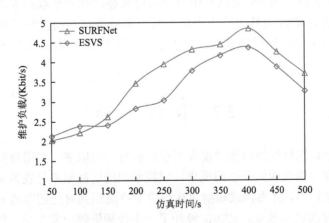

图 3-12　维护负载随仿真时间增加的变化过程

SURFNet 的维护负载主要包括 AVL 树结构中节点状态消息的交换、附着在链表上的节点状态管理及视频资源请求消息的转发、视频资源提供者的分配。AVL 树中的节点均拥有较长的在线时间，且这些节点的在线时间均大于 AVL 树的衍生链表所含节点的在线时间。AVL 树的维护负载要低于链表结构的维护负载。在仿真初始时,SURFNet 的维护负载保持轻微的上升趋势,每个节点加入系统后,节点会根据存储在本地的视频块的 ID 和在线时间加入 AVL 树结构或 AVL 树的衍生链表。SURFNet 需要消耗大量带宽来发送和处理 AVL 树及链表结构中节点的状态消息和视频请求消息,使得 SURFNet 的维护负载快速上升。一些节点在完成分配的视频播放后退出系统,节点状态的维护消息和视频请求消息的数量下降使得 SURFNet 的维护负载快速下降。节点状态动态变化决定了视频系统维护负载程度。节点状态频繁变化导致 AVL 树结构和链表结构不断重构,从而增加 AVL 树结构和链表结构的维护负载。视频资源查询失败意味着视频需求难以在遍历 AVL 树后被满足,视频资源查询失败导致重新发送视频请求消息,从而消耗大量的网络带宽,大幅度增加了 SURFNet 的维护负载。虽然 ESVS 也采用了基于链表的树结构来组织视频系统节点,树结构的规模(树结构的宽度和深度)较低,这是因为链表包含具有联系紧密的视频,不仅降低树结构的维护负载,而且减少树结构中节点状态的抖动,从而降低视频请求消息的转发数量。一些节点社区拥有多个代理节点,从而增加状态的维护消息。然而,代理节点数量规模相对于节点社区成员较小,使得节点社区维护负载较低,ESVS 的维护负载曲线仅保持轻微上升趋势。此外,代理节点仅负责节点社区结构的维护,而且能够提升视频资源查询的效率,降低视频请求消息的转发数量,从而降低 ESVS 的维护负载。另外,ESVS 中节点将感兴趣的视频预取在本地缓冲区中,并以预取的视频资源为其他节点提供视频资源服务,从而提升了视频资源请求成功率,减少了由视频资源查询失败引起的维护负载。因此,ESVS 的维护负载低于 SURFNet。

3.7 本 章 小 结

ESVS 计算视频间内容相似度和用户播放行为相似度,利用视频相似度和播放行为相似度评估视频间的访问概率,以视频间的访问概率将视频资源组织到基于链表的树结构中,并将请求和播放视频的节点组织到对应的节点社区中。为了提升视频资源的共享效率,ESVS 设计了一个视频资源搜索方法(包括视频资源的推送和请求),从而扩展了覆盖网络视频资源的供给能力和提升了视频资源查询成功率。存储视频资源的节点与视频请求节点建立连接并传输视频数据,视频请求节点通过评估视频数据传输路径的通信质量,动态选择存储视频资源的节点。从而降低了网络带宽的消耗,提升了用户体验质量。仿真结果展示了 ESVS 在视频资源查询成功率、启动时延、PLR 和维护负载方面均优于 SURFNet。

参 考 文 献

[1]　Zhou L, Chao H C, Vasilakos A V. Joint forensics-scheduling strategy for delay-sensitive multimedia applications over heterogeneous networks. IEEE Journal on Selected Areas in Communications, 2011, 29 (7): 1358-1367.

[2]　Forecast C. Cisco visual networking index: Global mobile data traffic forecast update 2011-2016. 2013.

[3]　Xu C, Jia S, Wang M, et al. Performance-aware mobile community-based VoD streaming over vehicular ad hoc networks. IEEE Transactions on Vehicular Technology, 2015, 64 (3): 1201-1217.

[4]　Shen H, Lin Y, Li J. A social-network-aided efficient peer-to-peer live streaming system. IEEE Transactions on Networking, 2015, 23 (3): 987-1000.

[5]　Xu C, Jia S, Zhong L, et al. Ant-inspired mini-community-based solution for video-on-demand services in wireless mobile networks. IEEE Transactions on Broadcasting, 2014, 60 (2): 322-335.

[6]　Zhang G, Liu W, Hei X, et al. Unreeling Xunlei Kankan: Understanding hybrid CDN-P2P video-on-demand streaming. IEEE Transactions on Multimedia, 2015, 17 (2): 229-242.

[7]　Sun Y, Guo Y, Li Z, et al. The case for P2P mobile video system over wireless broadband networks: A practical study of challenges for a mobile video provider. IEEE Network, 2013, 27 (2): 22-27.

[8]　Wan L, Han G, Rodrigues J J P C, et al. An energy efficient DOA estimation for uncorrelated and coherent signals in virtual MIMO systems. Telecommunication Systems, 2015, 59 (1): 93-110.

[9]　Zhu Z, Lu P, Rodrigues J J P C, et al. Energy-efficient wideband cable access networks in future smart cities. IEEE Communications Magazine, 2013, 51 (6): 94-100.

[10]　Mandal U, Habib M F, Zhang S, et al. Adopting hybrid CDN-P2P in IP-over-WDM networks: An energy-efficiency perspective. IEEE/OSA Journal of Optical Communications and Networking, 2014, 6 (3): 303-314.

[11]　Lin K, Rodrigues J J P C, Ge H, et al. Energy efficiency QoS assurance routing in wireless multimedia sensor networks. IEEE Systems Journal, 2011, 5 (4): 495-505.

[12]　Oliveira L M, Reis J, Rodrigues J J P C, et al. IoT based solution for home power energy monitoring and actuating. IEEE International Conference on Industrial Informatics, Cambridge, 2015.

[13]　Xu C, Zhao F, Guan J, et al. QoE-driven user-centric VoD services in urban multi-homed P2P-based vehicular networks. IEEE Transactions on Vehicular Technology, 2013, 62 (5): 2273-2289.

[14]　Jia S, Xu C, Vasilakos A V, et al. Reliability-oriented ant colony optimization-based mobile peer-to-peer VoD solution in MANETs. ACM/Springer Wireless Networks, 2014, 20 (5): 1185-1202.

[15]　Altman E, Nain P, Shwartz A, et al. Predicting the impact of measures against P2P networks: Transient behavior and phase transition. IEEE Transactions on Networking, 2013, 21 (3): 935-949.

[16]　Song G, Zhou X, Wang Y, et al. Influence maximization on large-scale mobile social network: A divide-and-conquer method. IEEE Transactions on Parallel and Distributed Systems, 2015, 26 (5): 1379-1392.

[17]　Fu L, Zhang J, Wang X. Evolution-cast: Temporal evolution in wireless social networks and its impact on capacity. IEEE Transactions on Parallel and Distributed Systems, 2014, 25 (10): 2583-2594.

[18]　Zhang Y, Pan E, Song L, et al. Social network aware device-to-device communication in wireless networks. IEEE Transactions on Wireless Communications, 2015, 14 (1): 177-190.

[19]　Shen H, Li Z. Leveraging social networks for effective spam filtering. IEEE Transactions on Computers, 2014, 63 (11): 2743-2759.

[20]　Xu C, Jia S, Zhong L, et al. Socially aware mobile peer-to-peer communications for community multimedia

streaming services. IEEE Communications Magazine，2015，53（10）：150-156.

[21]　Shen H，Lin Y，Li J. Social connections in user-generated content video systems：Analysis and recommendation. IEEE Transactions on Parallel and Distributed Systems，2015，26（1）：252-261.

[22]　Wang D，Yeo C K. Superchunk-based efficient search in P2P-VoD system multimedia. IEEE Transactions on Multimedia，2011，13（2）：376-387.

[23]　Chen K，Shen H，Zhang H. Leveraging social networks for P2P content-based file sharing in disconnected MANETs. IEEE Transactions on Mobile Computing，2014，13（2）：235-249.

[24]　Shen H，Li Z，Lin Y，et al. SocialTube：P2P-assisted video sharing in online social networks. IEEE Transactions on Parallel and Distributed Systems，2014，25（9）：2428-2440.

[25]　Cheng X，Liu J. NetTube：Exploring social networks for peer-to-peer short video sharing. IEEE INFOCOM，Rio De Janeiro，2009.

[26]　Bandara H M N D，Jayasumana A P. Community-based caching for enhanced lookup performance in P2P systems. IEEE Transactions on Parallel and Distributed Systems，2013，24（9）：1698-1710.

[27]　Xu C，Liu T，Guan J，et al. CMT-QA：Quality-aware adaptive concurrent multipath data transfer in heterogeneous wireless networks. IEEE Transactions on Mobile Computing，2013，12（11）：2193-2205.

[28]　Xu C，Li Z，Li J，et al. Cross-layer fairness-driven concurrent multipath video delivery over heterogenous wireless networks. IEEE Transactions on Circuits and Systems for Video Technology，2015，25（7）：1175-1189.

第4章 无线网络下基于交互感知和视频社区的内容交付方法

对视频内容质量需求和视频用户数量的增长引发的视频流量需求的持续增长给视频服务带来了新的挑战。虚拟社区技术将具有共同兴趣的用户进行聚类，以获得资源查找性能和系统可伸缩性方面的好处。本章介绍基于用户交互行为感知的视频资源共享方法，通过采集和分析用户间的交互信息建立用户交互模型，捕获用户的视频请求和交付的共性特征，将对视频具有共同兴趣和交付行为的用户组织到同一社区中，设计社区成员管理机制和资源共享方法，从而实现低成本的社区维护和高性能搜索，最后，对本章提出方法进行仿真实验和性能对比。

4.1 引　　言

无线通信技术（如 5G 和 WIMAX）的进步使得无线网络带宽不断增加，以满足互联网应用不断增加的带宽需求[1-7]。视频服务是目前最为流行的互联网应用之一，视频服务的发展极为依赖于网络通信性能水平[8]。例如，从标清、高清到超清，从 2D、3D 到 VR 和 AR，视频播放质量的不断提升极大地增强了用户体验质量，但所需网络带宽也从 30Kbit/s 增长到 30Mbit/s 以上。另外，视频服务质量不断提升促进了视频用户数量快速增长，尤其是视频用户能够通过手持智能设备泛在接入互联网获取视频内容，极大地推动了视频服务的普及。

巨大的视频用户基数导致网络带宽变得更加有限，严重影响了视频服务质量（如等待分配带宽产生了高播放时延和网络拥塞带来的低视频播放连续性）[9-11]。不像传统的基于 C/S 结构视频系统的服务能力和可扩展性严重依赖于服务器带宽、存储、计算资源，P2P 技术利用客户端剩余的带宽、存储、计算资源实现客户端间视频资源的共享，极大地提升了视频系统的服务能力和可扩展性。在无线网络环境下部署基于 P2P 的视频系统，能够有效地提升视频用户的体验效果（如旅行中的旅客可以在空余时间观看视频内容）[12-15]，如图 4-1 所示。然而，随着视频用户数量急剧增加，网络可用带宽越发有限，对视频系统的服务质量和可扩展性带来了极大的挑战。例如，服务器端带宽、骨干网络带宽和移动终端带宽分别为 10Gbit/s、100Gbit/s、100Mbit/s。若视频播放速率为 1Mbit/s，则基于 C/S 结构视频系统最大的服务能力为 10000 个用户，当超越视频系统服务能力最大值后，新增加的视频用户需要等待服务器端分配新的带宽才能启动视频播放，因此，针对不断增长的视频用户数量，基于 C/S 结构视频系统存在着启动时延大和支持用户数量少的缺陷。对于基于 P2P 结构的视频系统，随着视频用户数量的增加，客户端自身的剩余带宽不断弥补有限的可用带宽，因此，极大地提升了视频系统的可扩展性。但随着用户数量不断增加，骨干网络的带宽成为视频系统服务能力的瓶颈（基于 P2P 结构视频系统的最大服务能力为 100000 个用户），一旦骨干网络拥塞，则会导致大量的视频数据丢失，不断引起视频播放中断，低视频播放连续性和启动时延大就成为基于 P2P 结构的视频系统必须解决的问题[16-18]。

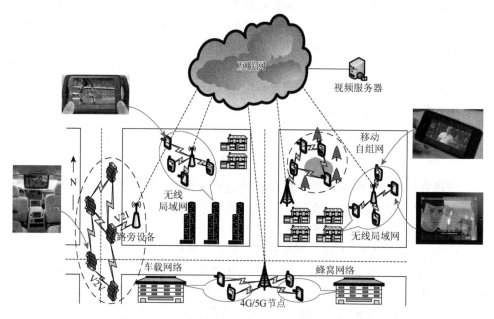

图 4-1　基于 P2P 的视频系统在无线网络下的部署图

车对道路通信设施（vehicle-to-infrastructure，V2I）；车对车（vehicle-to-vehicle，V2V）

　　提高客户端间共享视频资源效率、降低骨干网络压力成为提升基于 P2P 结构的视频系统服务质量和可扩展性的关键，因此，优化视频资源分布、提升视频资源交付性能就成为提高客户端间共享视频资源效率的重要手段。例如，如果视频资源请求者总是能够将视频请求消息发送至与其对视频内容兴趣相似的视频资源提供者，不仅能够降低资源查询失败的风险，而且能够快速地获得视频数据，从而提高视频资源共享效率、降低视频资源请求者的启动时延。众多学者做出了大量的研究，并纷纷提出了相应的解决方案。例如，无线自组网下基于对等网络的跨层实时多媒体流系统是一个基于 Chord 结构的 P2P 视频系统[19]。通过将网络节点组织到一个 Chord 结构中，利用 Chord 结构资源搜索性能高的优势减少视频资源查询时间。然而，Chord 结构中的节点需要在较短周期时间内与其相连接的节点交互消息，以维护彼此的状态信息、保证请求消息在 Chord 结构中路由成功。随着 Chord 结构中节点数量不断增加，视频系统需要消耗大量的网络带宽来维护 Chord 结构中所有节点的状态，巨大的 Chord 结构的维护开销成为系统可扩展性的瓶颈。文献[20]提出了一个无线网络下视频资源的调度策略，不仅支持动态的视频提供者的选择，而且能够根据视频请求者的视频质量需求主动调节数据传输率。然而，选择合适的资源提供者会带来较高的启动时延，动态调整数据传输速率也会引起资源请求者观看质量的抖动。

　　虚拟设计技术能够阻止具有相似特性的用户（如存储、观看和请求相似的视频内容）加入到同一社区中[21-25]。通过对社区内存储的视频资源进行自治的管理以平衡社区内资源的供应与需求，利用社区内用户相似或相近的状态减少用户间状态交互频率，降低社区结构维护成本，实现社区结构的可扩展性。基于虚拟社区的视频系统成为众多学者研究的热点。例如，文献[21]根据用户已观看的视频数量评价视频资源提供者和请求者间的共同兴趣，并将具有较高共同兴趣的用户组织到基于树结构的社区中，利用树结构在资源搜索方面的性能优势分发视频资源，从而提高社区内资源共享效率。然而，该方法仅考察用户间已观看视频的数量来评估用户间的共同兴趣程度，会带来较低的共同兴趣评估精度。较低的共同兴趣评估精度会降低社区内用户间联系的紧密程度，从而导致用户间的逻辑连接频繁断开（如社区内用户共享的内容互不感兴趣），使得社区结构维护成本提升，降低视频系统的可扩展性。文献[22]考察用户在视频内容间的跳转行为，从而将请求同一内容的用户组织到同一社区中。为了确保覆盖网络的连通性，为每个社区间建立了逻辑连接，网络中任意节点可以实施跨社区的资源搜索。然而，社区内用户间的逻辑连接建立依赖于观看同一视频，社区内用户动态的视频资源请求行为会导致用户在各个社区间频繁地跳转，脆弱的社区结构不仅增加社区结构的维护成本，也降低了视频系统的可扩展性。文献[23]利用基于车辆移动性和非连通性缓存视频内容，优化视频资源的分布，从而改进车联网中视频系统的服务质量。然而，该方法忽略了用户需求的动态性，即视频请求者对视频内容的需求是动态变化的，视频间流行度差异和视频流行度的变化均给服务器负载的均衡带来较大的负面影响。文献[24]分析了两类时延控制信息分布：基于有限项与方差信息分布类和非参数表示的一般类，从而阐释时延控制信息（delayed control information，DCI）如何影响性能无线视频传输，并设计了一个分布式视频调度方法，在理论上验证了其理论分析结果。文献[25]根据视频资源请求的最近时间槽信息为视频请求节点分配移动云中的服务器资源，利用先来先服务原则调度移动云上的视频流，从而实现服务器资源的均匀分配和平衡服务器负载。

　　本章提出了一个无线网络下基于交互感知和视频社区的内容交付方法（an

interaction-aware video-community-based content delivery in wireless networks，IVCCD）。通过考察移动用户间彼此的交互行为，IVCCD 建立了一个用户交互行为模型，以发现用户间交互行为的共同特性，并评估用户间联系的紧密程度。根据用户的服务能力及用户间联系的紧密程度，IVCCD 采用了一个基于划分的社区构建方法，将具有相似交互行为的用户组织到同一社区中。在构建的社区基础上，IVCCD 制定了社区成员管理策略和视频资源共享策略，为社区成员分配相应的角色，实现社区资源的高效管理、资源分布的优化，并获得较高的视频搜索性能。

4.2　相　关　工　作

近年来，现有基于 P2P 视频系统利用视频资源搜索和调度的优化改进视频共享性能。文献[19]组织了覆盖网络节点到一个 DHT 结构中，以提升视频资源搜索的性能。DHT 结构中每个节点均存储和维护一个视频请求路由表。视频请求路由表中包含与当前节点连接的节点信息和这些连接节点的资源搜索成功率，而且利用基于跨层的路由信息和组播路径信息提升了 DHT 结构中的 finger 表与路由表中信息的实时性和有效性，每个节点利用路由表和组播路径不断地清除路由表中不可用的节点信息，从而有效地提升资源查询成功率。然而，该方法需要交换和更新大量的路由信息与组播路径信息以支持节点状态更新和 DHT 结构重构（由节点加入和离开导致的重构）。虽然节点数量不断增加，DHT 结构的维护和节点状态更新引起的维护负载给视频系统的可扩展性带来极大的负面影响且消耗了大量的网络带宽资源，容易造成网络拥塞。此外，路由和往返时延（round trip time，RTT）的动态性能够精确地描述节点的移动性，从而确保节点能够以较近的物理距离实现视频资源的共享。路由和 RTT 的动态变化导致 finger 表频繁更新，从而增加 DHT 结构维护的负载。文献[20]利用李雅普诺夫漂移加惩罚函数（Lyapunov drift plus penalty function）求解制定的网络利用率最大化问题，使视频资源请求节点能够根据与候选视频资源提供节点间建立的视频数据传输路径的质量选择合适的视频资源提供节点，而且视频资源提供节点能够根据视频资源请求节点对视频质量的要求动态调节视频数据传输速率。然而，节点的视频资源交付能力受到节点移动性引起的网络拓扑动态变化的严重影响，从而导致视频资源请求者和视频资源提供者间的连接频繁切换，增加了用户启动时延、影响了视频播放的平滑性。

最近，众多研究者开始关注基于虚拟社区的视频资源共享方法的研究[21-30]。例如，文献[22]考察了对于视频内容兴趣的用户播放行为的相似性，并组织播放相同视频内容的节点到同一节点社区中，根据视频内容间的联系紧密程度建立节点社区间的连接，从而提升视频资源搜索的性能。然而，在同一时间周期内观看相似视频内容的节点组成节点社区，会降低节点社区的健壮性和可扩展性（节点在同一周期时间内加入节点社区，这些节点在同一时间离开社区的概率也会较高，从而导致视频资源供给能力波动性较大，对节点社区结构的维护带来较大的负载压力）。文献[26]利用分层与划分聚类方法将网络中的节点进行聚类处理，普通节点（具有一般计算、存储和带宽能力的节点）和超级节点（具有较强计算、存储和带宽能力的节点）观看同一视频资源时，将它们组织到同一节点社区中。由于超级节点利用本地存储的视频资源索引列表加速视频资源的查询过程、提高视频资源查询成功率。然而，将播放同一视频资源的节点组建节点社区的方法使得节点社区的健壮性和可扩展性依赖于视频资源（时间长度长且流行度高的视频能够吸引节点在当前社区停留时间较长，社区结构稳定性强；时间长度短且流行度低的视频难以吸引节点在当前社区停留较长时间，社区结构稳定性差），从而导致社区结构健壮性和可扩展性具有较为剧烈的波动性，不利于社区结构的维护和视频资源的共享。此外，静态的社区结构难以适应用户的视频资源兴趣动态变化，使得节点播放的视频不断变化导致在节点社区间不断迁移，从而导致节点社区结构不断重构，提升了节点社区的维护负载，降低了视频资源共享性能和节点社区的可扩展性。文献[27]将用户的兴趣特征映射到兴趣空间中，其中用户的兴趣特征由用户已观看的视频内容表示。利用向量夹角余弦函数评估用户间兴趣相似程度，将相似程度较高的用户组织到同一社区中。该方法为社区内用户分配不同的角色，从而实现社区内资源的管理，社区内用户能够利用彼此的逻辑连接共享本地的视频资源。然而，每两个用户评估兴趣相似程度以构建社区结构，这种局部最优评估方法会带来社区内用户间的逻辑连接的易碎性，脆弱的用户间逻辑连接会降低社区结构的稳定性，从而引起社区结构维护成本的提高，降低视频系统的可扩展性。文献[28]将存储相同视频块的节点组织到同一节点社区中，通过建立节点社区间的两类接口（静态接口和动态接口）实现节点社区间的通信，以支持节点在节点社区间的迁移和视频请求消息的转发。由于节点社区间的动态接口根据节点对视频内容兴趣和请求行为分析而建立，能够支持视频资源的快速搜索。虽然静态接口和动态接口能够适应节点兴趣的变化，提升视频资源的共享效率，但节点社区内节点数量的增加会带来较高的节点社区维护负载，从而降低视频系统的可扩展性。

以上基于虚拟社区的视频共享方法均存在着节点间联系紧密程度较低、节点社区可扩展性差和节点社区维护负载较高等缺陷。为了有效地处理上述问题，视频系统应当精确地评估节点间的关联关系，建立灵活和可扩展的节点社区结构，从而支持视频资源快速的查询，降低节点社区的维护负载。因此，通过考察节点的视频资源查询行为和节点间视频资源的查询与供给行为评估节点对视频资源的兴趣，提升节点间联系紧密程度的评估精度，提升节点社区的稳定性和可扩展性，从而提高视频资源在节点间的共享效率。

4.3　IVCCD 方法概述

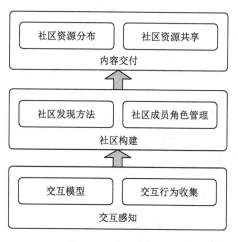

图 4-2　IVCCD 的框架示意图

如图 4-2 所示，IVCCD 的框架主要包括交互感知、社区构建和内容交付三个模块。移动节点通过发送视频请求消息到服务器或覆盖网络中的节点，并获取视频资源，以此加入到视频系统中。服务器或覆盖网络中视频资源提供者向视频资源请求者返回一个响应消息，并为请求者传输视频数据。为了降低服务器的压力，视频资源请求者优先搜索和获取来自于覆盖网络中视频资源提供者的视频资源。如果覆盖网络中没有存储视频资源请求者想要获取的视频资源，服务器会为其提供初始的视频数据。当视频资源请求者和视频资源提供者建立连接获取视频数据后，将上述过程视为视频资源请求者和视频资源提供者间的交互行为。通过收集和分析节点间的交互行为，视频系统能够感知加入视频系统的节点的交互范围与频率，从而发现交互频繁且关系紧密的节点，从而构成相应的节点社区。基于节点交互行为的收集和分析，IVCCD 采用一个联系图来建立节点交互模型，并且为社区发现方法提供重要的参数设置（如节点的服务能力和节点间联系紧密程度）。①社区发现方法。IVCCD 采用划分聚类，通过初始的节点集合划分及迭代合并与除噪，从而构建节点社区。②社区成员角色管理。IVCCD 为社区成员分配不同的角色及相应的任务，并制定成员对于社区结构的维护方法。③社区资源的分布与共享。IVCCD 要求社区成员实施视频资源的协作缓存，并设计了社区内和社区外的资源搜索方法。

4.4　交互行为感知方法

对视频内容的兴趣驱动着用户在 P2P 网络中搜索想要观看的视频资源。由于视频资源提供者正在观看或者已经存储了视频资源请求者想要请求的视频资源，视频资源提供者在收到视频资源请求者的请求消息后，会向视频资源请求者传输视频数据，使得视频资源请求者能够启动播放。显然，视频资源请求者与视频资源提供者拥有对于请求的视频内容相同的兴趣，因此，在视频资源请求者与视频资源提供者间的请求-响应过程可以被视为一个节点间的交互行为。传统的节点间共同兴趣抽取和评估方法依赖于对已观看视频内容历史记录的分析，忽略了在视频资源共享行为中存在的行为共性。基于兴趣驱动的交互行为不仅能够描述用户对于视频内容的需求共性，也能够描述用户间交互行为反映出的联系紧密程度。例如，如果两个节点拥有较近的地理距离、相似的视频内容需求及较好的通信质量，那么这两个节点会以较高概率保持频繁交互、共享彼此存储的视频资源。为了收集用户间的交互行为，当视频资源请求者收到来自于视频资源提供者发送的视频数据时，视频资源请求者与视频资源提供者间的交互行为产生，视频资源请求者记录视频资源提供者的信息（节点 ID）。当任意节点退出系统时，将所收集的交互信息发送至服务器（包括平均传输时延、平均 PLR、请求者 ID、提供者 ID、视频 ID 等）。服务器端采用一个六元组记录交互行为信息，即 $R = (n_i, n_j, d_{ij}, p_{ij}, l_{ij}, v_k)$，其中 n_i 和 n_j 分别表示视频资源请求者与视频资源提供者的 ID，d_{ij} 为平均传输时延，p_{ij} 为平均 PLR，l_{ij} 表示 n_i 和 n_j 数据传输的时间长度，v_k 为视频 ID。所有节点的交互行为构成一个交互行为列表，存储在服务器端，即 $S_R = (R_1, R_2, \cdots, R_n)$。

服务器采用图的形式表示节点的交互行为，$G = (V, E)$，其中 $V = (v_1, v_2, \cdots, v_k)$ 表示顶点的集合，每个顶点表示系统中的一个节点；图 G 中的每一条边 e_{ij} 为 E 中的一个元素，表示任意两个节点 n_i 与 n_j 之间的交互行为。在图 G 中，拥有边的两个顶点互为邻居节点，即存在交互行为的两个节点建立邻居关系。如果任意节点 n_i 频繁地从其邻居节点获取视频资源，那么表明两个节点间存在着较为紧密的联系。这种紧密的联系可使用权重表示，例如，w_{ij} 表示边 e_{ij} 的权重。除了节点间交互的频度可以表示节点间联系的紧密程度，节点间数据传输的时间长度也可以表示节点间联系的紧密程度。例如，当 n_i 从 n_j 获取视频数据时，如果 n_i 失去了对当前视频内容的兴趣，则 n_i 断开与 n_j 的连接，重新搜索其他的视频。由于数据传输的速率与视频播放速率相同，因此，数据传输速率越小表明节点对视频内容的兴趣程度越低；反之，数据传输速率越大表明节点对视频内容的兴趣程度越高。n_i 与 n_j 间边 e_{ij} 的权值可以被定义为

$$w_{ij} = \frac{\arctan\left(\sum_{c=1}^{f_{ij}} l_c\right) \times 2}{\pi}, \quad l \leqslant L, \ w_{ij} \in (0,1) \tag{4-1}$$

式中，f_{ij} 表示 n_i 与 n_j 交互的次数；L 为视频长度，数据传输时间长度通常默认应当小于等于视频长度（不考虑 VoD 的后退操作引起的重复观看）；l 为 n_i 与 n_j 的一次数据传输时间长度。节点间共享视频资源的次数越多且数据传输时间长度越长，节点间的联系紧密程度就越高；节点间共享视频资源的次数越多且数据传输时间长度越少，则节点间的联系紧密程度越低。另外，节点间共享视频资源的次数表明节点间资源获取的成功次数越高，对于视频内容的兴趣也越相似。w_{ij} 也反映出

视频资源请求者在选择视频资源提供者时，优先考虑拥有权值高的边的节点。若将图 G 视为有向图，则节点间的边就描述了资源请求的方向。例如，n_i 为视频资源请求者，n_j 为视频资源提供者，则 e_{ij} 被定义为 n_j 的入度边、n_i 的出度边；n_j 为视频资源请求者，n_i 为视频资源提供者，则 e_{ji} 被定义为 n_i 的入度边、n_j 的出度边。节点的入度越高且指向节点的边的权重值越大，则该节点接收的请求消息越多，为其他节点传输视频数据的时间越长，表明该节点的服务能力越强。例如，当节点本地存储的视频资源数量越多时，视频资源的查询成功率也越高，请求消息就越集中于拥有较多视频资源的节点，此类节点的入度也越高。

另外，视频请求者总是希望能够选择具有较强服务能力的节点，从而获取较高的数据传输质量（低时延和低丢包率），从而确保视频播放的连续性。节点的资源交付能力可以根据节点对于视频资源的交付质量进行评价，视频数据的传输时延和 PLR 可以作为评估参数。对于任意节点 n_j 的视频数据交付能力可以被定义为

$$\mathrm{DC}_j = \frac{\sum_{c=1}^{N_j}\overline{q}_{jc}}{N_j} \times \log_2\left(1 + \frac{\sum_{c=1}^{N_j}\overline{d}_{jc}}{N_j}\right) \qquad (4\text{-}2)$$

式中，N_j 为节点 n_j 请求节点 n_c 传输视频数据的次数；$\overline{q}_{jc}$ 与 $\overline{d}_{jc}$ 分别表示节点 n_j 向请求节点 n_c 传输视频数据的平均 PLR 和平均时延。数据传输时延越高，则表明传输路径所含中继节点数量越多或路径通信质量越差，引起播放连续性抖动的概率越高；PLR 越高，则导致视频播放画面的扭曲程度越高，用户观看质量越差。当视频数据交付质量较差时，视频资源请求者就会断开当前连接，搜索新的视频资源提供者。因此，DC_j 的值越低，表明 n_j 的视频数据交付能力越强；反之，n_j 的视频数据交付能力越弱。基于以上描述，任意节点 n_j 的服务能力可以被定义为

$$\mathrm{SC}_j = \frac{\arctan(\mathrm{DC}_j) \times 2}{\pi} \times \frac{\mathrm{VN}_j}{\mathrm{VN}_s}, \quad \mathrm{VN}_j \leqslant \mathrm{VN}_s, \ \mathrm{SC}_j \in (0,1) \qquad (4\text{-}3)$$

式中，VN_j 表示 n_j 在本地缓冲区中存储的视频数量；VN_s 表示服务器端存储的视频资源的数量。$\dfrac{\arctan(\mathrm{DC}_j) \times 2}{\pi}$ 为 n_j 的视频数据交付能力的归一化处理结果。SC_j 值越高，表明 n_j 的服务能力越强。当 n_j 拥有较强的服务能力时，n_j 能够吸引更多请求节点从 n_j 处获取视频资源，使得 n_j 的入度越大且与请求节点间的边的权值越大。

拥有较高健壮性和可扩展性的社区要求社区内节点拥有较强的联系紧密程度，而且要拥有与其他社区间较清晰的边界。在图 G 的基础上采用划分聚类方法构建节点社区主要包括以下两个步骤：根据节点的度（入度和出度）从图 G 中抽

取子图；通过对子图内所含节点进行除噪处理，对子图进行合并与拆分操作，从而构建新的子图。迭代上述过程，建立节点社区。具体执行步骤如下：

从顶点集合 V 中选择拥有入度边权重值最高的顶点 v_i。将 v_i 作为一个新子图 $SG(v_i)$ 的中心节点。v_j 与其邻居节点拥有边，即从 v_j 到邻居节点的出度边和从 v_j 的邻居节点到 v_j 的入度边。v_j 的邻居节点集合可以从 $V^{(1)}$ 中抽取，并加入子图 $SG(v_i)$，成为子图 $SG(v_i)$ 的成员。将子图 $SG(v_i)$ 中顶点从集合 V 中移除，获得一个新的顶点集合 $V^{(1)} = V - SG(v_i)$。利用上述方法，继续从 $V^{(1)}$ 中抽取新的拥有入度边权重值最高的顶点 v_j，将 v_j 作为一个新子图 $SG(v_j)$ 的中心节点。上述迭代过程的收敛条件被定义为顶点集合 V 中所有与其他顶点拥有边的顶点均被划分至子图中（若存在只与其他节点拥有出度边的顶点，则该顶点可以作为子图中心，且该子图只包含子图中心一个顶点）。经过上述迭代过程，图 G 被划分为多个子图，即 $G = (SG(v_a), SG(v_b), \cdots, SG(v_q))$。如前面所述，图中顶点的入度边权重值越高，表明该节点服务能力越强。由拥有入度边权重值较高的顶点作为子图中心节点，能够吸引众多节点从图中心节点处获取视频资源，从而促进视频资源的共享。然而，初始图中心的选择决定了划分聚类的结果。如果初始图中心节点的服务能力较弱，则降低了子图内节点的视频资源共享效果。因此，需要继续调整已划分结果的子图中心，从而优化划分聚类结果。

初始划分的子图具有明显的边界，通过合并子图边界外相连接的节点扩展子图的边界，再调整子图的中心，从而实现划分结果的优化。例如，子图 $SG(v_i)$ 中任意成员 v_c 为 $SG(v_i)$ 的边界节点，v_c 与子图 $SG(v_j)$ 中节点 v_h 拥有入度边（即存在 v_h 向 v_c 请求视频资源的行为）。设 v_c 与 v_h 的入度边权重值为 w_{hc}，从 v_h 到子图 $SG(v_j)$ 的中心节点 v_j 的最短路径的入度边数量为 $EN(v_h, v_j)$，且这些入度边的权重值之和为 w_{hj}，则 $\bar{w}_{hj} = \dfrac{w_{hj}}{EN(v_h, v_j)}$，$\bar{w}_{hj}$ 表示从 v_h 到 v_j 的平均入度边权重值。若 $w_{hc} > \bar{w}_{hj}$，则 v_h 退出子图 $SG(v_j)$ 并加入子图 $SG(v_i)$。这是因为 $w_{hc} > \bar{w}_{hj}$ 表明 v_h 与 v_c 之间的视频资源共享程度大于从 v_h 到中心节点 v_j 的最短路径上节点间的视频资源共享程度，因此，v_h 成为子图 $SG(v_i)$ 中的一个新成员。反之，若 $w_{hc} \leqslant \bar{w}_{hj}$，则 v_h 留在子图 $SG(v_j)$ 中。若 $w_{hc} \leqslant \bar{w}_{hj}$，存在条件：$v_c$ 与 v_h 拥有出度边 e_{ch}（即存在 v_c 向 v_h 请求视频资源的行为），则从 v_c 到子图 $SG(v_i)$ 中心节点 v_i 的最短路径的平均入度边权重值为 $\bar{w}_{ci}$。此时，若 $w_{ch} > \bar{w}_{ci}$，则 v_c 退出子图 $SG(v_i)$ 并加入子图 $SG(v_j)$。然而，上述合并过程仅考虑了子图内节点对子图外邻居节点间入度边权重值，即子图内节点对子图外邻居节点的视频服务能力的吸引程度，忽略了子图外邻居节点对子图内节点的视频服务能力。例如，如果 v_h 对于 v_c 的入度边权重值较小或不存在入度边，那么表明 v_c 没有从 v_h 处获取视频资源，则 v_h 可以被视为 v_c 的噪声邻居。

噪声邻居不仅无法贡献自身存储的视频资源和带宽,而且频繁地从 v_c 处获取视频资源,占用了 v_c 宝贵的带宽和计算资源,因此,子图 $SG(v_i)$ 则拒绝 v_h 的加入请求。设子图 $SG(v_i)$ 中所有节点的平均出度边权重值与平均服务能力分别为 $\overline{w}_i^{(1)}$ 和 $\overline{SC}_i^{(1)}$;设 v_h 加入子图 $SG(v_i)$ 中后,子图 $SG(v_i)$ 中所有节点的平均出度边权重值与平均服务能力分别为 $\overline{w}_i^{(2)}$ 和 $\overline{SC}_i^{(2)}$。如果 $w_{hc} > \overline{w}_{hj}$ 且 $\overline{w}_i^{(2)} > \overline{w}_i^{(1)}$ 或 $\overline{SC}_i^{(2)} > \overline{SC}_i^{(1)}$,那么 v_h 退出子图 $SG(v_j)$ 并加入子图 $SG(v_i)$。$\overline{w}_i^{(2)} > \overline{w}_i^{(1)}$ 表明当 v_h 加入子图 $SG(v_i)$ 后,子图 $SG(v_i)$ 内视频资源的共享程度增强;但若 v_h 没有对于 v_c 的出度边,则当 $\overline{SC}_i^{(2)} > \overline{SC}_i^{(1)}$ 时,v_h 加入子图 $SG(v_i)$ 能够增强 $SG(v_i)$ 的节点服务能力,v_h 也可以成为子图 $SG(v_i)$ 的新成员。当存在任意节点离开当前子图并加入新子图时,接收新节点加入的子图需要重新选择子图中心节点。例如,若节点 v_h 离开子图 $SG(v_j)$ 并加入子图 $SG(v_i)$,$SG(v_i)$ 将重新选择新的子图中心节点,将 $SG(v_i)$ 中拥有最大入度边权重值的节点作为新的子图中心节点。在每次合并新的节点时调整子图中心是为了使结构发生变化的子图内拥有最高服务能力的节点担当子图中心节点,即子图中心节点较高的服务能力能够将与其直接连接或间接连接的节点聚合在当前子图内,从而确保子图结构的稳定。特别地,若子图仅包含中心节点,则当中心节点被其他子图合并后,仅包含单一中心节点的子图被移除。上述节点合并的迭代收敛条件为图 G 内所有子图均无法从其他子图处合并任意节点,即图 G 内所有子图的结构不再发生变化。通过节点的合并,图 G 可以由新的子图集合表示,即 $G = (SG(v_c), SG(v_d), \cdots, SG(v_u))$。在视频系统中,新的节点加入和系统成员的退出导致图 G 的结构不断地变化,实时调整每个子图结构会带来较大的成本。因此,可设置一个周期时间 T,经过周期时间 T 后图 G 对现有子图的划分结果进行子图节点合并,从而优化子图结构。节点社区发现方法如表 4-1 所示。

表 4-1 节点社区发现方法

行号	伪码
1	TG = G; $i = 0$; $j = 0$;
2	/* V is node set in G; $|V|$ returns number of nodes in V; $D(\cdot)$ returns node's degree (in-degree and out-degree) . */
3	**while** (TG is not NULL && $i < NV(G)$)
4	**if** $D(V[i])$ is maximum value of degree of nodes in TG
5	$V[i]$ and $V[i]$'s neighbor nodes form a sub-graph $SG(V[i])$;
6	TG = $G - SG(V[i])$;
7	**end if**
8	$i++$;
9	**end while**

行号	伪码
10	/* NB $_{V[j]}$ is set of $V[j]$'s neighbor nodes in other sub-graphs; $|$NB$_{V[j]}|$ returns number of items in NB$_{V[j]}$. */
11	**while**（all nodes join into sub-graphs and all nodes stop to search new nodes）
12	**if**（$V[j]$ is not center node）
13	**for**（$k=0$；$k<|$NB$_{V[j]}|$；$k++$）
14	**if**（NB$_{V[j]}[k]$ is not marked by $V[j]$ && NB$_{V[j]}[k]$ meets requirement of becoming new member）;
15	NB$_{V[j]}[k]$ joins sub-graph of $V[j]$;
16	**else** NB$_{V[j]}[k]$ is marked as unavailable node by $V[j]$;
17	**end if**
18	**end for**
19	**end if**
20	$j++$;
21	**if**（$j\geq|V|$）
22	$j=0$;
23	**end if**
24	**end while**

4.5　社区角色分配与资源查询方法

通过子图划分和节点的合并，图 G 中每个子图结构保持稳定状态，且每个子图内节点与其邻居节点拥有较高的共享程度，图 G 中每个子图被视为一个节点社区。为了确保社区内节点能够高效地共享视频资源，降低视频查询时延、提高视频查询成功率，需要对社区内的视频资源分布进行不断调整，以平衡社区内视频资源的供给与需求。节点社区为每个节点定义不同的角色，社区内节点的角色包括普通节点、中心节点和桥节点。

（1）普通节点负责为请求节点（社区内或社区外）传输视频数据，根据中心节点的要求调整本地缓存的视频资源。当新的移动节点请求视频并加入系统后，存储请求视频的节点社区的中心节点会收到来自于服务器转发的请求消息，中心节点将该请求消息转发至社区内普通节点，收到请求消息的普通节点向视频请求节点传输视频数据，该视频请求节点成为当前社区的新成员节点，角色为普通节点，新成员节点需要通过定期发送状态消息至当前视频资源提供者处，以维护与社区内节点的连接。当社区内普通节点退出系统或社区内普通节点从当前社区跳转至其他社区时，普通节点需要向中心节点和其邻居节点发送退出消息，收到退出消息的节点则从本地的邻居节点列表中将该节点删除，放弃与退出节点所建立的连接。

（2）子图中心节点作为节点社区的中心节点，负责处理转发社区内和社区外节点的请求消息及监控和调整社区内缓存的资源，中心节点还负责维护其他社区中心节点的状态和社区内桥节点的节点列表。社区内节点均与中心节点存在着直接或间接的连接（即在子图中与中心节点存在着一跳或多跳连接），中心节点可以利用其邻居节点向外散播视频请求消息等信息，能够有效地降低视频搜索时延、提高视频查询成功率。当中心节点退出当前社区时，将向社区内所有节点广播退出消息（消息中也包含新中心节点的信息，新中心节点在社区内拥有最大入度边权重值）。

（3）社区内节点位于社区边界上（在图 G 中，其邻居节点包含其他社区节点），此类节点被视为桥节点，负责维护与位于其他社区的邻居节点间的连接。由于桥节点与其他社区内节点拥有邻居关系，因此，桥节点较为适合作为社区间的接口，收集相邻社区内共享视频的信息，协助中心节点调整和优化社区内视频资源的分布。当桥节点退出当前社区时，将向其邻居节点和中心节点发送退出消息。

当移动节点向服务器发送视频请求消息后，服务器在本地存储所有节点社区中心节点的信息，服务器向所有中心节点广播该请求消息。中心节点收到来自于服务器转发的请求消息后，将该请求消息转发至其邻居节点。若中心节点的邻居节点存储请求的视频，则直接向视频请求节点返回确认消息，终止请求消息的转发；若本地没有缓存请求的视频，则继续向其邻居节点转发请求消息。为了避免社区内节点重复收到邻居节点转发的请求消息，每个转发节点将在请求消息内添加自身的邻居节点列表，当社区内节点收到请求消息后，将消息内所含的节点从转发队列中移除，从而避免请求消息的重复转发，从而有效地提升网络带宽的使用。由于请求消息仅在社区内散播，因此，若最后收到请求消息的社区内节点无法继续转发，则向中心节点发送查询失败消息，中心节点则返回查询失败消息至请求节点。视频请求节点选择首个返回确认消息的节点作为视频提供者，并加入视频提供者所在的节点社区。新加入社区的节点，仅需维护与当前视频提供者间的连接即可，从而降低社区结构的维护负载。

当任意社区内任意节点 n_i 想要获取感兴趣的视频时，n_i 将向其邻居节点广播请求消息（请求消息中包含 n_i 的邻居节点列表，避免请求消息冗余转发）。若 n_i 的邻居节点存储 n_i 请求的视频，则直接返回确认消息。n_i 从返回确认消息的邻居节点中选择具有最大服务能力的节点作为视频提供者。否则，如果 n_i 的邻居节点没有存储 n_i 请求的视频，则 n_i 向中心节点发送视频请求消息（消息中包含 n_i 的邻居节点列表），中心节点向其邻居节点广播请求消息（查询过程与中心节点转发移动节点方法一致）。由于请求消息仅在社区内散播，因此，若最后收到请求消息的社区内节点无法继续转发，则向中心节点发送查询失败的消息。中心节点继续向图 G 中的邻居社区的中心节点转发 n_i 的请求消息。若邻居社区中存储 n_i 请求视频的节点，则该节点收到 n_i 请求消息的节点直接向 n_i 返回确认消息。若返回多个确认消息，则 n_i 选择服务能力最大的节点作为视频提供者。反之，若邻居社区内节点无法查到 n_i 请求的视频，则向所在社区的中心节点返回查询失败消息，该中心节点将查询失败消息转发至 n_i 所在社区的中心节点。后者将 n_i 的请求消息转发至服务器，服务器直接返回确认消息，并发送视频数据至 n_i。由社区中心节点向其邻居节点广播请求消息并由中心节点的邻居节点逐层向外广播请求消息的过程不仅能够减轻中心节点的负担（中心节点无须维护每个社区节点存储的视频资源），而且也能将请求消息快速散播到整个社区。

4.6　社区资源分布优化方法

利用图 G 中社区内节点的层次关系快速散播请求消息，平衡了中心节点的负载与查询成功率和查询时延之间的关系。然而，一旦社区内视频查询失败，会产生额外的查询时延（邻居社区的资源查询过程引起的查询时延），从而影响了用户的体验效果。由于用户对于视频内容的兴趣不断变化，为了降低查询时延、提升查询成功率，需要不断地优化和调整社区内资源的分布。

社区内视频资源分布的调整主要依赖于从当前社区内视频资源查询失败中感知社区内节点对于视频资源需求的变化及邻居社区内视频资源需求的变化。当请求节点无法在社区内查询到视频资源提供节点时，向中心节点发送视频请求，要求中心节点向邻居社区转发视频请求，中心节点记录节点请求的视频 ID 和时间戳，构成集合 $SL = (s_1, s_2, \cdots, s_n)$，其中 SL 中任意元素 s_i 定义为 $s_i = (V_j, t_i)$，V_j 为社区内查询失败的视频 ID，t_i 为查询失败的时间戳。通过以下公式计算 SL 中元素间的内容相似度：

$$S(V_i, V_j) = \frac{\boldsymbol{fw}_i \cdot \boldsymbol{fw}_j}{\| \boldsymbol{fw}_i \| \cdot \| \boldsymbol{fw}_j \|} \qquad (4\text{-}4)$$

式中，将视频 V_i 和 V_j 进行结构化处理，由视频名称、导演、演员、简介等文本描述视频结构，将文本内容抽取成特征词，并将视频由特征词向量表示，利用向量夹角余弦公式计算两个视频的相似程度。$\boldsymbol{fw}_i$ 和 $\boldsymbol{fw}_j$ 分别表示描述视频 V_i 与 V_j 的特征词向量；$S(V_i, V_j)$ 表示视频 V_i 和 V_j 的内容相似度。设置阈值 ST，若 $S(V_i, V_j) >$ ST，则视频 V_i 和 V_j 为内容相似视频；否则，若 $S(V_i, V_j) \leqslant$ ST，则视频 V_i 和 V_j 为内容不相似视频。若视频 V_i 和 V_j 为内容相似视频，则视频 V_i 和 V_j 构成一个视频类别。若视频 V_k 与视频 V_i 或 V_j 相似，则视频 V_k 加入视频 V_i 和 V_j 的视频类别。相似视频构成一个视频类别,可对 SL 中元素进行聚类处理,从而获得一个视频类别列表,即 VL = $(c_1, c_2, \cdots, c_m)$。用时间槽的方式收集任意类别 c_i 的视频查询失败率(中心节点收到的视频查询失败次数与视频查询总次数的比值),设 TS 为一个时间间隔,则(F_k, TS_k)表示第 k 个时间间隔内视频类别 c_i 的查询失败率。将收集的 m 个时间槽内关于视频类别 c_i 的查询失败率映射到直角坐标平面内,横坐标表示时间槽的数量,纵坐标表示任意时间槽对应的查询失败率。坐标平面内的数据点可以被拟合成一条回归直线,并采用最小二乘法,可以进一步获得回归直线的斜率 b_i,即

$$b_i = \frac{\sum_{i=1}^{n} x_i y_i - n\overline{xy}}{\sum_{i=1}^{n} x^2 - n\overline{x}^2} \tag{4-5}$$

式中,x_i 为第 i 个时间槽;y_i 为第 i 个时间槽对应的查询失败率;b_i 表示连续 m 个时间间隔内视频类别 c_i 的查询失败率的增长速率,可以视为中心节点对社区内节点的视频需求变化的感知结果。若以 m 个时间间隔为一个周期,则可以获得下一个周期视频类别 c_i 的查询失败率的增长速率 $b_i^{(2)}$。若 $b_i^{(2)}$ 的值大于设定阈值 B 且 $b_i^{(2)} > b_i^{(1)}$(其中,$b_i^{(1)}$ 为第一个周期视频类别 c_i 的查询失败率的增长速率),则表明属于视频类别 c_i 的视频处于流行状态且当前社区需要预先缓存属于视频类别 c_i 的视频,以提升社区内视频查询成功率。此时,中心节点通过以下两种方法调整属于视频类别 c_i 的视频在社区内的分布。

(1)中心节点在收到来自于服务器、社区内和社区外节点转发的请求消息后,向社区内节点散播请求消息,若查询失败,则中心节点计算请求的视频与 VL 中视频类别的匹配程度,即确定请求的视频与 VL 中类别的隶属关系。若请求的视频归属于处于流行状态且需要预先缓存的视频类别,则中心节点记录当前视频信息,并要求社区内拥有服务能力最小值的节点从视频服务器端下载该视频到本地缓冲区中(节点服务能力是动态变化的,缓存视频和高效交付视频数据都可以增加服务能力,因此,流行视频资源并不会总是由同一个节点缓存)。

(2)中心节点向社区内所有桥节点发送消息,消息包含需要桥节点预先缓存的视频类别列表。中心节点还要求桥节点与邻居社区的边界节点交互信息,信息包括彼此存储的视频信息和收到的视频请求。并将该信息与视频类别进行匹配。若桥节点收集到的视频信息中包含归属于需要缓存视频类别的视频,则桥节点向社区外邻居节点发送请求消息,并将其缓存至本地缓冲区。

用户对于视频的兴趣始终处于动态变化当中,静态的视频资源分布难以应对动态变化的视频需求,通过感知用户需求变化,调整社区内视频资源分布,以提升视频资源的查询成功率,有效地降低视频查询时延,提升用户体验质量。

4.7　仿真测试与性能评估

4.7.1　测试拓扑与仿真环境

本章将所提出方法 IVCCD 与 AMCV[28]进行了对比。IVCCD 和 AMCV 被部署在一个无线网络环境中，仿真工具采用 NS-2,仿真无线网络环境参数如表 4-2 所示。

表 4-2　仿真无线网络环境参数

参数名称	值
区域大小/m^2	1000×1000
通信信道	Channel/WirelessChannel
网络层接口	Phy/WirelessPhyExt
链路层接口	MAC/802 11
移动节点数量	500
仿真时间/s	500
节点移动速度范围/(m/s)	[0, 20]
移动节点信号范围/m	200
服务器与节点间默认跳数/跳	6
传输层协议	UDP
路由层协议	DSR
服务器带宽/(Mbit/s)	20
移动节点带宽/(Mbit/s)	10
视频数据传输速率/(Kbit/s)	128
移动节点移动方向	随机
移动节点停留时间/s	0
视频文件数量	20
视频文件长度/s	100

视频服务器存储了 20 个视频文件，每个视频文件的长度为 100s。本节创建 6000 个视频播放记录（播放记录包括视频 ID 和观看时长），采用 IVCCD 分析 6000 个视频播放记录并将 100 个节点组织到节点社区中，对具有相似内容的视频文件进行聚类。在 AMCV 中，100 个移动节点随机地请求 20 个视频文件。在

请求视频后，100 个移动节点根据请求的视频分别加入对应的节点社区，并进一步为 100 个移动节点建立 100 个播放日志，并按照播放日志请求视频，在获取视频后加入对应的节点社区在节点社区中，100 个节点根据自身的播放日志按序请求视频资源。100 个移动节点按照泊松分布在 0~450s 内请求视频资源、加入视频系统，并按照 100 个视频播放记录请求和播放视频，其中，20 个视频的流行度满足 Zipf 分布。在 IVCCD 与 AMCV 中，所有的节点社区成员仅存储一个视频文件，当节点社区成员播放新的视频文件时将已缓存的视频文件删除，存储新的视频文件。

IVCCD 与 AMCV 均采用两种节点移动模型：①随机移动模型（random movement model，RMM）。每个移动节点的初始位置和初始速度均为随机分配。当移动节点按照被分配的移动速度到达被分配的位置时，移动节点会按照被随机分配的新的移动速度和移动目标位置继续移动。②高斯-马尔可夫移动模型（Gauss Markov movement model，GMM）[29]。初始时，移动节点的位置和移动目标位置均为随机分配，移动节点经历加速、匀速、抖动和减速的过程到达移动目标位置。当移动节点到达分配的移动目标位置后，移动节点被分配新的移动目标位置继续移动。由于节点的移动速度对视频资源传输性能（如视频数据传输时延和 PLR）具有较大的影响，节点移动速度范围设置为[1, 20]m/s。节点与视频服务器之间默认的跳数为 6。在 AMCV 中，PT_b 与 PT_r 分别设置为 0.2 和 0.12。

4.7.2 仿真性能评价

IVCCD 与 AMCV 的性能比较主要包括 ASD、PLR、吞吐量（throughput）、视频质量（video quality）和维护负载（maintenance cost）。

（1）ASD：令 $t_i(s)$ 与 $t_i(r)$ 分别表示任意视频请求节点 n_i 发送视频请求消息的时间戳和接收视频数据的时间戳。$t_i(r)-t_i(s)$ 的差值被定义为视频请求节点 n_i 的启动时延。在 T 内节点的启动时延均值被定义为 ASD。

图 4-3 和图 4-4 分别表示随仿真时间增加的过程中两种节点移动模型 RMM 与 GMM 的 AMCV 和 IVCCD 的 ASD 的变化过程，其中时间间隔 T 的值被设置为 20s。如图 4-3 所示，AMCV-GMM 的 ASD 在 0~100s 内保持先升后降的趋势，在 100~160s、160~220s、220~340s 三个时间区间内保持先降后升的趋势。AMCV-GMM 的 ASD 在 340s 外达到峰值。IVCCD-GMM 曲线在 0~100s、100~160s、160~220s、220~260s、260~340s、340~440s、440~500s 内均保持先升后降的趋势，IVCCD-GMM 的 ASD 在 360s 处达到峰值。

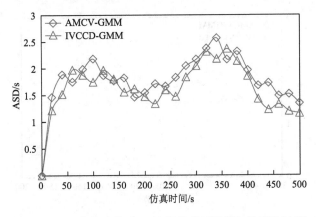

图 4-3　GMM 移动模型 ASD 随仿真时间增加的变化过程

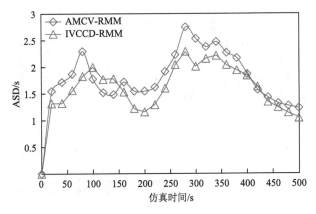

图 4-4　RMM 移动模型 ASD 随仿真时间增加的变化过程

如图 4-4 所示，AMCV-RMM 和 IVCCD-RMM 的 ASD 均经历了两个先升后降的过程。AMCV-RMM 的 ASD 在 0～140s、140～180s、180～320s、320～500s 内均保持先升后降的趋势，并在 280s 处达到峰值。IVCCD-RMM 在 0～200s、200～300s、300～500s 内保持先升后降的趋势，并在 280s 处达到峰值。虽然 IVCCD-RMM 的 ASD 在 90～150s、380～430s 时高于 AMCV-RMM，但 IVCCD-RMM 的 ASD 在其他仿真时间内均低于 AMCV-RMM，从整体上而言，IVCCD-RMM 的 ASD 要优于 AMCV-RMM。

图 4-5 和图 4-6 分别表示随节点数量增加的过程中对于两种节点移动模型 GMM 与 RMM 的 AMCV 和 IVCCD 的 ASD 的变化过程，其中节点间隔数量为 20。如图 4-5 所示，AMCV-GMM 和 IVCCD-GMM 的 ASD 在整个节点加入系统的过程中均保持三个先升后降的过程。IVCCD-GMM 的 ASD 在节点数量从 50 增加到 110 的过程中大于 AMCV-GMM 的 ASD，在其他节点数量增加的过程中 IVCCD-GMM 的 ASD 小于 AMCV-GMM 的 ASD。

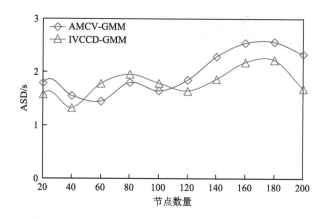

图 4-5　GMM 移动模型 ASD 随节点数量增加的变化过程

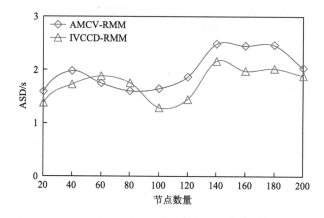

图 4-6　RMM 移动模型 ASD 随节点数量增加的变化过程

　　如图 4-6 所示，AMCV-RMM 和 IVCCD-RMM 的 ASD 在整个节点加入系统的过程中均保持三个先升后降的趋势。在节点数量从 55 增加到 85 的过程中 IVCCD-RMM 的 ASD 大于 AMCV-RMM 的 ASD，在其他节点数量增加的过程中，IVCCD-RMM 的 ASD 小于 AMCV-RMM。

　　根据启动时延定义，视频查询时延和第一个视频数据的传输时延决定了节点的启动时延性能。在节点社区构建后，AMCV 利用节点社区间静态和动态接口转发视频请求消息，由于节点社区间动态接口依据节点社区成员请求视频资源的概率建立，所以其能够有效地确保视频请求消息转发的效率。然而，请求概率建立在分析节点请求视频资源行为的基础上，因此，节点请求视频资源概率评估结果的精度决定了动态接口的有效性。若节点请求视频资源概率评估结果较低，则节点请求视频消息的转发效率较低，从而增加节点请求转发时延，进而增加节点请求视频的启动时延。此外，AMCV 没有考虑视频资源的转发性能，以至于视频数据传输效率会受到节点移动性的影响，难以确保节点的启动时延在较低的范围。另外，如果在覆盖网络中没有可用的视频资源提供节点，那么视频资源请求节点需要从视频服务器获取视频资源。视频服务器与节点间的默认跳数为 6，这导致视频请求节点与视频服务器间的视频请求消息和视频数据需要经过 6 跳转发，增加了视频数据传输时延，进而增加了节点的启动时延。例如，AMCV 的 ASD 在 80s 时为 2.29s，AMCV 的 ASD 在 80～140s 内保持较高的水平。当 IVCCD 视频请求节点在查询视频时仅查询所在节点社区或邻近节点社区，从而有效地降低视频请求消息的转发次数，进而减小视频查询时延。IVCCD 利用缓存和视频资源信息的散播来提升视频信息在覆盖网络中传播的范围与实时性，进一步减小了视频资源的查询时延。此外，IVCCD 考察了节点成员的服务能力，在视频请求节点选择视频资源提供节点时选择最优的视频提供节点，从而提升视频数据传输效率，因此，IVCCD 的 ASD 要低于 AMCV。

（2）PLR：令 N_d 和 N_s 分别表示在视频数据传输过程中丢失的视频数据包的数量与发送的视频数据包的数量，N_d 和 N_s 间的比值被视为 PLR。

图 4-7 和图 4-8 分别表示随仿真时间增加的过程中两种节点移动模型 RMM 与 GMM 的 AMCV 和 IVCCD 的 PLR 的变化过程。如图 4-7 所示，AMCV-GMM 和 IVCCD-GMM 的曲线拥有相似的变化过程，均呈现先升后降的趋势。虽然 IVCCD-GMM 的 PLR 在 50～230s 内高于 AMCV-GMM，但 IVCCD-GMM 的 PLR 在其余仿真时间内低于 AMCV-GMM 的 PLR，其中 AMCV-GMM 和 IVCCD-GMM 的 PLR 在 350s 处分别到达峰值 44% 和 38%。

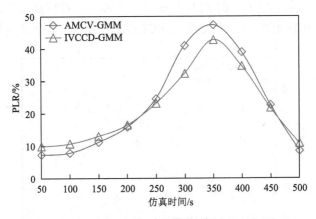

图 4-7　GMM 移动模型 PLR 随仿真时间增加的变化过程

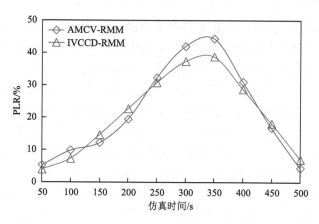

图 4-8　RMM 移动模型 PLR 随仿真时间增加的变化过程

　　如图 4-8 所示，AMCV-RMM 和 IVCCD-RMM 的 PLR 在整个仿真时间内呈现先升后降的趋势。IVCCD-RMM 的 PLR 在 130～240s、430～500s 内高于AMCV-RMM，在其余仿真时间内 IVCCD-RMM 的 PLR 低于 AMCV-RMM。

　　图 4-9 和图 4-10 分别表示随节点数量增加的过程中对于两种节点移动模型RMM 与 GMM 的 AMCV 和 IVCCD 的 PLR 的变化过程，其中节点间隔数量为 20。如图 4-9 所示，AMCV-GMM 和 IVCCD-GMM 的 PLR 在整个节点加入系统的过程中保持相似的增加过程。AMCV-GMM 的 PLR 的值在节点数量从 0～110 的过程中小于 IVCCD-GMM 的 PLR，在其他节点数量增加的过程中 AMCV-GMM 的 PLR大于 IVCCD-GMM 的 PLR。AMCV-GMM 的 PLR 峰值大于 IVCCD-GMM 的 PLR峰值。

　　如图 4-10 所示，AMCV 的 PLR 在整个节点加入系统的过程中经历了缓慢上升、快速上升和稳定增加三个过程。IVCCD 的 PLR 在整个节点加入系统的过

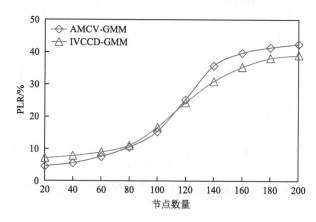

图 4-9　GMM 移动模型 PLR 随节点数量增加的变化过程

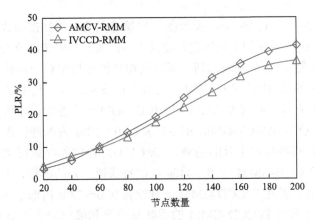

图 4-10　RMM 移动模型 PLR 随节点数量增加的变化过程

程中保持上升的趋势。虽然 IVCCD 的 PLR 在初始阶段高于 AMCV，但在后续节点加入系统的过程中低于 AMCV。

初始时，由于仅有少量的节点请求视频资源，网络带宽相对充足，AMCV和 IVCCD 的 PLR 保持较低的水平。随着加入视频系统的节点逐渐增多，越来越多的视频请求节点从视频资源提供节点和视频服务器获取视频资源，网络中的视频流逐渐增多，大量的网络带宽被消耗，网络拥塞程度逐渐增加，从而引起AMCV 和 IVCCD 的 PLR 快速上升。由于视频请求节点在 450～500s 内停止请求视频资源，并且一些节点按照分配的视频播放日志完成分配的视频播放并退出系统，网络拥塞的程度快速下降，AMCV 和 IVCCD 的 PLR 也随网络拥塞程度下降而下降。另外，AMCV 建立了节点社区，且为节点社区定义了与其他节点社区相连接的静态和动态接口，能够有效地降低视频资源查询时延，但 AMCV忽略了如何确保高效的视频数据传输。节点的移动会导致视频数据传输路径发生变化，从而引起视频传输路径可用带宽的数据转发时延发生变化。网络拥塞会导致视频数据传输路径中的中继节点丢弃发送的视频数据，从而引起 PLR 快速增加。因此，节点的移动性和网络拥塞均会影响视频数据的传输效率，使得AMCV 的 PLR 处于较高的水平。

IVCCD 考察了节点间的交互过程（即节点间发送视频请求消息和响应消息及对视频内容兴趣的相似程度）、评估了节点的服务能力（即视频资源供给与视频数据传输性能），以此构建节点社区。此外，IVCCD 的基于节点协助的视频资源信息扩散方法能够扩大视频资源消息扩散范围，提升视频资源消息扩散的实时性，从而提高视频资源请求成功率，减小了视频请求时延。IVCCD 使节点在获取视频数据时选择服务能力较强的节点，从而确保视频数据传输的性能。因此，IVCCD 的PLR 要低于 AMCV。

（3）吞吐量：令 N_{pr} 和 $size_p$ 表示在 T 内覆盖网络中收到视频数据包的数量与大小。N_{pr} 和 $size_p$ 的乘积与 T 的比值被定义为吞吐量，其中 T 的值为 20s。

图 4-11 和图 4-12 分别表示随仿真时间增加的过程中对于两种节点移动模型 RMM 与 GMM 的 AMCV 和 IVCCD 的吞吐量的变化过程，其中 T 的值被设置为 20s。如图 4-11 所示，AMCV-GMM 和 IVCCD-GMM 的吞吐量随仿真时间增加拥有相似的变化过程。AMCV-GMM 的吞吐量在 0～200s 内保持快速上升的趋势，在 200～420s 内保持缓慢上升的趋势。AMCV-GMM 的吞吐量在 420～500s 内保持下降趋势。IVCCD-GMM 在 0～440s 内保持快速上升的趋势，并在 440～500s 内保持下降趋势。虽然 IVCCD-GMM 的吞吐量在 0～220s 内低于 AMCV-GMM，但在其他仿真时间内 IVCCD-GMM 的吞吐量增量和峰值均大于 AMCV-GMM。图 4-12 展示了 AMCV-RMM 和 IVCCD-RMM 的吞吐量在整个仿真时间周期内也

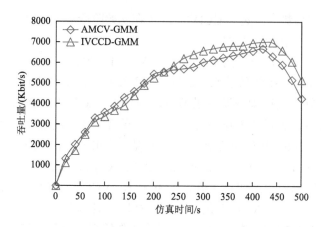

图 4-11 GMM 移动模型吞吐量随仿真时间增加的变化过程

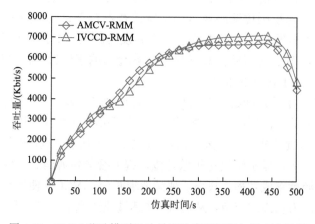

图 4-12 RMM 移动模型吞吐量随仿真时间增加的变化过程

拥有相似的变化过程。AMCV-RMM 的吞吐量在 0～300s 内保持快速增加的趋势，并在 300～440s 内保持平稳趋势，在 440～500s 内保持下降趋势。IVCCD-RMM 的吞吐量在 0～420s 内保持快速上升的趋势，并在 420～500s 内呈现下降的趋势。虽然，IVCCD-RMM 的吞吐量在 120～240s 内低于 AMCV-RMM，但在其他仿真时间内 IVCCD-RMM 的吞吐量高于 AMCV-RMM，且 IVCCD-RMM 的吞吐量峰值要高于 AMCV-RMM 的吞吐量峰值。

　　AMCV 和 IVCCD 中移动节点请求视频资源获取视频资源的过程在 0～450s 内遵循泊松分布。请求节点的数量的不断增加会引起网络流量的快速上升。因此，AMCV 和 IVCCD 的吞吐量在 0～440s 内呈现快速上升的趋势，在 460～500s 随完成播放退出视频系统的节点数量增加而快速下降。此外，由于视频流的快速增加，极大地消耗了网络可用带宽，从而触发网络拥塞，带来了较高的 PLR，使得 AMCV 和 IVCCD 的吞吐量在 300～440s 内呈现缓慢上升的趋势。在 AMCV 中，社区的代理节点为视频请求节点分配的视频资源提供节点，使请求节点能够从提供节点处获取视频资源，视频数据传输性能难以确保，受到节点移动性和网络拥塞的影响程度较大，因此，AMCV 的 PLR 较高，使得 AMCV 的吞吐量增加的速率、增量及峰值均低于 IVCCD。在 IVCCD 中，请求节点在获取视频数据前根据服务能力选择视频资源提供节点，从而确保了视频请求节点和视频提供节点间的视频数据传输性能，降低了来自于网络拥塞和节点移动性的影响。因此，IVCCD 的吞吐量增加的速率、增量及峰值均高于 AMCV。

　　（4）视频质量：视频质量主要由峰值信噪比（peak signal to noise ratio，PSNR）表示，其值越低，视频质量越好。式（4-6）描述了 PSNR 的计算方法，其值受吞吐量和视频传输速率的影响。

$$\text{PSNR} = 20\lg\left(\frac{\text{MAX\_Bitrate}}{\sqrt{(\text{EXP\_Thr} - \text{CRT\_Thr})^2}}\right) \tag{4-6}$$

式中，MAX_Bitrate 表示流媒体解码过程中的平均比特率；EXP_Thr 表示流媒体数据在网络中的期望平均吞吐量；CRT_Thr 表示测量后的真实吞吐量。根据仿真设置，MAX_Bitrate 和 EXP_Thr 的取值为 480Kbit/s。使用 THR 来计算对应的 PSNR，即每个请求节点的单视频流质量。

　　图 4-13 和图 4-14 分别表示随节点数量增加的过程中对于两种节点移动模型 RMM 与 GMM 的 AMCV 和 IVCCD 的峰值信噪比的变化过程，其中节点间隔数量为 20。如图 4-13 所示，AMCV-GMM 和 IVCCD-GMM 的峰值信噪比在整个节点加入系统的过程中随视频请求节点数量的增加而快速下降。AMCV-GMM 的峰值信噪比值在节点数量从 0～100 的过程中高于 IVCCD-GMM 的峰值信噪比值，在节点数量从 100～200 的过程中低于 IVCCD-GMM 的峰值信噪比值。

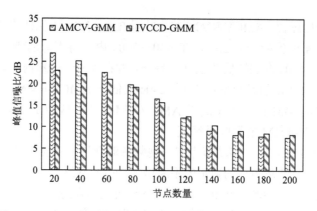

图 4-13　GMM 移动模型峰值信噪比随节点数量增加的变化过程

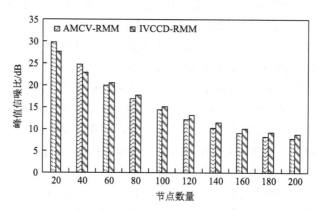

图 4-14　RMM 移动模型峰值信噪比随节点数量增加的变化过程

如图 4-14 所示，AMCV-RMM 的峰值信噪比在整个节点加入系统的过程中保持快速下降的趋势。IVCCD-RMM 的峰值信噪比在整个节点加入系统的过程中保持稳定下降的趋势。虽然 IVCCD-RMM 的峰值信噪比在初始阶段低于 AMCV-RMM，但在后续节点加入系统的过程中 IVCCD-RMM 的峰值信噪比高于 AMCV-RMM。

视频质量表示用户观看视频的质量，吞吐量、PLR 和视频流速率是影响视频质量的重要因素。随着视频请求节点数量不断增加，产生了大量的视频流，触发了网络拥塞，造成高丢包率、高时延，从而严重影响吞吐量，视频质量会随吞吐量的下降而下降，随吞吐量的上升而上升。在 AMCV 中，视频请求节点和视频提供节点间的视频内容的传输性能容易受到网络拥塞与节点移动性的影响。在 IVCCD 中，视频资源提供者的服务能力是决定视频请求节点和视频提供节点间的视频内容的传输性能的重要因素。高视频传输性能能够降低视频数据的 PLR 和传输时延，从而确保吞吐量。因此，IVCCD 受到网络拥塞的影响相对于 AMCV 较低，以至于 IVCCD 的视频质量高于 AMCV。

（5）维护负载：覆盖网络维护负载主要包括节点状态、转发的请求消息、社区间交互。将用于维护覆盖网络结构而发送消息所消耗的带宽表示为维护负载。

如图 4-15 所示，AMCV 和 IVCCD 的维护负载随仿真时间增加拥有相似的快速上升的变化过程。AMCV 的维护负载在 50～450s 内保持快速上升的趋势，在 450～500s 内保持缓慢下降的趋势。IVCCD 在 50～450s 内保持缓慢上升的趋势，在 450～500s 内保持缓慢下降的趋势。在仿真时间内 IVCCD 的维护负载的增量和峰值均小于 AMCV。

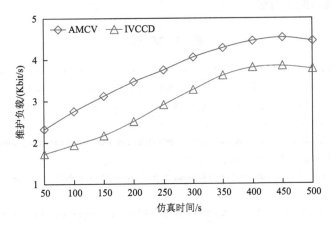

图 4-15　维护负载随仿真时间增加的变化过程

在 AMCV 中，节点社区的代理节点需要转发和处理视频资源的请求消息、维护节点社区间的静态和动态接口。随着节点数量的不断增加及动态接口数量的不断增加，节点的请求消息及动态接口的重建均产生大量的维护消息。此外，节点社区成员请求内容不断变化，节点在节点社区间的迁移也会产生大量的维护消息，而且也会引起节点社区结构不断重构，带来大量的维护消息。因此 AMCV 的维护负载保持快速的上升。IVCCD 拥有较为稳定的节点社区结构，即使节点请求视频内容动态变化，对于节点社区结构的影响较小，无须频繁地重构节点社区结构。虽然代理节点协助散播视频资源信息，维护节点社区间的连接，但视频资源信息散播的范围相对有限且频率较低，IVCCD 的维护负载上升的速率较低、增量较小，以至于 IVCCD 的维护负载低于 AMCV。

4.8　本 章 小 结

本章提出了一个基于用户交互行为感知的视频资源共享方法——IVCCD。IVCCD 根据节点间交互行为构建了一个基于连通图的节点交互模型。为了提升节点社区的健壮性和可扩展性，IVCCD 根据节点度划分图中节点，形成初始簇结构，并利用图中节点间的边权重和节点服务能力优化节点簇结构，从而建立节点社区。IVCCD 采用基于多角色的节点社区成员管理机制，平衡节点社区维护负载，优化视频资源分布。IVCCD 分析覆盖网络中视频资源散播过程，提升视频资源搜索性能。通过仿真测试 IVCCD 与 AMCV 在 RMM 和 GMM 两个移动模型下的性能，仿真结果展示了 IVCCD 在 ASD、PLR、吞吐量、视频质量和维护负载方面的性能优于 AMCV 的性能。仿真结果也展示了节点的移动模型和移动速度是影响视频资源共享性能的重要因素。

参 考 文 献

[1] Zhou L，Chao H C，Vasilakos A V. Joint forensics scheduling strategy for delay-sensitive multimedia applications over heterogeneous networks. IEEE Journal on Selected Areas in Communications，2011，29（7）：1358-1367.

[2] Chen S，Zhao J. The requirements，challenges，and technologies for 5G of terrestrial mobile telecommunication. IEEE Communications Magazine，2014，52（5）：36-43.

[3] Song F，Li R，Zhou H. Feasibility and issues for establishing network-based carpooling scheme. Pervasive and Mobile Computing，2015，24：4-15.

[4] Wang H，Chen S，Xu H，et al. SoftNet：A software defined decentralized mobile network architecture toward 5G. IEEE Network，2015，29（2）：16-22.

[5] Lai C F，Hwang R H，Chao H C，et al. A buffer-aware HTTP live streaming approach for SDN-enabled 5G wireless networks. IEEE Network，2015，29（1）：49-55.

[6] Xu C，Liu T，Guan J，et al. CMTQA：Quality-aware adaptive concurrent multipath data transfer in heterogeneous wireless networks. IEEE Transactions on Mobile Computing，2013，12（11）：2193-2205.

[7] Ye Y，Ci S，Lin N，et al. Cross-layer design for delay and energy-constrained multimedia delivery in mobile terminals. IEEE Wireless Communications，2014，21（4）：62-69.

[8] Cisco. Cisco visual networking index：Global mobile data traffic forecast update 2012-2017，2013.

[9] Cruces O T，Fiore M，Ordinas J M B. Cooperative download in vehicular environments. IEEE Transactions on Mobile Computing，2012，11（4）：663-678.

[10] Baccarelli E，Chiti F，Cordeschi N，et al. Green multimedia wireless sensor networks：Distributed intelligent data fusion，in-network processing，and optimized resource management. IEEE Wireless Communications，2014，21（4）：20-26.

[11] Jia S，Xu C，Guan J，et al. A novel cooperative content fetching-based strategy to increase the quality of video delivery to mobile users in wireless networks. IEEE Transactions on Broadcasting，2014，60（2）：370-384.

[12] Zhao Y，Liu Y，Chen C，et al. Enabling P2P one-view multiparty video conferencing. IEEE Transactions on Parallel and Distributed Systems，2014，25（1）：73-82.

[13] Xu C，Jia S，Zhong L，et al. Socially aware mobile peer-to-peer communications for community multimedia streaming services. IEEE Communications Magazine，2015，53（10）：150-156.

[14] Wu D，Liang Y，He J，et al. Balancing performance and fairness in P2P live video systems. IEEE Transactions on Circuits and Systems for Video Technology，2013，23（6）：1029-1039.

[15] Chang C L，Chen W M，Hung C H. Reliable consideration of P2P-based VoD system with interleaved video frame

distribution. IEEE Systems Journal，2014，8（1）：304-312.

[16] Zhang W，Li Z，Zheng Q. SAMP：Supporting multisource heterogeneity in mobile P2P IPTV system. IEEE Transactions on Consumer Electronics，2013，59（4）：772-778.

[17] Kumar N, Lee J H, Rodrigues J J P C. Intelligent mobile video surveillance system as a Bayesian coalition game in vehicular sensor networks：Learning automata approach. IEEE Transactions on Intelligent Transportation Systems，2015，16（3）：1148-1161.

[18] Xu C，Zhao F，Guan J，et al. QoE-driven user-centric vod services in urban multi-homed P2P based vehicular networks. IEEE Transactions on Vehicular Technology，2013，62（5）：2273-2289.

[19] Kuo J L，Shih C H，Ho C Y，et al. A cross-layer approach for real-time multimedia streaming on wireless peer-to-peer ad hoc network. Ad Hoc Networks，2013，11（1）：339-354.

[20] Bethanabhotla D，Caire G，Neely M J. Adaptive video streaming for wireless networks with multiple users and helpers. IEEE Transactions on Communications，2015，63（1）：268-285.

[21] Shen H，Li Z，Lin Y，et al. Socialtube：P2P-assisted video sharing in online social networks. IEEE Transactions on Parallel and Distributed Systems，2014，25（9）：2428-2440.

[22] Shen H，Lin Y，Li J. A social-network-aided efficient peer-to-peer live streaming system. IEEE/ACM Transactions on Networking，2015，23（3）：987-1000.

[23] Kumar N，Zeadally S，Rodrigues J J P C. QoS-aware hierarchical web caching scheme for online video streaming applications in internet-based vehicular ad hoc networks. IEEE Transactions on Industrial Electronics，2015，62（12）：7892-7900.

[24] Zhou L，Yang Z，Wen Y，et al. Distributed wireless video scheduling with delayed control information. IEEE Transactions on Circuits and Systems for Video Technology，2014，24（5）：889-901.

[25] Zhou L，Yang Z，Rodrigues J J P C，et al. Exploring blind online scheduling for mobile cloud multimedia services. IEEE Wireless Communications，2013，20（3）：54-61.

[26] Doulkeridis C，Vlachou A，Nørvag K，et al. Efficient search based on content similarity over self-organizing P2P networks. Peer-to-Peer Networking and Applications，2010，3（1）：67-79.

[27] Shen H，Lin Y，Li J. Social connections in user-generated content video systems：Analysis and recommendation. IEEE Transactions on Parallel and Distributed Systems，2015，26（1）：252-261.

[28] Xu C，Jia S，Zhong L，et al. Ant-inspired mini-community-based solution for video-on-demand services in wireless mobile networks. IEEE Transactions on Broadcasting，2014，60（2）：322-335.

[29] Perdana D，Sari R F. Performance evaluation of corrupted signal caused by random way point and Gauss Markov mobility model on IEEE 1609.4 standards. Proceedings of the 4th IEEE International Symposium on Next-Generation Electronics，Taipei，2015.

[30] Xu C，Li Z，Li J，et al. Cross-layer fairness-driven concurrent multipath video delivery over heterogeneous wireless networks. IEEE Transactions on Circuits and Systems for Video Technology，2015，25（7）：1175-1189.

第5章　面向突发密集请求的视频资源散播方法

突发密集请求严重打破了视频内容的供需平衡，给视频系统带来严重的负面影响，利用 MP2P 技术提升视频资源共享效率是解决突发密集请求引发的供需失衡问题的重要手段。本章首先介绍面向突发密集请求的视频资源散播方法，将用户请求视频内容的行为按照视频的流行度和播放时间进行分类。其次，分析和预测突发密集视频请求所需带宽与周期时间，设计基于 MP2P 的视频资源传播方法，实现视频资源在邻近地理区域的按需传播，有效地解决视频资源供给不均衡的问题，最后，本章对提出的方法进行仿真和性能比较。

5.1　引　　言

视频服务能够提供内容丰富的可视信息给用户，从而提升用户在获取内容时的体验质量，成为最流行的互联网应用之一[1-4]。随着网络带宽的增加，视频服务能够提供的视觉体验质量越来越高，如高清视频、3D 视频、虚拟现实（virtual reality，VR）、增强现实（augmented reality，AR）[5-7]。拥有较高体验质量的视频服务必然吸引大规模的用户使用，需要视频系统提供充足的带宽、计算和存储资源以满足海量用户产生的巨大视频流量需求。传统基于 C/S 和内容分布式网络（content distribution network，CDN）的视频系统由于部署成本受限难以满足不断增长的巨大流量需求，从而造成用户启动时延大、播放连续性低、视觉体验差等问题，降低了视频系统的可扩展性和服务质量[8-15]。利用客户端剩余的带宽、计算和存储资源实现客户端间视频资源的共享，P2P 技术极大地缓解了用户巨大的流量需求与视频系统服务能力低下之间的矛盾，提升了视频系统的可扩展性和服务质量。无线通信技术的发展和手持智能终端设备的普及使得用户能够随时随地地接入互联网获取视频内容，进一步促进了视频用户规模的增长[16-24]。例如，用户可以使用 4G 网络、WLAN 接入互联网获取视频内容，也可以在旅行过程中通过车载网络和移动自组织网络获取视频内容。快速增长的视频用户数量又产生了更大规模的视频流量需求，传统的 P2P 技术又演化成 MP2P 技术以提高复杂的移动网络环境下客户端间视频资源的共享效率，以提升视频系统的可扩展性和服务质量。

基于 P2P/MP2P 的视频系统通过组织网络节点，高效管理覆盖网络资源、监控节点状态、分配和调度可用带宽，从而提升视频资源共享效率。视频系统资源管理、带宽分配和调度的效率决定了视频资源共享的程度[25-27]。在视频资源共享过程中，为了确保用户体验质量，视频系统需要保持网络带宽的供给与需求的动态平衡。在较短时间内用户对于视频资源的大规模请求称为密集资源请求，这对于网络带宽的供给与用户需求间的动态平衡造成极大的破坏，由此引发的大启动时延极大地影响了用户的体验质量。视频资源在网络中产生后，网络节点在较短时间内请求视频资源，视频系统需要在相应较短时间内分配和调度带宽，满足网络节点对于请求视频的带宽需求，降低用户的启动时延。然而，网络中任意客户端都无法提供大规模用户产生的带宽需求，视频系统需要将视频资源快速散播至覆盖网络中，覆盖网络中节点缓存散播的视频副本提供自身的网络带宽，以满足突发密集请求产生的网络带宽需求。

　　近年来，众多学者关注于突发密集请求下视频资源的共享方法研究[28-33]。文献[18]针对 P2P 的视频直播系统建立了一个流式模型，该模型描述了面向突发密集请求的在监督控制系统和无监督控制系统中视频系统能力、节点启动时延、系统回复时间之间的关系。在无监督控制系统中，当系统中状态稳定节点的离开率以幂律下降时，在视频系统能力和系统初始状态间存在独立关系。在监督控制系统中，监督控制能够帮助系统缓解突发密集请求引发的视频资源供需间不平衡的程度，并进一步提出了一个视频资源调度策略，从而最小化请求节点的启动时延。文献[19]提出了一个在突发密集请求环境下 P2P 视频直播系统的启动时延与规模框架。通过平衡请求节点的启动时延和控制视频资源的散播过程，优化视频系统的规模。该文献分析了节点对覆盖网络中视频资源分布的感知程度，以及上传带宽的竞争对节点启动时延的影响。文献[19]提出了一个基于覆盖网络节点可用带宽的利用演化过程的分析模型，分析了突发密集请求对视频系统带宽分配的影响，以及预测随着请求节点数量和可用带宽的增加视频系统的规模。文献[20]提出了一个面向突发密集请求的基于覆盖网络节点可用带宽利用演化的分析模型，从而考察影响视频系统可用带宽利用的因素。该模型讨论了在突发密集请求过程中节点数量的增加和带宽供给之间的关系，从而预测视频系统的可扩展性。此外，一些学者也提出了优化视频资源分布来平衡资源供需的方案。上述方案注重对视频系统进行建模，以解决密集突发请求的问题，不适用于网络资源有限、移动节点移动性高的移动环境。无线网络中高效的视频资源共享是解决密集突发请求问题的重要解决方案。视频资源管理根据用户需求的动态变化来调节资源的分配，快速感知并响应视频资源需求的变化。通过在覆盖网络中快速提升视频资源供给规模，减少供需平衡恢复时间。因此，在无线移动网络上的基于 P2P 的视频流系统中，需要考虑一种基于供需动态平衡的有效解决方案，既能支持视频资源的快速传播，又能有效地防止服务质量的下降。

视频资源的分布和散播速率是在突发密集请求的情况下确保视频资源的供需平衡的关键因素。在突发密集请求之前，视频资源的初始供给能力较强，能够降低突发密集请求引起的启动时延增加速率，以及为视频资源散播提供初始的资源供给。在突发密集请求过程中，视频散播速率较高，能够在覆盖网络中快速产生请求的视频资源副本，提升视频资源的供给能力，从而减少视频资源供需平衡恢复时间。因此，视频系统应当具备视频分布优化和快速散播的能力，确保视频资源的供需平衡，从而有效地预防在突发密集请求情况下用户体验质量的快速退化。

本章提出了面向突发密集请求的基于兴趣发现的视频资源散播方法（interest detection-based video dissemination method under flash crowd in wireless networks，IDVD）。IDVD 分析用户的视频请求行为和评估视频资源流行度，利用对于流行度较高的视频资源的大规模请求的历史信息预测了突发密集请求的周期时间和规模。IDVD 设计了资源散播方法，在覆盖网络中能够快速地完成初始视频资源的副本生成，从而缓解突发密集请求带来的大启动时延，并减少视频资源供需平衡的恢复时间。在视频资源散播过程中，为了降低视频资源散播的成本，缓存视频资源的节点从一跳邻居节点中选择对缓存视频感兴趣的节点并将其作为传播对象，按照独立级联模式，逐层传播视频，并根据预测带宽需求动态调节散播的范围。IDVD 进一步利用传染病模型描述了视频资源的散播过程和节点状态的转换过程，并定义了视频资源散播过程的收敛条件，从而实现了在降低散播成本的同时快速平衡视频资源供需。

5.2　相关工作

近年来，众多学者关注于资源管理与分布优化，以降低资源管理负载、提升资源利用率、平衡资源供需。文献[21]提出了一个支持视频点播服务的混合 P2P 结构，以提高流行视频的数据传输效率。视频系统中每个节点缓存一个视频块，并利用剩余带宽为其他节点提供视频传输服务。服务器通过调度网络节点本地存储的视频资源，为视频请求节点分配所需的视频资源。视频资源的供需平衡问题被定义成一个视频资源缓存优化问题。该文献进一步提出了一个视频资源混合缓存机制，以解决视频资源的供需平衡问题，实现了服务器与网络节点间的负载平衡。文献[22]提出了一个覆盖网络中节点缓存优化策略，通过调整每个节点缓存的视频资源以提升视频系统的可扩展性。该策略主要考察了视频的流行度和节点的存储能力之间的动态平衡关系，评估了视频资源请求速率对视频分布的影响，使得每个节点能够按照视频资源请求速率及视频分布的变化程度调整本地缓存的视频资源。

此外，众多（视频）资源传播方法最近也被提出。文献[23]证明了根服务器资源分配问题为 NP-Complete 问题，并进一步提出了根服务器资源分配方法，给出根服务器资源分配 NP-Complete 问题的最优解。文献[23]提出的分析模型用于预测基于 P2P 的视频系统的性能，从而根据视频质量和总服务比特率评估长期网络吞吐量。文献[24]分析了在线性阈值模型下视频内容兴趣的演变过程，并利用传染病传播模式来控制内容传播过程。根据齐次影响线性阈值模型建立了视频流行度和视频共享的共同进化过程，通过采用流体极限常微分方程，视频资源提供节点可以选择视频交付最优参数，计算视频交付性能问题的最优解，从而提升视频资源交付性能。文献[25]提出了一个可扩展的传染病模型。该模型描述了 P2P 网络中文件共享行为的特征，利用马尔可夫模型对 P2P 网络的动态变化过程进行建模，证明了在 P2P 网络中传染病参数的轻微变化能够对 P2P 网络的拓扑结构产生较大的影响。文献[26]提出了一种基于 P2P 网络的可扩展、可靠的媒体代理系统。在该系统中，局域网内的客户端被自组织成结构化的 P2P 网络，有效提升流媒体系统的资源存储能力，提升流媒体数据的交付性能，从而实现流媒体资源的供需平衡。为了保证流媒体服务的质量，代理节点加入 P2P 系统中。文献[26]利用提出的 P2P 管理结构和替换策略，系统中的资源调度与节点协作能够被有效实施，不仅实现了客户端在 P2P 系统内高效共享，解决了集中式代理系统的可扩展性问题，而且在确保流媒体服务高成功率、低时延的情况下动态公平地调度流媒体任务，平衡了系统中流数据的供需，实现了对等体缓存的高利用率。文献[27]综述了现有视频点播服务的用户行为与组播服务的研究成果，重点研究了视频点播服务中的用户行为和节省带宽的组播流方案。首先，回顾了视频点播中的用户行为，如视频流行度、每日访问模式和交互式行为属性。每个视频流行度满足 Zipf 分布，并且这种流行度会随着时间或服务提供商对视频的推荐而改变。其次，回顾了使用组播流技术和用户缓冲内存的带宽节约流方案，如广播、批处理、修补和合并。文献[27]介绍了多种组播流技术的工作原理，并比较了它们之间的差异。进一步阐释了近年来组播流技术的发展趋势，将组播流技术结合在一起以获得更好的性能。通过讨论组播流技术在实现视频点播内容交互功能中的应用，将 VCR 交互分为不连续和连续的 VCR 动作，并研究了组播流技术中支持 VCR 的原则，即缓存一些视频数据以支持不连续的 VCR，分配应急通道以支持连续的 VCR。

5.3　视频流行度度量

视频服务器在本地存储的视频资源，为用户提供初始的视频数据，即可用集合形式表示 $S_v = (f_1, f_2, \cdots, f_n)$。服务器收到移动节点发送的视频请求消息后，服务器为视频请求节点分配一个存储请求视频的视频提供者，并将视频请求节点的信息添加至本地的节点集合列表中，即 $S_N = \{(n_1, f_a, t_1), (n_2, f_b, t_2), \cdots, (n_m, f_h, t_m)\}$，其中，$f$ 表示节点请求的视频文件 ID; t 表示节点加入系统的时间戳; n 表示节点 ID。服务器利用集合 S_N 中信息为请求视频的节点分配视频提供者,为了确保所分配的视频提供者能够成功地为视频请求者交付视频数据,除了视频提供者缓存请求的视频资源,还要求视频提供者加入系统的时间与视频请求者相近。当节点离开系统时,向服务器发送退出消息,消息中包含已观看的文件及对应的开始播放和结束播放的时间戳。服务器将收集的节点播放信息作为系统的播放日志存储在本地,分析播放日志并评估视频的流行度和视频的平均播放时间,以感知节点对于视频资源的需求和兴趣程度。

S_v 中视频的流行度遵循 Zipf 分布,且任意视频的流行度值可以由以下公式计算:

$$\text{pop}_i = \frac{\gamma_i}{\sum_{c=1}^{n} \gamma_c} \tag{5-1}$$

式中,γ_i 为视频 f_i 的请求次数;$\sum_{c=1}^{n} \gamma_c$ 为 S_v 中所有视频的请求总次数。视频 f_i 的平均播放时间长度比可以定义为

$$\overline{l_i} = \frac{\sum_{c=1}^{N_u} l_c}{N_u \times L_i} \tag{5-2}$$

式中,l_c 为第 c 个用户对于视频的播放时间;L_i 为视频 f_i 的时间长度;N_u 为已观看视频 f_i 的用户的总数。平均播放时间长度比可视为用户对视频 f_i 的感兴趣程度,可以作为视频 f_i 的流行度的权重值,则视频 f_i 的加权流行度可以定义为 $\text{pop}_i^w = \overline{l_i} \times \text{pop}_i$。$S_v$ 中所有视频的加权流行度均值可以定义为 $\overline{\text{pop}_i^w} = \frac{1}{n} \sum_{c=1}^{n} \text{pop}_c^w$。若 $\text{pop}_i^w > \overline{\text{pop}_i^w}$,则视频 f_i 为流行视频;反之,若 $\text{pop}_i^w \leqslant \overline{\text{pop}_i^w}$,则视频 f_i 为非流行视频。如图 5-1 所示,流行视频和非流行视频分别位于顶端与底端,顶端与底端间存在两个通道,根据用户请求视频的流行度,用户的播放行为可以进行如下分类:①正在观看流

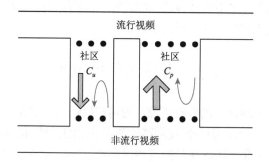

图 5-1　基于视频流行度的用户请求行为模型

行视频的用户请求流行视频（在通道 C_p 中产生流量）；②正在观看非流行视频的用户请求流行视频（在通道 C_p 中产生流量）；③正在观看非流行视频的用户请求非流行视频（在通道 C_u 中产生流量）；④正在观看流行视频的用户请求非流行视频（在通道 C_u 中产生流量）。

第①种和第②种用户播放类型在通道 C_p 中产生流量；第③种和第④种用户播放类型在通道 C_u 中产生流量。流行的视频总是依赖于精彩的内容来吸引用户访问，因此，通道 C_p 内的流量会大于通道 C_u 内的流量。在通道 C_u 内的节点并不会带来较大的上传带宽需求，当出现覆盖网络中可用视频资源不足的情况时，服务器能够提供初始的视频资源。例如，如果非流行视频在系统中请求的数量较少，那么缓存非流行视频的节点数量也较少。若系统成员或移动节点请求非流行视频且请求的非流行视频在覆盖网络中没有节点缓存，则服务器可以向请求节点提供初始视频数据。另外，覆盖网络中存储了少量的非流行视频且请求非流行视频的节点连接到视频提供者获取视频数据，若视频提供者由于请求其他视频资源将本地缓存的资源进行更新操作，服务器可以向视频请求者提供后续的视频数据，确保请求节点的播放连续性。由于通道 C_u 内的节点数量较少，服务器能够对不足的视频资源需求进行补偿。然而，在通道 C_p 内的节点数量较多，服务器难以弥补巨大的流量需求。特别地，当系统中出现了突发密集请求时，服务器难以满足由大规模且不断增长的视频请求产生的流量需求，从而导致极高的启动时延。在突发密集请求之前，视频系统将请求的视频资源在覆盖网络中进行散播，覆盖网络中的节点通过缓存未来可能被突发密集请求的视频资源，提升覆盖网络对于请求视频的视频资源供给能力，实现突发密集请求引起的视频资源供需平衡。在散播视频资源之前，视频系统需要确定散播的规模。若散播的规模远远大于请求的规模，则造成网络带宽和节点存储资源的浪费；若散播的规模远远小于请求的规模，则导致视频系统无法在较短时间内满足请求视频的流量需求。因此，对于流行视频的流量进行预测是确定散播规模的有效方法。在 m 个周期内统计视频 f_i 的流量需求（即请求视频 f_i 的总带宽），构成流量需求集合，即 $S_{f_i} = (b_{t_1}, b_{t_2}, \cdots, b_{t_m})$，其中，任意平均流量值可以被定义为 $\bar{b}_{t_c} = \sum_{j=1}^{u} b_j / t_c$，$u$ 为在时间周期 t_c 内在通道 C_p 内请求带宽的数量，S_{f_i} 可以被视为源序列 $S_{f_i}^{(O)}$，并根据公式 $b_{t_k}^{(A)} = \left\{ \sum_{c=1}^{k} \bar{b}_{t_c} \mid k = 1, 2, \cdots, m \right\}$，可以将源序列 $S_{f_i}^{(O)}$ 处理成一个累加值序列 $S_{f_i}^{(A)} = (b_{t_1}^{(A)}, b_{t_2}^{(A)}, \cdots, b_{t_m}^{(A)})$。流量值的随机性导致未来流量需求无法形成一个稳定且可预测的趋势，因此，可以利用灰色预测模型 $\mathrm{GM}(b^{(A)})$ 来预测未来流量的需求。$\mathrm{GM}(b^{(A)})$ 的一阶微分方程的定义为

$$\frac{\mathrm{d}b^{(1)}}{\mathrm{d}t} + r b^{(1)} = h \tag{5-3}$$

式中，t 为时间序列变量；b 为随时间间隔增长的流量累加值的序列变量；r 和 h 分别表示发展与控制灰度。可以利用最小二乘法求解上述一阶微分方程中 r 和 h 的值，如式（5-4）所示。

$$\hat{U} = \begin{bmatrix} \hat{r} \\ \hat{h} \end{bmatrix} = (D^{\mathrm{T}}D)^{-1}D^{\mathrm{T}}y, \quad D = \begin{bmatrix} \frac{1}{2}[b_{t_2}^{(A)} + b_{t_1}^{(A)}]1 \\ \vdots \\ \frac{1}{2}[b_{t_m}^{(A)} + b_{t_{m-1}}^{(A)}]1 \end{bmatrix} \tag{5-4}$$

式中，$\hat{r}$ 和 $\hat{h}$ 分别为 r 与 h 的解；D^{T} 为矩阵 D 的转置矩阵；$y = (\bar{b}_{t_2}, \bar{b}_{t_3}, \cdots, \bar{b}_{t_m})^{\mathrm{T}}$。利用 $\hat{r}$ 和 $\hat{h}$ 的值进一步求解一阶微分方程可得 $\hat{b}(k+1) = \left(\bar{b}_{t_1} - \dfrac{\hat{h}}{\hat{r}} \right)\mathrm{e}^{-\hat{r}k} + \dfrac{\hat{h}}{\hat{r}}$。其中，当 $k \leqslant m$ 时，$\hat{b}(k+1)$ 为拟合值；当 $k > m$ 时，$\hat{b}(k+1)$ 为预测值。可以利用 $\hat{b}(k+1)$ $(k > m)$ 的值域服务器的负载上界进行比较，从而决定是否在网络中散播视频 f_i。可以利用后验方差比 $R^{(P)}$ 与发生概率 $P^{(P)}$ 来确保预测值的置信区间，$R^{(P)}$ 和 $P^{(P)}$ 的值可以定义为

$$R^{(P)} = \frac{F}{\sigma}, \quad P^{(P)} = P\{|C(k) - \bar{C}| < 0.6745\sigma\} \tag{5-5}$$

式中，$C(k) = \bar{b}_{t_k} - \hat{b}(k)$ $(k = 2, 3, \cdots, m)$ 为 $\bar{b}_{t_k}$ 和 $\hat{b}(k)$ 的残差；$\bar{C} = \sum\limits_{c=2}^{m} C(c) / (m-1)$ 和 $F = \sqrt{\sum\limits_{c=1}^{m}(C(c) - \bar{C})^2 / (m-1)}$ 分别为残差的均值与方差；$\sigma = \sqrt{\sum\limits_{c=1}^{m}(\bar{b}_{t_c} - b_{\mathrm{mean}})^2 / m}$ 为源序列 $S_{f_i}^{(O)}$ 中元素的方差，$b_{\mathrm{mean}} = \sum\limits_{c=1}^{m} \bar{b}_{t_c} / m$ 为源序列 $S_{f_i}^{(O)}$ 中元素的均值。

$R^{(P)}$ 和 $P^{(P)}$ 能够反映出通道流量的预测值的置信区间，根据灰色预测模型可以利用两个阈值 $T^{(P)}$ 和 $T^{(P)}$ 度量置信区间。若 $R^{(P)} \geqslant T^{(R)}$ 且 $P^{(P)} \geqslant T^{(P)}$，则预测值为可信；若预测值 $\hat{b}(u)(u > m-1)$ 为可信且大于视频服务器与系统中所有节点的上传带宽总和，则服务器向系统中存储视频 f_i 的节点发送包含 $\hat{b}(u)$ 值的消息，并将这些存储视频 f_i 的节点作为视频 f_i 的携带者。视频 f_i 的携带者为视频 f_i 的请求节点传输视频数据，并收集这些请求节点的可用上传带宽，从而向服务器发送一条包括这些请求节点可用上传带宽总和的消息。如果 $\hat{b}(u)$ 始终大于服务器与网络中携带视频 f_i 的节点的上传带宽总和，那么服务器要求网络中其他未存储视频 f_i 的节点缓存视频 f_i，以增加视频系统对于视频 f_i 的可用上传带宽，从而应对未来对于视频 f_i 的突发密集请求。

5.4　视频资源散播方法

为了满足未来发生突发密集请求时对于视频 f_i 的带宽需求，服务器需要增加覆盖

网络中关于视频 f_i 的复制数量，以增加对于视频 f_i 的上传带宽供给总量。服务器需要计算视频 f_i 在网络中散播的速率，评估突发密集请求引起的带宽需求增长与散播速率引起的带宽供给速率之间的匹配程度。将 NL_{f_i} 中存储视频 f_i 或正在观看视频 f_i 的节点视为感染者；将网络中对视频 f_i 感兴趣的节点视为易感染者；将网络中对 f_i 不感兴趣的节点视为免疫者（当一个节点完成对于 f_i 的播放后，该节点可以视为免疫者）。因此，利用传染病模型（susceptible-infective-removal，SIR）可以计算在给定的散播速率（感染速率）、恢复速率、免疫者数量和易感染者数量下需要的感染者数量。这是因为易感染者数量和感染速率决定了视频 f_i 的散播的速率与规模，初始感染者规模越大，视频 f_i 的散播速率越快，网络中对于视频 f_i 的供给带宽的增长速率越高。

基于传染病模型，计算在给定的散播速率（感染速率）、恢复速率、免疫者数量和易感染者数量下需要的初始感染者规模，从而进一步评估突发密集请求引起的带宽需求增长与散播速率引起的带宽供给速率之间的匹配程度，从而决定是否需要扩大散播规模来增加网络中视频 f_i 的复制数量。事实上，增大视频 f_i 的复制数量需要消耗大量的网络带宽，精确地评估视频 f_i 的复制需求数量能够有效地降低网络带宽的消耗及提高网络节点存储资源的利用效率。在计算视频 f_i 的散播速率时需要收集网络中感染者、免疫者、易感染者的数量。除了感染者数量已知（感染者数量即为 NL_{f_i} 中元素数量），需要网络中的节点通过消息交互来发现免疫者数量和易感染者数量。

为了降低服务器的负载，服务器只需要发送包含视频 f_i 的携带者列表 NL_{f_i} 至所有的视频 f_i 的携带者处即可。视频 f_i 的携带者通过彼此间消息交互控制免疫者和易感染者的发现过程。可以采用基于令牌的消息交互策略来实现视频 f_i 的携带者间的信息同步。NL_{f_i} 中每个元素拥有一个数字编号且在 NL_{f_i} 中按降序或升序排列。设 k 为列表 NL_{f_i} 中的元素数量，若 NL_{f_i} 中首个元素 n_s 持有令牌，则 NL_{f_i} 中其余 $k{-}1$ 个元素将收集的信息（如对视频 f_i 感兴趣的节点数量）发送至 n_s 处，当 n_s 处理完所有收到的消息后，将向其余 $k{-}1$ 个节点发送包含处理结果的消息。与此同时，n_s 将令牌传递至 NL_{f_i} 中第二个节点，由 NL_{f_i} 中第二个节点处理其余 $k{-}1$ 个节点收集信息。基于令牌的消息处理策略能够平衡 NL_{f_i} 中元素对于消息处理的负载，降低消息交互开销。

易感染者主要包括两类节点：对于视频 f_i 感兴趣的移动节点（未加入系统的节点）和对视频 f_i 感兴趣但该节点正在播放其他视频的已加入系统的节点。NL_{f_i} 中所有节点可被视为询问者，通过向其他节点发送询问消息来发现易感染者。为了降低发现过程的成本，可以采用一种基于地理区域的视频散播策略。

（1）NL_{f_i} 中任意元素 n_j 为一个询问者，利用跨层方法将正在观看的视频信息以一跳组播消息的方式发送至 n_j 的一跳邻居节点。n_j 的一跳邻居节点收到消息后，向 n_j 返回当前正在播放的视频文件信息。如果 n_j 的一跳邻居节点对视频 f_i 感兴趣,那么该节点在向 n_j 的返回消息中添加一个对视频 f_i 感兴趣的标记。当 n_j 收到其一跳邻居节点返回的消息后,将其一跳邻居节点播放的视频内容记录在本地,并存储对视频 f_i 感兴趣的节点信息。n_j 需要从在移动过程中遭遇的一跳邻居节点集合 L_j 中选择对视频 f_i 感兴趣的已加入系统的 n_p 作为协作询问者,其中,L_j 被定义为 $L_j = ((n_1,t_1,f_a),(n_2,t_2,f_b),\cdots,(n_u,t_u,f_h))$,$t$ 为 n_j 与 n_p 遭遇的时间戳,f 为在遭遇的过程中 n_j 的一跳邻居节点观看的视频。n_p 为 n_j 的协作询问者需要满足以下条件:

①n_p 为已加入系统的节点。

②n_p 为 n_j 最近遭遇的一跳邻居节点。

③n_p 对视频 f_i 感兴趣且在本地缓冲区内没有缓存视频 f_i。

(2)当 n_j 选择 n_p 作为其关于视频 f_i 的协作询问者后,n_j 要求 n_p 在其一跳邻居节点内继续搜索对视频 f_i 感兴趣的一跳邻居节点并从一跳邻居节点中选择 n_p 的协作询问者。此外,n_j 在向 n_p 发送的散播请求消息中添加散播次数的阈值 q,即当询问及选择协作询问者过程迭代 q 次后终止散播过程。n_p 利用上述方法向一跳邻居节点发送询问消息并从其一跳邻居节点处收集当前播放的视频信息及对视频 f_i 的兴趣标记。在 n_p 询问起一条邻居节点的过程中,若存在其一跳邻居节点已经收到其他节点的询问消息,则这些邻居节点丢弃 n_p 的询问消息,从而降低重复询问带来的网络带宽浪费和节点处理负载。n_p 根据其一跳邻居的播放状态及对视频 f_i 的兴趣标记选择一个一跳邻居节点作为其协作询问者,并将收集的信息返回至 n_j 处。此外,在向其协作询问者发送的请求消息中添加迭代次数 $q-1$ 的标记。进一步地,由于网络节点可能收到来自于多个询问者的消息,从而增加了网络带宽的消耗及消息处理的负载,因此,为了提升网络带宽的利用效率及降低节点消息处理负载,在询问消息散播过程中还应当遵循以下规则:

①如果一个节点已经收到询问者或协作询问者的询问消息,那么直接丢弃收到的询问消息,从而避免重复收集和处理。

②一个节点不能成为在同一个询问过程中两个询问者的协作询问者。当一个节点被两个询问者选为协作询问者时,该节点可直接丢弃第二个询问者发送的询问消息。

③一个询问者不能成为其他询问者的协作询问者,从而避免在消息散播过程中出现闭环现象。

经过上述询问及选择协作询问者的 q 次迭代过程后,n_j 将从协作询问者收集邻居节点播放状态信息及兴趣标记,对这些信息进行预处理(如将收到重复的节点播放状态信息和兴趣标记进行删除),生成节点信息列表 $\text{NIL}_j = ((n_1, t_1, f_1, s_1), (n_2, t_2, f_2, s_2), \cdots, (n_k, t_k, f_k, s_k))$,其中,$n$ 为节点 ID;t 为收集节点状态的时间戳;f 为节点播放的视频 ID;s 为是否对 f_i 感兴趣的标记。n_j 将 NIL_j 发送至持有令牌的携带者 n_t 处。当 n_t 收到来自于其他询问者发送的消息后,n_t 向服务器发送收集的信息。服务器收到 n_t 的消息后，可以获得经过 q 次迭代后网络中易感染者数量 I 和免疫者数量 R。由于网络中的节点对视频 f_i 感兴趣，所以这些感兴趣的节点会立刻请求及播放视频 f_i，因此感染率 μ 的值为 1。另外，由于 n_t 在发送给服务器的节点信息列表中包含了询问的时间戳。可以将每次从一跳邻居节点中发现易感染者和免疫者且选择协作询问者的过程视为一个发现过程，即存在了 q 次发现过程，可以进一步计算感染速率 $\lambda = \dfrac{\sum_{i=1}^{q} \dfrac{I_i}{t_i^s - t_i^e}}{q}$，其中 I_i 为在第 i 次发现易感染者和免疫者过程中搜索到的易感染者数量；t_i^s 与 t_i^e 分别为第 i 次发现过程的开始时间和结束时间。此外，最终感染者数量 S 也可以获得，即 $S = \dfrac{\hat{b}(u)}{r_t}$，其中，$r_t$ 为视频 f_i 的数据播放和传输速率。事实上，λ 为 q 次感染速率的均值。可以利用微分方程表示 SIR 模型：

$$\begin{cases} \dfrac{\mathrm{d}I}{\mathrm{d}t} = \lambda SI - \mu I \\[2mm] \dfrac{\mathrm{d}S}{\mathrm{d}t} = -\lambda SI \\[2mm] I(t_0) = I_0, \ S(t_0) = S_0 \end{cases} \tag{5-6}$$

式中，I 为易感染者数量；S 为感染者数量；I_0 为 t_0 时刻易感染者数量；S_0 为 t_0 时刻感染者数量。求解上述方程可得 $I = S_0 + I_0 - S + \dfrac{\mu}{\lambda} \ln \dfrac{S}{S_0}$。由于已知 I_0、I、λ、μ 和 S 的值，可以求解 S_0 的值，即 $\hat{S}_0 = \dfrac{W(-\lambda \mathrm{e}^{\lambda I_0 - \lambda S - \lambda I + \ln S})}{-\lambda}$，其中 W 为朗伯 W 函数。也就是说，在 q 次发现过程的感染速率 λ、感染概率 μ、易感染者数量 I 已知的情况下，要满足经过散播周期时间 T 的突发密集请求所需带宽 $\hat{b}(u)$，需要初始的感染者数量为 S_0。若 NL_{f_i} 中元素数量大于等于 S_0，则无须增加初始感染者数量；否则，若 NL_{f_i} 中元素数量小于 S_0，则需要增加 $S_0 - |\mathrm{NL}_{f_i}|$ 个初始感染者数量，此时，服务器要求 $S_0 - |\mathrm{NL}_{f_i}|$ 个对视频 f_i 感兴趣的节点在本地缓存视频 f_i，从而满足对于初始感染者数量的要求。事实上，在视频散播过程中，在感染概率 μ 给定的情况下，初始感染者数量和感染速率决定了感染过程的周期时间。感染速率越高，网络中传输的视频流量就越高，从而极大地增加了网络的流量负载，增大了网络拥塞的概率；感染速率越低，网络中传输的视频流量相对平稳，使网络的流量负载保持在较低的水平且降低了网络拥塞概率，但对流行视频的突发密集请求而言会造成处理拥塞，从而引起启动时延大等问题。显然，通过调节感染速率难以控制视频散播过程。通过增加初始感染者数量（初始视频资源供给）以满足突发密集请求引起的流量快速增长需求，不仅能够较好地缓解视频资源的供需问题，

而且确保了节点的体验质量。然而，在缺乏先验知识的前提下增加初始感染者数量，会增大初始感染者冗余的概率，造成网络带宽资源和节点存储资源的浪费。通过精确地预测未来突发密集请求引起的流量需求程度，以此作为先验知识来评估初始感染者数量，不仅能够有效地控制视频散播过程、确保节点的体验质量，而且能够有效地利用网络带宽资源和节点的存储资源。

5.5　仿真测试与性能评估

5.5.1　测试拓扑与仿真环境

本章将所提出方法 IDVD 的性能与相关方法 HILT-SI[24]进行了对比。IDVD 和 HILT-SI 被部署在一个无线网络环境中，仿真工具采用 NS-2，仿真无线网络环境参数设置如表 5-1 所示。

表 5-1　仿真无线网络环境参数设置

参数	值
区域大小/m^2	1000×1000
通信信道	Channel/WirelessChannel
网络层接口	Phy/WirelessPhyExt
链路层接口	MAC/802 11
移动节点数量	400
仿真时间/s	200
节点移动速度范围/(m/s)	[0, 30]
移动节点信号范围/m	200
服务器与节点间默认跳数/跳	6
传输层协议	UDP
路由层协议	DSR
服务器带宽/(Mbit/s)	20
移动节点带宽/(Mbit/s)	10
视频数据传输速率/(Kbit/s)	128
移动节点移动方向	随机
移动节点停留时间/s	0

续表

参数	值
视频数量	1
视频长度/s	100
p	2
q	3

视频服务器存储了 1 个视频 f_i，视频的长度为 100s。IVCCD 与 AMCV 均采用随机移动模型：每个移动节点的初始位置和初始速度均为随机分配。当移动节点按照被分配的移动速度到达被分配的位置时，移动节点会被随机地分配新的移动速度和移动目标位置（停留时间为 0s）。所有的移动节点均按照上述移动模型在整个仿真周期内移动。节点与视频服务器之间默认的跳数为 6。节点与视频服务器间默认距离对移动节点从视频服务器获取视频资源产生较大的影响。节点与视频服务器间默认距离增加或下降提升/降低视频数据传输时延和 PLR。初始时，200 个系统成员节点中 20 个系统成员节点播放视频 f_i，80 个系统成员节点的状态为对视频 f_i 不感兴趣，在 80~105s 内 100 个系统成员节点以每隔 5s 依次请求同一视频文件 f_i。此外，50 个移动节点的状态为对视频 f_i 感兴趣。兴趣节点在受到其他节点影响后缓存和播放视频 f_i，已经完成播放 f_i 的节点退出系统，并在本地缓冲区删除视频 f_i，对视频 f_i 不感兴趣的节点将不会发送视频请求消息，也不会缓存视频 f_i。在 HILT-SI 中，每个兴趣节点独立地分配一个随机的感染阈值 θ，$0<\theta<1$，Γ 和 α 的值分别设置为 0.9 与 0.3。由于节点的移动速度对视频资源传输性能（如视频数据传输时延和丢包率）具有较大影响，节点移动速度范围被设置为[1, 30]m/s。在 AMCV 中，p 和 q 分别设置为 2 与 3。

5.5.2 仿真性能评价

IDVD 与 HILT-SI 的性能比较主要包括兴趣节点发现和内容散播能力（capacity of IN discovery and content spreading）、消息负载（message overhead）、平均数据传输时延（average data transmission delay）、PLR、吞吐量（throughput）。

（1）兴趣节点发现和内容散播能力：发现的兴趣节点（对视频 f_i 感兴趣的系统成员和移动节点）和存储视频 f_i 节点的数量表明 IDVD 与 HILT-SI 的视频散播能力。

如图 5-2 所示，HILT-SI 曲线在 0~80s 内保持快速上升的趋势，在 100~200s 内呈缓慢上升的趋势。IDVD 曲线在 0~80s 内保持快速上升的趋势，在

80～200s 内保持缓慢增长的趋势。HILT-SI 曲线的增量大于 IDVD，且 HILT-SI 曲线增长周期时间要高于 IDVD，即 HILT-SI 几乎搜索所有感兴趣的节点。图 5-3 显示了在视频系统仿真时间的增加过程中视频系统中视频 f_i 的携带者数量的变化过程。HILT-SI 曲线在 120～200s 内经历了一个快速下降的趋势，并在 100s 时到达峰值 143。IDVD 曲线也有类似的变化趋势，拥有缓慢增加的趋势，并在 100s 时到达 116，在 120～200s 内快速下降。HILT-SI 的兴趣节点发现和内容散播能力在整个仿真时间周期内要高于 IDVD。

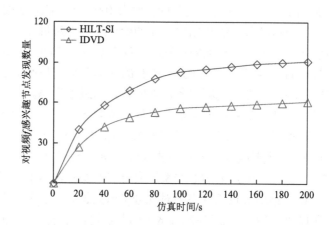

图 5-2　对视频 f_i 感兴趣节点发现数量随仿真时间增加的变化过程

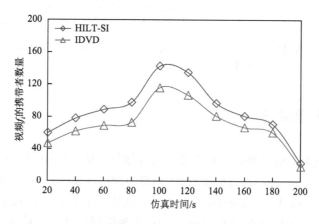

图 5-3　视频 f_i 的携带者数量随仿真时间增加的变化过程

在 HILT-SI 中，视频 f_i 的携带者根据给定的阈值不断地影响连接到它们的其他节点。当节点在没有成为对视频 f_i 感兴趣的节点时，随着收到的影响值不断增加，视频 f_i 的携带者的阈值也会不断增加，以至于受影响节点的状态最终成为对视频 f_i 感兴趣的节点，对视频 f_i 感兴趣的节点帮助视频 f_i 的携带者影响其他的节点，使这些节点也成为对视频 f_i 感兴趣的节点。在网络中由于服务器周期地广播所有节点的状态，所有对视频 f_i 感兴趣的节点和视频 f_i 的携带者试图影响其他潜在的对视频 f_i 感兴趣的节点。对视频 f_i 感兴趣的节点发现的效率要高于 IDVD。当潜在的对视频 f_i 感兴趣的节点成为真正的对视频 f_i 感兴趣的节点，这些节点缓存并播放视频 f_i，此时，这些节点即成为视频 f_i 的携带者。在 HILT-SI 中，在 20～80s 内视频 f_i 的携带者数量拥有缓慢的上升趋势，50 个节点突然加入视频系统，并在 80～105s 内请求视频 f_i，因此，视频 f_i 的携带者数量快速达到峰值。随着仿真时间的增加，初始的视频 f_i 的携带者已经完成视频内容的播放，并退出视频系统，以至于在 120～200s 内视频 f_i 的携带者的数量快速下降。HILT-SI 没有包含视频兴趣节点的发现控制机制和资源散播机制，HILT-SI 能够在整个网络中快速散播视频资源。

在 IDVD 中，视频 f_i 的携带者利用 MAC（media access control）组播邀请移动节点成为对视频 f_i 感兴趣的节点，查询最近遇到的系统成员。IDVD 使用 p 和 q 控制探测范围，视频 f_i 的携带者在其邻近的地理区域内搜索对视频 f_i 感兴趣的节点。IDVD 发现对视频 f_i 感兴趣节点的能力受限于本地搜索的策略，IDVD 可以根据视频资源携带者传播视频的能力，通过改变 p 和 q 的值来动态地调节视频传播的规模，根据视频 f_i 的携带者的能力分配发现对视频 f_i 感兴趣的节点数量。此外，IDVD 通过预测请求节点需要的上传带宽，以控制视频传播过程，以至于在 80～200s 内所需带宽对视频 f_i 感兴趣的节点缓慢增加。对视频 f_i 感兴趣节点的数量是可能存储视频 f_i 节点数量的决定性因素，因此，视频 f_i 的携带者的增量和减量均小于 HILT-SI。

（2）消息负载：为发现对视频 f_i 感兴趣的节点所使用的平均带宽被视为消息负载。

图 5-4 展示了 IDVD 与 HILT-SI 的消息负载随仿真时间的增加拥有相似的变化趋势。HILT-SI 的消息负载在 20～100s 内快速上升，在 120～200s 内快速下降，在 120s 时达到峰值 4.05Kbit/s。IDVD 的消息负载在 20～100s 内保持缓慢上升的趋势，在 140s 时达到峰值 2.92Kbit/s，在 160～200s 内保持缓慢下降的趋势。IDVD 的消息负载在整个仿真时间内低于 HILT-SI。

在 HILT-SI 中，服务器需要定期地广播网络中所有节点的状态。当视频 f_i 的携带者和对视频 f_i 感兴趣节点收到其他节点状态信息时，更新本地存储的其他节点的状态信息，并继续对其他潜在的对视频 f_i 感兴趣节点产生影响。为了提升发现对视频 f_i 感兴趣节点的速度，服务器需要频繁地与视频 f_i 的携带者和对视频

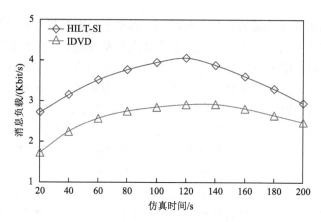

图 5-4　消息负载随仿真时间增加的变化过程

f_i 感兴趣节点进行消息交互。HILT-SI 需要消耗大量的网络带宽去发现对视频 f_i 感兴趣节点。在 IDVD 中，视频 f_i 的携带者只询问少量的系统成员，并探测一跳范围内的移动节点。此外，基于任务的消息交换策略也减少了在视频 f_i 的携带者之间的消息交换。因此，与 HILT-SI 相比 IDVD 的消息负载能保持在较低水平。通过调节 p 和 q 来改变对视频 f_i 感兴趣节点发现的范围，IDVD 可以控制资源散播范围、调节动态网络环境。

（3）平均数据传输时延：在时间槽内视频请求节点接收视频数据的时延均值被定义为平均数据传输时延。

$$\bar{d} = \frac{\sum_{c=1}^{k} d_c}{t_s} \tag{5-7}$$

式中，t_s 为时间槽；k 是在一个时间槽内接收的所有数据的数量；d_c 为收到第 c 个数据的时延；$\sum_{c=1}^{k} d_c$ 为在一个时间槽内收到的所有数据的时延的总和。根据仿真时间的设置及请求资源策略的定义，t_s 的值设置为 20s。

如图 5-5 所示，HILT-SI 曲线在 20～80s 内经历了轻微的波动，在 140～200s 内快速降低，在 120s 时达到峰值（3.3s）。IDVD 曲线在 20～80s 内保持缓慢上升的趋势，在 140～200s 内保持下降的趋势，在 120s 时刻达到峰值（2.89s）。IDVD 的平均数据传输时延在整个仿真时间内低于 HILT-SI。

在 HILT-SI 中，视频 f_i 的携带者和对视频 f_i 感兴趣节点从广播消息获取节点信息。视频 f_i 的携带者利用自身与兴趣节点之间的逻辑连接向这些兴趣节点推送视频 f_i，HILT-SI 忽略了视频 f_i 的携带者和对视频 f_i 感兴趣节点间的地理位置关系，

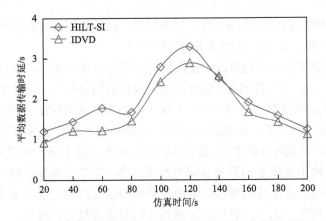

图 5-5　平均数据传输时延随仿真时间增加的变化过程

与 IDVD 相比，HILT-SI 的平均数据传输时延保持了较高的水平。此外，当大量的请求突然出现时，网络节点难以承受巨大的网络流量需求，以至于在 100~140s 内发生网络拥塞。因此，HILT-SI 的时延要高于 IDVD。在 IDVD 中，系统成员与移动节点通过接收来自于询问节点和协作询问节点的推送消息来获取资源信息，进而从视频 f_i 的携带者处获取视频资源。局部的视频传播和相对于 HILT-SI 的小规模的视频请求仅消耗少量的网络带宽和数据传输路径中中继节点的带宽。因此，IDVD 的视频数据传输平均时延的峰值小于 HILT-SI，且 IDVD 的网络拥塞时间周期要小于 HILT-SI。

（4）PLR：在视频数据传输过程中丢失的数据包和发送的视频数据包的总数之间的比值称为 PLR。

如图 5-6 所示，HILT-SI 和 IDVD 对应的曲线随仿真时间的增加均呈现先下降后上升的趋势。HILT-SI 和 IDVD 的 PLR 在 20~80s 内保持较低的水平，

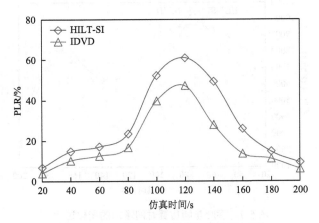

图 5-6　PLR 随仿真时间增加的变化过程

在 100～120s 内快速上升,在 $t = 120$s 时达到峰值。HILT-SI 和 IDVD 的 PLR 在 140～200s 内快速下降,IDVD 的 PLR 低于 HILT-SI。

少量系统成员获取视频资源,仅仅消耗少量的带宽,因此,HILT-SI 和 IDVD 的 PLR 在 20～80s 内缓慢增加。随着视频资源请求快速产生,网络带宽需求急剧增加,从而引起网络拥塞。在 100～120s 内 HILT-SI 和 IDVD 的 PLR 保持较高的水平。当视频 f_i 的携带者不断地退出系统时,不断下降的网络流量减小了网络拥塞水平。HILT-SI 和 IDVD 的 PLR 值在 140～200s 内快速下降。在 HILT-SI 中,视频数据传输依赖于视频 f_i 的携带者间的逻辑连接,忽略了视频数据通信双方的地理距离,使得视频数据传输路径中的中继节点难以保持在较低的水平,消耗了大量的中继节点带宽。此外,对视频 f_i 感兴趣的节点数量逐渐增加,对网络带宽的需求也不断增加,从而触发网络拥塞,并使得网络拥塞保持较长的时间。在 IDVD 中,视频 f_i 的携带者与一跳邻居节点传播包含视频资源信息的消息。当对视频 f_i 感兴趣的节点收到来自于视频 f_i 的携带者的视频信息时,对视频 f_i 感兴趣的节点从邻近的视频 f_i 的携带者处下载视频资源。视频数据传输仅被少量的中继节点转发,网络带宽的消耗水平相对较低。IDVD 的网络拥塞程度比 HILT-SI 低,IDVD 的 PLR 低于 HILT-SI。

(5)吞吐量:在时间间隔内从覆盖网络中接收到的视频数据包总数量与当前时间间隔长度的比值被定义为吞吐量。

如图 5-7 所示,HILT-SI 的吞吐量曲线经历了剧烈波动,在 20～80s 内快速增加,在 80～140s 内迅速下降,在 160～200s 内整体保持下降的趋势。IDVD 对应的曲线在 20～100s 内保持快速增加的趋势,在 100s 时达到峰值,在 120～200s 内整体保持缓慢下降的趋势。

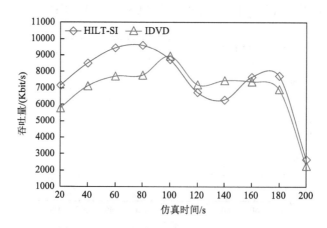

图 5-7　吞吐量随仿真时间增加的变化过程

对视频 f_i 感兴趣的节点不断增加，产生的视频流数据量也不断增加，HILT-SI 的吞吐量在 20～80s 内快速增加。当海量视频请求集中出现时，网络拥塞产生且网络拥塞程度不断增加，HILT-SI 的吞吐量随 PLR 增加而快速下降。随着视频 f_i 的携带者不断离开系统后，网络拥塞程度不断降低，使得吞吐量轻微上升。当大量的视频 f_i 的携带者退出系统时，吞吐量迅速下降。此外，长物理距离的视频数据传输和海量的视频请求会导致较高程度的网络拥塞，HILT-SI 的网络拥塞水平较高，因此，HILT-SI 的吞吐量抖动剧烈。在 IDVD 中，视频数据传输需求较少且短物理距离的视频数据传输能够有效地降低网络拥塞程度。当网络拥塞在 100s 发生时，IDVD 的吞吐量在此时达到峰值。由于 IDVD 受到网络拥塞的影响程度较低且持续时间较短，因此，IDVD 的吞吐量要高于 HILT-SI。

5.6 本 章 小 结

本章提出了一个面向突发密集请求的基于需求预测的视频资源散播方法——IDVD。IDVD 为了确保服务质量和降低由大规模突发请求流行的视频内容而引起的网络拥塞程度，IDVD 构建了一个 H 模型，根据视频内容流行度对用户请求进行分类处理，预测网络中视频请求所需的总上传带宽和突发请求的周期时间。本章提出的资源散播方法能够动态地调节对视频感兴趣节点发现的范围和视频资源散播的范围，并定义了视频散播的收敛条件，从而控制视频资源在网络中的散播过程。仿真结果表明，IDVD 在兴趣节点发现和内容散播能力、消息负载、平均数据传输时延、PLR、吞吐量方面均优于 HILT-SI。

参 考 文 献

[1] Karia D C，Godbole V V. New approach for routing in mobile ad-hoc networks based on ant colony optimisation with global positioning system. IET Networks，2013，2（3）：171-180.

[2] Zhou L，Hu R Q，Qian Y，et al. Energy-spectrum efficiency tradeoff for video streaming over mobile ad hoc networks. IEEE Journal on Selected Areas in Communications，2013，31（5）：981-991.

[3] Zhou Y，Fu T Z J，Chiu D M. On replication algorithm in P2P VoD. IEEE/ACM Transactions on Networking，2013，21（1）：233-243.

[4] Xu C，Li Z，Zhong L，et al. CMTNC：Improving the concurrent multipath transfer performance using network coding in wireless networks. IEEE Transactions on Vehicular Technology，2016，65（3）：1735-1751.

[5] Maia O B，Yehia H C，Errico L D. A concise review of the quality of experience assessment for video streaming. Computer Communications，2014，57（15）：1-12.

[6] Xiao Y，Schaar M V D. Optimal foresighted multiuser wireless video. IEEE Journal of Selected Topics in Signal Processing，2015，9（1）：89-101.

[7] Xu C，Liu T，Guan J，et al. CMTQA：Quality-aware adaptive concurrent multipath data transfer in heterogeneous wireless networks. IEEE Transactions on Mobile Computing，2013，12（11）：2193-2205.

[8]　Chang Y，Kim M. Binocular suppression-based stereoscopic video coding by joint rate control with KKT conditions for a hybrid video codec system. IEEE Transactions on Circuits and Systems for Video Technology，2015，25（1）：99-111.

[9]　Zhou L，Yang Z，Wang H，et al. Impact of execution time on adaptive wireless video scheduling. IEEE Journal on Selected Areas in Communications，2014，32（4）：760-772.

[10]　Bethanabhotla D，Caire G，Neely M. Adaptive video streaming for wireless networks with multiple users and helpers. IEEE Transactions on Communications，2015，63（1）：99-111.

[11]　Kuo J L，Shih C H，Ho C Y，et al. A cross-layer approach for real-time multimedia streaming on wireless peer-to-peer ad hoc network. Ad Hoc Networks，2013，11（1）：339-354.

[12]　Xu C，Jia S，Zhong L，et al. Ant-inspired mini-community-based solution for video-on-demand services in wireless mobile networks. IEEE Transactions on Broadcasting，2014，60（2）：322-335.

[13]　Zhang G，Liu W，Hei X，et al. Unreeling Xunlei Kankan：Understanding hybrid CDN-P2P video-on-demand streaming. IEEE Transactions on Multimedia，2015，17（2）：229-242.

[14]　Yang C，Zhou Y，Chen L，et al. Turbocharged video distribution via P2P. IEEE Transactions on Circuits and Systems for Video Technology，2015，25（2）：287-299.

[15]　Wu D，Liu H，Bi Y，et al. Evolutionary game theoretic modeling and repetition of media distributed shared in P2P-based VANET. International Journal of Distributed Sensor Networks，2014：718639.

[16]　Lo W T，Chang Y S，Sheu R K，et al. Implementation and evaluation of large-scale video surveillance system based on P2P architecture and cloud computing. International Journal of Distributed Sensor Networks，2014：375871.

[17]　Xu H，Huang H C，Wang R，et al. Peer selection strategy using mobile agent and trust in peer-to-peer streaming media system. International Journal of Distributed Sensor Networks，2013：791560.

[18]　Chen Y，Zhang B，Chen C，et al. Performance modeling and evaluation of peer-to-peer live streaming systems under flash crowds. IEEE/ACM Transactions on Networking，2014，22（4）：1106-1120.

[19]　Liu F，Li B，Zhong L，et al. Flash crowd in P2P live streaming systems：Fundamental characteristics and design implications. IEEE Transactions on Parallel and Distributed Systems，2012，23（7）：1227-1239.

[20]　Carbunaru C，Teo Y M，Leong B，et al. Modeling flash crowd performance in peer-to-peer file distribution. IEEE Transactions on Parallel and Distributed Systems，2014，25（10）：2617-2626.

[21]　Kozat U C，Harmanci O，Kanumuri S，et al. Peer assisted video streaming with supply demand-based cache optimization. IEEE Transactions on Multimedia，2009，11（3）：494-508.

[22]　Kim J，Bahk S. PECAN：Peer cache adaptation for peer-to-peer video-on-demand streaming. Journal of Communications and Networks，2012，14（3）：286-295.

[23]　Mokhtarian K，Hefeeda M. Capacity management of seed servers in peer-to-peer streaming systems with scalable video streams. IEEE Transactions on Multimedia，2013，15（1）：181-194.

[24]　Venkatramanan S，Kumar A. Co-evolution of content popularity and delivery in mobile P2P networks. IEEE INFOCOM，Orlando，2012.

[25]　Altman E，Nain P，Shwartz A，et al. Predicting the impact of measures against P2P networks：Transient behavior and phase transition. IEEE/ACM Transactions on Networking，2013，21（3）：935-949.

[26]　Guo L，Chen S，Zhang X. Design and evaluation of a scalable and reliable P2P assisted proxy for on-demand streaming media delivery. IEEE Transactions on Knowledge and Data Engineering，2006，18（5）：669-682.

[27]　Choi J，Reaz A S，Mukherjee B. A survey of user behavior in VoD service and bandwidth-saving multicast streaming schemes. IEEE Communications Surveys and Tutorials，2012，14（1）：156-169.

[28]　Yiu W P K，Jin X，Chan S H G. VMesh：Distributed segment storage for peer-to-peer interactive video streaming. IEEE Journal on Selected Areas in Communications，2007，25（9）：1717-1731.

[29]　Xu C，Zhao F，Guan J，et al. QoE driven user-centric vod services in urban multi-homed P2P based vehicular networks. IEEE Transactions on Vehicular Technology，2013，62（5）：2273-2289.

[30]　Tu L，Huang C M. Collaborative content fetching using MAC layer multicast in wireless mobile networks. IEEE Transactions on Broadcasting，2011，57（3）：695-706.

[31]　Deng J. Grey linear programming. Proceedings of the International Conference Information Processing Management Uncertainty Knowledge-Based System，Paris，1986.

[32]　Deng J L. Introduction to grey system theory. The Journal of Grey System，1989，1（1）：1-24.

[33]　Jia S，Xu C，Guan J，et al. A novel cooperative content fetching-based strategy to increase the quality of video delivery to mobile users in wireless networks. IEEE Transactions on Broadcasting，2014，60（2）：370-384.

第6章 基于相似播放模式抽取的视频资源共享方法

虚拟社区将具有共同兴趣偏好的用户进行聚类，提升视频资源的共享效率，为视频系统大规模部署提供可行方案。视频资源的高效共享和网络结构的低维护成本是 MP2P 视频系统大规模成功部署的关键因素。本章介绍基于相似播放模式抽取的视频资源共享方法，设计虚拟社区构建和视频查询方法，分析节点播放行为相似性，将具有较高兴趣偏好相似程度的节点聚类到同一社区中，以提升视频资源查询效率和降低社区维护成本，最后，本章对提出的方法进行仿真和性能比较。

6.1 引　　言

在无线网络中为持有智能手持设备的用户提供视频服务，使其能够随时随地观看视频内容[1]。大规模视频系统的部署必将面临服务质量和可扩展性的问题。当视频系统中所含用户数量规模较大且急剧增加时，视频系统需要为用户提供充足的带宽资源，并最小化用户的启动时延，提升用户的体验质量。然而，视频服务器有限的带宽资源难以满足海量用户产生的带宽需求，从而导致较长的用户启动时延，降低系统服务质量和可扩展性。基于内容分布式网络的视频系统需要增加部署的服务器数量来增加视频系统的带宽供给，但相对于巨大的用户规模，增加的带宽供给也无法满足巨大规模的带宽需求，而且服务器数量的增加也带来较高的部署费用[2, 3]。

P2P 技术利用客户端剩余的计算、存储和带宽资源实现客户端间资源的共享，极大地提升了视频系统整体资源的供给能力，从而提升视频系统的服务能力和可扩展性。近年来，众多学者提出了许多基于 P2P 的视频点播服务的部署方法[4-6]。例如，文献[5]提出了一个对等网络中基于平衡树的流媒体分发方法。该方法将网络中的节点组织成一个二叉树结构，利用二叉树结构在资源搜索性能上的优势，设计了基于二叉树的视频资源缓存与搜索方法和基于泛洪的视频搜索方法，从而提升视频资源的搜索性能和资源查询成功率[5]。VMesh 利用一个 DHT 将网络中的节点组织到一个 DHT 结构中，利用 DHT 结构在资源搜索性能上的优势，提升视频搜索的效率[7]。VMesh 进一步提出了一个基于链表的扩展结构，即 DHT 结构中的每个节点均缓存着当前视频块的前驱和后继视频块的节点链表，提升执行视频点播服务的快进快退操作时的资源搜索性能。此外，VMesh 定义了一个周期维护 DHT 结构的方法，利用邻近节点间周期交换当前节点状态消息的方式来维护整个 DHT 结构。以上方法均是将网络中的节点组织到一个树形或 DHT 结构中，虽然能够获得较高的搜索性能，但随着网络中节点数量的快速增加，且节点状态不断变化，从而导致维护树形或 DHT 结构的代价不断增大，消耗大量的网络节点带宽，严重影响系统的可扩展性。基于非结构化的视频共享方法要求网络中的节点维护若干个邻居节点，并与邻居节点进行视频共享，若邻居节点无法满足彼此的视频需求，则需要利用泛洪方法搜索视频。泛洪搜索方法通过广播请求消息，消耗了大量的网络带宽，严重影响了视频请求节点的启动时延。

　　本章提出一个无线网络下面向虚拟社区的基于相似播放模式抽取的视频资源共享方法（a novel virtual-community-oriented video resource sharing method based on extraction of similar playback patterns in wireless networks，VCVRS）。如图 6-1 所示，VCVRS 提出了一个视频播放模式抽取方法，通过考察用户在视频块间的跳转操作频率来评估用户每次操作反映出两个视频块的内容间的关联程度，利用该

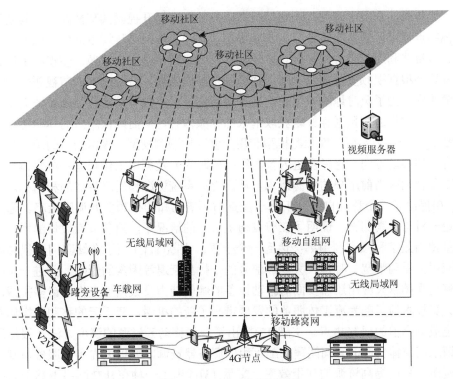

图 6-1　VCVRS 的两层结构

关联程度分析每个用户的播放记录，从而评价用户对于视频内容的兴趣程度。将拥有对视频内容兴趣程度最大值的节点的播放行为视为播放模式，并进一步通过比较两个节点对于视频内容的差异和播放行为的相似程度，判断两个节点在视频内容兴趣和播放行为上是否相似，从而实现对于播放模式的抽取和节点的聚类（网络中的节点被组织成多个拥有相似播放行为和相近兴趣程度的节点子集合，每个节点子集合对应一个播放模式）。在节点聚类结果和播放模式抽取的基础上，VCVRS 提出了节点加入系统的方法，允许请求加入系统的节点向所有节点子集合的头节点广播视频请求消息，从而加速节点获取视频数据过程，提升视频搜索的成功率，降低节点的启动时延，提升视频系统的服务质量。VCVRS 进一步提出了节点子集合中元素与播放模式的重匹配和在节点子集合间跳转的方法及节点子集合头节点的替换方法，不仅能够有效地提升视频系统的资源搜索性能，降低用户启动时延，而且也降低了节点子集合的维护负载，提升了系统的可扩展性。

6.2　相关工作

近年来，众多学者关注于利用感知用户兴趣来提升视频共享性能，尤其是提升视频点播服务的体验质量。文献[8]提出了一个无线网络环境下视频资源调度策略。该策略利用李雅普诺夫优化方法来解决网络效用最大化问题，使视频资源请求者能够根据视频质量需求，动态地选择资源提供者，自适应地调节视频数据的传输速率。为了及时地响应用户的视频资源请求，视频请求者评估视频数据交付时延，利用自适应预缓存策略获取请求的视频内容，从而确保用户的体验质量。文献[9]整合了带宽可用性预测模型和用户移动性预测模型，根据预测的用户移动行为（如移动方向、路径及进入预测路径的时间）及可用上传带宽，流媒体系统决定是否响应当前用户的资源请求，从而提高系统资源和网络带宽的利用率。文献[10]提出了一个移动自组网下基于能量与频谱感知的视频资源调度策略。通过理论分析与仿真测试，证明了在节点随机移动的情况下，随着节点数量的增加，能量使用效率和频谱利用率会达到一个上限。文献[11]介绍了在蜂窝网中视频聊天应用会受到带宽、时延、丢包、信号的干扰与衰退等因素的影响，并进一步指出移动视频聊天应用还需要面对移动设备的续航能力及数据安全性等诸多挑战。云计算技术的兴起为流媒体服务的发展带来了新的机遇，基于云的移动流媒体系统也成为当前的研究热点。文献[12]提出了一种移动云资源的调度方法，根据用户请求流媒体资源的时间间隔分配可用的服务器资源，并根据先到先服务原则调度资源，从而提高资源的使用效率。文献[13]提出了一种在社交网络下基于云的无线流媒体资源配置策略。利用社交环境、缓存资源、分享偏好及设备能力将用户进行分类，并利用斯塔克尔伯格博弈论在资源分享者与接收者之间实现云端带宽的动态分配。文献[14]提出了一个支持移动流媒体服务的移动云计算体系结构，包括终端用户层、数据中心管理与虚拟化层、会话管理层和网络配置层，通过整合云端和基站资源，为用户提供近端代理服务，以实现动态的资源分配。

文献[2]提出了一个在城市区域的多宿车载网络下基于体验质量驱动的以用户为中心的视频点播服务，即 QUVoD。QUVoD 将映射在 4G 网络上的移动节点组织成 Chord 结构，以提高资源查询效率。利用底层的移动自组织网络，实现节点间经济的资源交付。根据传输路径状态，节点能够在 4G 网络和移动自组织网络间实现动态资源传输路径切换，在保证服务质量的同时提高网络资源利用率。然而，这种沿用传统对等网络的组网策略来构建移动对等网络结构的方法，无法解决节点数量增加导致的资源维护成本高、系统可扩展性差的问题。文献[15]提出了一个移动自组网下基于跨层设计的视频系统，即 COME-P2P。该系统利用对等网络中节点间的路由信息，将移动节点组织成基于物理位置的 Chord 结构。根据更新的路由信息，动态维护 Chord 结构中邻居节点的信息，从而提高流媒体资源交付的效率。然而，在提出的 Chord 结构维护策略中，需要发送大量的消息以支持节点的加入、离开及状态更新，随着节点数量的增加，高昂的 Chord 结构维护成本严重限制了系统规模。此外，根据路由信息、节点间交互消息的往返时延描述节点移动行为，无法精确地获取节点移动状态，导致 Chord 结构中节点出现抖动，进一步增加了 Chord 结构的维护成本和流媒体资源传输代价。文献[16]提出了一种移动自组网下基于移动对等网络的视频点播系统，即 RACOM。RACOM 构建了一个以节点为中心的移动对等网络结构，通过分析用户的视频播放行为，评估用户播放状态的可靠性，使得移动节点能够动态调整与其他节点之间的逻辑连接，根据预测的用户资源需求结果，预先下载未来的播放内容，从而确保视频播放的平滑性。虽然这种无指导的非结构化网络拓扑能够提高流媒体系统的可扩展性，但网络中存在大量冗余的逻辑连接，造成网络带宽浪费和节点负载增加，忽略了节点移动性，使得视频资源交付效率低下。

6.3　播放模式抽取方法

视频点播服务允许节点在播放视频时通过改变播放点的位置（即快进、快退、暂停、重新播放）获取相应的视频内容。节点在执行每一次改变播放点位置的操作时都反映了用户对视频内容的兴趣程度。当用户对视频内容感兴趣时，不执行或执行少量的播放点跳转操作（播放点跳转的距离较短），从而获取连续完整的视频内容；当用户对视频内容不感兴趣时，执行大量的播放点跳转操作且跳转的距离较长。每一个用户对同一视频内容的兴趣程度是不同的，可以通过分析用户对于播放点的操作行为来抽取用户在播放同一视频时的共同行为。设任意视频 v_j 可被均匀地划分为 m 个视频块，即 $v_j = (c_1, c_2, \cdots, c_m)$。当用户 n_i 在播放视频 s_j 时，

播放点从视频块 c_h 跳转到 c_k，表明 c_h 与 c_k 产生了关联。若大多数用户均执行了从 c_h 到 c_k 的跳转，表明 c_h 与 c_k 的视频内容联系紧密程度较高。事实上，每一个视频都包含了一个完整的内容，相邻的视频块在视频内容的联系程度上是最强的，即相邻的视频块序号差值为 1。若执行跳转的两个视频块的序号差值较大，两个视频块在内容上的联系程度较低，则表明用户忽略的视频内容较多，说明用户对视频内容的兴趣程度较低。兴趣程度较低的用户在执行操作时，通常会忽略较多的视频内容，但这并不代表两个视频块间存在着视频内容上的关联，也就是说，兴趣程度较低的用户执行的跳转操作可以被视为视频块关联程度评估样本数据的"噪声"，即"噪声"操作。每个用户在播放视频 v_j 后，均产生一个播放记录 $L(v_j)$，播放记录中包含了用户播放过的所有视频块。若 $L(v_j)$ 中包含相邻视频块的序号大于 1，则表明该用户在播放过程中产生了跳转操作。因此，需要通过收集用户执行的播放点跳转行为且分析播放点在视频块间跳转的频率，以评价在用户执行跳转操作时视频块间的关联程度。

$$R_{c_h \to c_k} = \frac{f_{hk}}{\sum_{i=1}^{m}\sum_{j=1}^{m} f_{ij}}, \quad R_{c_h \to c_k} \in [0,1] \tag{6-1}$$

式（6-1）描述了视频块 c_h 与 c_k 之间的跳转关联程度。其中，f_{hk} 为所有用户执行从 c_h 到 c_k 的跳转频度；$\sum_{i=1}^{m}\sum_{j=1}^{m} f_{ij}$ 为所有用户在任意两个视频块间执行播放点跳转操作的频度总和；$R_{c_h \to c_k}$ 表示 c_h 与 c_k 之间的跳转关联程度。每一个用户在完成视频 v_j 的播放后会产生播放记录，因此，可以利用式（6-1）对于视频块间跳转的关联程度的评估值来计算用户对于视频 v_j 的兴趣程度，如式（6-2）所示。

$$P_i(v_j) = \sum_{e=1}^{s} R_{A_e}, A_e : c_h \to c_k, \quad A_e \in L_i(v_j), P_i(v_j) \in [0,1] \tag{6-2}$$

式中，A_e 表示一个从 c_h 到 c_k 的视频块跳转，任何一个视频块的跳转均属于当前用户 n_i 的播放记录 $L_i(v_j)$；s 为播放记录 $L_i(v_j)$ 中所含跳转的数量，若用户 n_i 顺序播放整个视频，则跳转数量为 $m-1$，即 $s \leq m-1$；R_{A_e} 表示一个跳转 A_e 的兴趣程度值；$P_i(v_j)$ 表示 n_i 对于视频 v_j 的兴趣程度。所有用户对于 v_j 的兴趣程度构成一个集合，即 $PS_j = (P_1, P_2, \cdots, P_n)$。利用以下方法抽取视频 v_j 的播放模式及对节点进行聚类处理。

（1）从集合 PS_j 中抽取兴趣程度最大值 P_i 对应的播放记录 $L_i(v_j)$ 并将其作为一个播放模式，并将 $L_i(v_j)$ 加入播放模式列表 L_{sample} 中，并将 P_i 从集合 PS_j 中移除，构成新的集合 $PS_j^{(2)}$。

（2）根据式（6-3）将 $PS_j^{(2)}$ 中所有元素与 P_i 进行兴趣相似度计算。

$$IS_{ij} = \frac{P_j}{P_i}, \quad P_i \geq P_j, \ IS_{ij} \in [0,1] \tag{6-3}$$

式中，P_j 与 P_i 分别为节点 n_j 和 n_i 对于视频 v_j 的兴趣程度值。由于 P_i 为集合 PS_j 中的最大值，因此，$P_i \geqslant P_j$，$IS_{ij} \in [0,1]$。若 IS_{ij} 值越大，则表明 n_j 和 n_i 对于视频 v_j 的兴趣相似度越高；反之，则表明 n_j 和 n_i 对于视频 v_j 的兴趣相似度越低。

（3）首先将 $L_j(v_j)$ 和 $L_i(v_j)$ 分别转换为两个长度为 m 的二进制字符串 S_j 和 S_i（v_j 的视频块数量为 m）。若 n_j 观看了视频块 c_1，则 S_j 的首位二进制字符值为 1（即 c_1 被包含在 $L_j(v_j)$ 中）；否则，若 n_j 没有观看视频块 c_1（即 c_1 没有被包含在 $L_j(v_j)$ 中），则 S_j 的首位二进制字符值为 0。根据式（6-4）计算节点 n_j 与 n_i 对于视频 v_j 的播放记录 $L_j(v_j)$ 和 $L_i(v_j)$ 的相似度。

$$\mathrm{LS}_{ij} = \frac{m - D(S_i, S_j)}{m}, \quad \mathrm{LS}_{ij} \in [0,1] \tag{6-4}$$

式中，m 为 v_j 的视频块数量；$D(S_i, S_j)$ 为两个二进制字符串的汉明距离。若 LS_{ij} 值越大，则表明 n_j 和 n_i 对于视频 v_j 的播放行为越相似；反之，则表明 n_j 和 n_i 对于视频 v_j 的播放行为越不相似。

（4）设 $\overline{P}$ 为集合 PS_j 中所有元素的均值。若 $PS_j^{(2)}$ 中任意元素 $P_j \geqslant \overline{P}$ 且 $\mathrm{LS}_{ij} \geqslant IS_{ij}$，则认为 n_j 和 n_i 对于视频 v_j 的播放行为是相似的；反之，则认为 n_j 和 n_i 对于视频 v_j 的播放行为是不相似的。将具有相似播放行为的节点构成新的节点子集合，即 n_j 和 n_i 构建一个新的节点子集合 NS_j，并将 P_j 从 $PS_j^{(2)}$ 中移除。

（5）通过步骤（2）与步骤（3）的迭代，将与 n_i 播放行为相似的节点加入集合 NS_j 中后，$PS_j^{(2)}$ 中没有任何一个元素对应的节点播放行为与 n_i 相似，则完成对于 n_i 的聚类。

（6）从 $PS_j^{(2)}$ 的剩余元素中抽取兴趣程度最大值对应的播放记录作为一个播放模式，并添加至播放模式列表 L_{sample} 中，并从集合 $PS_j^{(2)}$ 中移除，构成新的集合 $PS_j^{(3)}$。若 $PS_j^{(3)}$ 中元素数量大于 1，则跳转至步骤（2）；否则，若 $PS_j^{(3)}$ 中元素数量小于 1，则完成播放模式抽取和节点聚类过程。

经过上述的迭代处理过程，产生关于视频 v_j 的播放模式列表 L_{sample} 和节点集合列表 $NL_j = (NS_a, NS_b, \cdots, NS_k)$。其中，$NL_j$ 中任意元素与 L_{sample} 中元素对应，也就是说，L_{sample} 中所含任意播放模式均与 NL_j 中一个节点子集合对应。NL_j 中任意节点子集合中所含兴趣程度最大的元素为节点子集合的头元素，节点子集合的头元素负责接收视频请求消息、查找视频资源提供者和维护节点子集合中其他节点的状态（即当新的节点加入子集合或子集合中节点退出当前子集合）。

6.4　节点子集合的视频搜索和维护方法

视频服务器存储着视频系统中所有的视频资源，为节点提供视频数据，其中，任意视频资源可以被均匀地划分为若干个视频块。视频服务器在本地维护一个节

点列表 $L_{node} = (n_1, n_2, \cdots, n_m)$。当视频系统中任意节点退出系统时，向服务器发送退出请求消息，退出请求消息中包含当前节点的播放记录集合。视频服务器收集所有系统成员的播放记录，若更新周期时间超过规定阈值 T，则视频服务器根据收集的播放记录完成对于所有视频的播放模式抽取和对应节点集合的聚类处理。

当视频服务器收到来自于任意移动节点 n_k 加入视频系统的请求消息（请求消息包含 n_k 的节点信息、请求的视频信息及 n_k 的静态缓冲区中存储视频的列表）时，视频服务器将 n_k 的信息加入节点列表 L_{node} 中，并将播放模式列表 L_{sample} 和节点子集合的头节点列表 NBS_j 发送至 n_k 处。n_k 向 NBS_j 中所有元素广播请求消息，NBS_j 中收到 n_k 的请求消息后，为 n_k 查询请求的视频资源，查询成功则向 n_k 返回含有视频提供者 ID 的确认消息。当 n_k 收到首个返回确认消息后，n_k 连接该返回确认消息的视频提供者，从该视频提供者处接收视频数据，并丢弃其余返回的确认消息。若 NBS_j 中所有节点均无法查询到请求的视频资源，依然向 n_k 返回查询失败消息，则 n_k 向服务器请求视频数据。

当任意移动节点 n_k 加入视频系统时，n_k 连接视频提供者 n_h 以获取视频数据。此时，由于 n_k 处于视频播放的初始阶段，无法评估 n_k 所属的播放模式，因此，n_k 加入 n_h 所属的节点子集合 NS_i，且将 n_h 对应的播放模式作为 n_k 的默认播放模式。n_h 向集合 NS_i 的头节点 n_i 发送 n_k 的节点信息（包含 n_k 的节点 ID 和本地缓冲区中存储的视频块信息）。n_i 将 n_k 的节点信息存储至本地的节点子集合 NS_i 中。当 n_k 完成当前播放的视频块内容或对当前播放的视频块内容不感兴趣执行跳转操作时，n_k 会向头节点 n_i 发送新的视频请求消息（请求消息包含 n_k 请求的视频块 ID 和已完成观看的视频块 ID）。n_i 收到 n_k 的请求消息后，首先查询本地 NS_i 中所有元素存储的视频块信息，查看是否在当前子集合中存储 n_k 请求的视频块。若当前子集合存储着 n_k 请求的视频块，则 n_i 向 n_k 返回存储请求视频块的视频提供者 ID；若当前子集合没有存储 n_k 请求的视频块，则 n_i 向 NBS_j 中其他元素广播 n_k 的请求消息，当 n_k 收到来自于 NBS_j 中元素（除了 n_i）返回的确认消息时，连接首个返回确认消息所含视频提供者，接收该视频提供者传输的视频数据，并丢弃其余返回的确认消息。

随着节点 n_k 播放内容的增加，n_k 计算当前播放记录与播放模式列表 L_{sample} 中所含元素间的匹配程度，以重新调整所属的播放模式和节点子集合。当 n_k 的播放行为与 n_k 所属节点子集合对应的播放模式差异较大时，会频繁地向其他节点子集合广播请求消息，也就是说，n_k 所属节点子集合存储的视频资源无法满足 n_k 的需求，从而导致大量的集合内资源搜索失败的情况。广播请求消息的搜索方式不仅增加 NBS_j 中元素的负载，而且也增加了 n_k 的启动时延。n_k 计算当前播放记录与播放模式列表 L_{sample} 中所含元素匹配程度的启动条件：

$$r_k > \overline{r_i}, \ r_k = \frac{f_k^{(f)}}{F_k}, \ \overline{r_i} = \frac{tf_i^{(f)}}{\text{TF}_i} \tag{6-5}$$

式中，r_k 与 $\overline{r_i}$ 分别为 n_k 的节点子集合内视频块搜索失败率和当前节点子集合内平均视频块搜索失败率；$f_k^{(f)}$ 与 F_k 分别为 n_k 的失败搜索次数和搜索总次数；$tf_i^{(f)}$ 与 TF_i 分别为节点子集合 NS_i 内搜索失败总次数和搜索总次数。当 n_k 在节点子集合内搜索视频块的失败率大于节点子集合的平均视频块搜索失败率时，n_k 退出当前节点子集合，重新加入其他节点子集合。当 n_k 完成与播放模式列表 L_{sample} 中所含元素间匹配程度的计算时，若存在 L_{sample} 中元素与 n_k 的播放记录匹配结果最大值大于 n_k 与所在节点子集合对应播放模式的匹配结果，则 n_k 的播放行为属于新的播放模式，n_k 退出当前节点子集合并加入新播放模式对应的节点子集合。此时，n_k 向头节点 n_i 发送退出请求消息，n_i 将 n_k 的消息从本地节点列表中删除，并转发 n_k 的消息至新播放模式对应的节点子集合的头节点，从而完成 n_k 在播放模式和节点子集合间的切换。否则，若 L_{sample} 中元素与 n_k 的播放记录匹配结果最大值小于等于 n_k 与所在节点子集合对应播放模式的匹配结果，则 n_k 停留在当前节点子集合中，且将 n_k 的集合内搜索失败次数重置为 0。设置计算节点当前播放记录与播放模式列表 L_{sample} 中所含元素间匹配程度的启动条件是为了避免频繁实施节点的播放模式和所属节点子集合间的切换，以降低节点子集合头节点的负载。

由于节点子集合的头元素负责维护集合内节点的状态（加入和退出集合）、管理集合内存储的资源（收集集合内节点缓存的视频块信息）和处理视频块请求消息（集合内和集合外节点的请求消息），因此，头节点的负载往往较大。如何降低头节点的负载成为提升系统可扩展性的关键问题。头节点拥有当前节点集合中兴趣程度的最大值，一旦头节点完成对于视频内容的播放并退出该集合后，集合内拥有当前兴趣程度最大值的节点应当成为新的头节点。因此，头节点会选择集合内拥有当前兴趣程度最大值的节点（除头节点外）为候选头节点，当头节点退出节点集合时，头节点将本地维护的节点列表发送至候选头节点，向服务器发送一个包含新头节点信息及当前集合的节点列表至视频服务器，视频服务器更新本地维护的节点列表。此外，头节点向集合内所有节点广播新头节点的 ID，从而完成退出。为了降低头节点处理消息的负载，为头节点设置一个消息处理队列，队列的长度根据头节点的计算、存储、带宽和续航能力设定。若消息队列已满且有新的消息到达时，头节点将新到达的节点转发至候选头节点处并丢弃该消息；若消息队列未满，则头节点继续处理新到达的消息。

当视频系统规模较大即系统中所含系统成员节点数量较大时，头节点和候选头节点也无法承担海量请求消息处理负载，可以根据当前节点子集合内节点规模设定候选头节点的数量，即候选头节点子集合，从而均衡消息处理负载。

$$CN = \frac{|NS_i| * |L_i|}{\overline{L}} \qquad (6\text{-}6)$$

式中，$|NS_i|$ 为节点子集合 NS_i 内所含节点数量；$|L_i|$ 为节点子集合对应播放模式内所含视频块数量；$\overline{L}$ 为头节点与候选头节点消息处理队列平均长度；$|NS_i| * |L_i|$ 表示节点子集合内所有节点完成播放需要产生的最大消息数量。$\lceil CN \rceil$ 为当前节点子集合所需的候选头节点子集合所含元素的数量。头节点将按照兴趣程度对集合内所有节点进行排序，并选择 $\lceil CN \rceil - 1$ 个节点作为候选头节点。候选头节点集合中拥有最大兴趣程度值的节点负责记录其他候选头节点的消息处理负载，并根据负载分配请求消息。也就是说，头节点将请求消息转发至拥有最大兴趣程度值的候选头节点，后者根据其他候选头节点的负载均衡来分配转发的消息，从而实现负载均衡，以提升系统的可扩展性。

6.5　仿真测试与性能评估

6.5.1　测试拓扑与仿真环境

本章将所提出方法 VCVRS 与相关方法 VMesh[7]进行了对比。VCVRS 和 VMesh 被部署在一个无线网络环境中，仿真工具采用 NS-2，仿真无线网络环境参数表如表 6-1 所示。

表 6-1　仿真无线网络环境参数表

参数	值
区域大小/m²	600×600
通信信道	Channel/WirelessChannel
网络层接口	Phy/WirelessPhyExt
链路层接口	Mac/802.11
移动节点数量	500
仿真时间/s	1800
节点移动速度范围/(m/s)	[0, 30]
移动节点信号范围/m	200
服务器与节点间默认跳数/跳	6
传输层协议	UDP
路由层协议	DSR
服务器带宽/(Mbit/s)	20

续表

参数	值
移动节点带宽/(Mbit/s)	10
视频数据传输速率/(Kbit/s)	128
移动节点移动方向	随机
移动节点停留时间/s	0
视频数量	1
视频长度/s	1800
T	0.66
θ	3
λ	6

　　视频系统所含视频数量为 1，视频长度为 1800s，并将视频平均分成 60 个块，每个视频块长度为 30s，创建 20000 个观看历史轨迹，用于分析和评估节点视频播放行为的相似程度。VCVRS 与 VMesh 均采用随机移动模型：每个移动节点的初始位置和初始速度均为随机分配。当移动节点按照被分配的移动速度到达被分配的位置时，移动节点会被随机地分配新的移动速度和移动目标位置（停留时间为 0s）。所有的移动节点均按照上述移动模型在整个仿真周期内移动。节点与视频服务器之间默认的跳数为 6。节点移动速度范围被设置为[1, 30]m/s。节点间交互消息、节点与视频服务器间交互消息的大小设置为 2KB。视频请求消息、节点间交互消息、节点与视频服务器间交互消息的发送均采用 TCP 协议。阈值 T 设置为 0.66；θ 和 λ 决定了节点与代理节点间、代理节点与视频服务器间消息交互频率。在线时间较长的节点能够保持相对稳定的播放状态，θ 和 λ 的值分别被设置为 3 和 6。

6.5.2　仿真性能评价

　　VCVRS 与 VMesh 的性能比较主要包括查询成功率、服务器负载、节点负载和覆盖网络维护负载。

　　（1）查询成功率：查询成功次数和查询总次数的比值被定义为查找成功率。图 6-2 展示了 VCVRS 与 VMesh 的查询成功率随仿真时间增加的变化过程。VCVRS 曲线在 300～600s 内保持相对快速上升的趋势，在 600～1800s 内呈缓慢上升的趋势。VMesh 的曲线在 300～1500s 内保持相对快速上升的趋势，在 1500～1800s 内保持缓慢增长的趋势。在整个仿真时间周期内，VCVRS 的曲线高于 VMesh 的曲线。

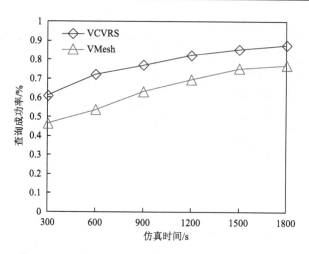

图 6-2　查询成功率随仿真时间增加的变化过程

在 VMesh 中，网络节点被组织到 DHT 结构中，利用 DHT 结构实现视频资源的快速查询，降低节点的启动时延。初始时，网络中的节点按照泊松分布逐渐加入视频系统中，覆盖网络存储的资源相对较少，移动节点和加入视频系统的节点在查询视频资源时，难以完全从覆盖网络中获取，使得视频请求节点需要从视频服务器端获取视频资源。随着节点不断加入视频系统中，覆盖网络节点数量不断增加，播放视频的节点能够为其他请求节点提供视频服务，使得覆盖网络中可用视频资源逐渐增多，而且 DHT 结构的快速查询特性能够进一步提升视频资源查询成功率。然而，VMesh 依赖于 DHT 支持节点间视频资源的共享，节点兴趣发生变化，改变当前播放内容，从而引起覆盖网络视频资源分布动态变化，动态的视频资源需求和易变的视频资源供给增加了视频资源查询失败的风险。VCVRS 考察了节点视频播放行为的相似程度，将具有相似视频资源播放行为的节点组织到同一节点组织中，在视频资源请求和响应过程中，每个节点组织的头节点能够根据节点播放行为分配视频资源提供节点，视频资源请求节点和视频资源提供节点通过消息交互，感知彼此播放进度和兴趣变化程度，充分地利用覆盖网络中的视频资源。因此，VCVRS 的查询成功率高于 VMesh。

（2）服务器负载：视频服务器端用于服务节点的视频流数量表示服务器负载。图 6-3 展示了 VCVRS 与 VMesh 的服务器负载随仿真时间增加的变化过程。VCVRS 的曲线在整个仿真周期内保持相对稳定的下降趋势。VMesh 的曲线在 300～1200s 内保持相对快速下降的趋势，在 1200～1800s 内保持轻微增长的趋势。在整个仿真时间周期内，VCVRS 的曲线要低于 VMesh 的曲线。

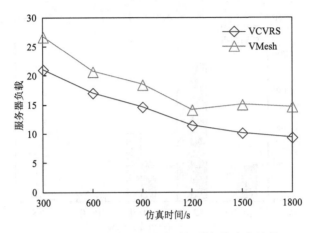

图 6-3　服务器负载随仿真时间增加的变化过程

　　服务器负载是视频系统可扩展性的关键因素。在客户端大规模请求下，服务器相对有限的带宽、计算和存储资源限制了视频系统的可扩展性。因此，覆盖网络是提升视频系统可扩展性的重要手段，利用覆盖网络中节点的带宽、存储和计算资源为其他请求视频资源的节点提供服务，从而提升视频系统的可扩展性，降低服务器的依赖程度。显然，覆盖网络中可用的视频和带宽等资源及节点间的共享程度决定了视频系统的规模。为了降低视频服务器的负载，需要增加覆盖网络对视频和带宽等资源的供给及促进节点间的共享。VMesh 依赖于 DHT 结构支持节点间视频资源的共享，忽略了节点间播放行为相似性，以至于节点播放状态的频繁抖动引起频繁的视频资源查询变化，一旦节点在覆盖网络中搜索视频资源失败，需要向服务器获取视频资源，从而增加了视频服务器的负载。VCVRS 将具有相似视频播放行为的节点组织到同一节点组织中，视频资源请求节点选择与其具有相似播放内容和播放行为的视频资源提供节点，并在视频数据传输的过程中利用播放状态消息交互评估彼此播放进度和兴趣相似度的变化率，减少了视频资源重新查询数量，提升了视频资源共享效率，因此，VCVRS 的服务器负载低于 VMesh。

　　（3）节点负载：节点接收到的状态消息数和节点状态消息总数之间的比率表示节点负载。图 6-4 展示了 VCVRS 与 VMesh 的节点负载随节点数量增加的变化过程。VCVRS 的节点负载分布相对均匀，大多数节点的负载处于(2‰, 4‰]内，少量节点的负载集中在[0‰, 2‰]、(4‰, 6‰]、(6‰, 8‰]和＞8‰的范围内。VMesh 的节点负载分布也相对均匀，大部分节点的负载分布在(2‰, 4‰]和(4‰, 6‰]内，少量节点的负载分布在[0‰, 2‰]、(6‰, 8‰]和＞8‰的范围内。VCVRS 的节点负载在[0‰, 2‰]和(2‰, 4‰]内的节点数量大于 VMesh，在(4‰, 6‰]、(6‰, 8‰]和＞8‰的范围内节点的数量低于 VMesh。显然，VCVRS 节点负载低于 VMesh。

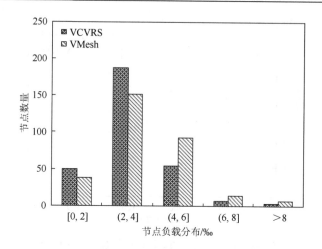

图 6-4　节点负载随节点数量增加的变化过程

节点间交互的状态消息数量决定了节点的负载。由于 VMesh 采用 DHT 结构，DHT 结构中的节点周期地向逻辑邻近节点发送状态消息，从而维护 DHT 结构的连通性，支持视频请求消息的转发，因此，随着节点数量的不断增加，节点间交互的消息数量不断增加，使得节点负载不断增加。此外，由于 VMesh 按照线性排序规则分配视频服务任务，因此，VMesh 的节点负载趋近于视频流行度的分布情况。在 VCVRS 中，节点结构内成员拥有相似的播放行为，无须彼此间周期发送状态消息，节点结构由头节点维护，节点负载主要集中在头节点。因此，VCVRS 的节点负载分布较 VMesh 均匀且节点负载相对较低。

（4）覆盖网络维护负载：用于维护覆盖网络结构的控制消息表示覆盖网络维护开销。

如图 6-5 所示，VMesh 曲线在 300～600s 内保持缓慢的上升趋势，在 600～1800s 内呈快速上升的趋势。VCVRS 曲线在 300～1200s 内保持快速上升的趋势，在 1200～1800s 内保持缓慢增长的趋势。VCVRS 的覆盖网络维护负载在整个仿真时间内低于 VMesh。

基于节点负载的分析，VMesh 采用 DHT 结构组织节点，在维护 DHT 结构时采用周期发送状态消息的方法，覆盖网络维护负载取决于节点数量及发送状态消息的周期时间。随着节点不断地加入视频系统，被组织到 DHT 结构中，节点状态消息不断增加，以至于 VMesh 的覆盖网络维护负载呈近似线性增长的趋势。VCVRS 将视频播放行为相似的节点组织到同一节点结构中，节点结构的头节点维护节点结构，由于节点结构中的成员状态相似，因此，节点结构维护负载相对较低。VCVRS 的覆盖网络维护负载低于 VMesh。

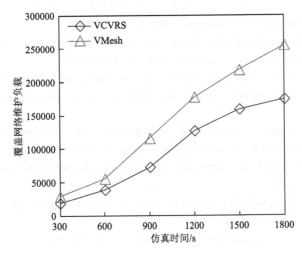

图 6-5 覆盖网络维护负载随仿真时间增加的变化过程

6.6 本 章 小 结

　　本章提出了一个无线网络下基于相似播放模式抽取的视频资源共享方法——VCVRS。VCVRS 根据节点播放行为度量视频块间的关联关系之间的相关性，建立节点的播放行为模型。节点根据当前自身播放行为隶属的播放模式加入对应的节点结构中。VCVRS 设计了一个节点结构维护策略，从而实现节点结构的自治维护、视频资源的分布优化，从而提升节点结构的可扩展性。经过仿真实验，VCVRS 在查询成功率、服务器负载、节点负载和覆盖网络维护负载方面均优于 VMesh。

参 考 文 献

[1]　Defrawy K，Tsudik G. Privacy-preserving location-based on-demand routing in MANETs. IEEE Journal on Selected Areas in Communications，2011，29（10）：1926-1934.

[2]　Xu C，Zhao F，Guan J，et al. QoE-driven user-centric VoD services in urban multi-homed P2P-based vehicular networks. IEEE Transactions on Vehicular Technology，2013，62（5）：2273-2289.

[3]　Jia S，Xu C，Muntean G，et al. Cross-layer and one-hop neighbour-assisted video sharing solution in mobile ad hoc networks. China Communications，2013，10（6）：111-126.

[4]　Despins C，Labeau F，Ngoc T，et al. Leveraging green communications for carbon emission reductions：Techniques，testbeds，and emerging carbon footprint standards. IEEE Communications Magazine，2011，49（8）：101-109.

[5]　Xu C，Muntean G，Fallon E，et al. A balanced tree-based strategy for unstructured media distribution in P2P networks. Proceedings in the IEEE Communications，Beijing，2008.

[6]　Xu C，Muntean G，Fallon E，et al. Distributed storage assisted data-driven overlay network for P2P VoD services. IEEE Transactions on Broadcasting，2009，55（1）：1-10.

[7]　Yiu W，Jin X，Chan G S. VMesh：Distributed segment storage for peer-to-peer interactive video streaming. IEEE

Journal on Selected Areas in Communications，2007，25（9）：1717-1731.

[8]　Bethanabhotla D，Caire G，Neely M J. Adaptive video streaming for wireless networks with multiple users and helpers. IEEE Transactions on Communications，2015，63（1）：268-285.

[9]　Nadembega A，Hafid A，Taleb T. An integrated predictive mobile-oriented bandwidth-reservation framework to support mobile multimedia streaming. IEEE Transactions on Wireless Communications，2014，13（12）：6863-6875.

[10]　Zhou L，Hu R Q，Qian Y，et al. Energy-spectrum efficiency tradeoff for video streaming over mobile ad hoc networks. IEEE Journal on Selected Areas in Communications，2013，31（5）：981-991.

[11]　Jana S，Pande A，Chan A，et al. Mobile video chat：Issues and challenges. IEEE Communications Magazine，2013，51（6）：144-151.

[12]　Zhou L，Yang Z，Rodrigues J J P C，et al. Exploring blind online scheduling for mobile cloud multimedia services. IEEE Wireless Communications，2013，20（3）：54-61.

[13]　Nan G，Mao Z，Li M，et al. Distributed resource allocation in cloud-based wireless multimedia social networks. IEEE Network，2014，28（4）：74-80.

[14]　Felemban M，Basalamah S，Ghafoor A. A distributed cloud architecture for mobile multimedia services. IEEE Network，2013，27（5）：20-27.

[15]　Kuo J L，Shih C H，Ho C Y，et al. A cross-layer approach for real-time multimedia streaming on wireless peer-to-peer ad hoc network. Ad Hoc Networks，2013，11（1）：339-354.

[16]　Jia S，Xu C，Vasilakos A V，et al. Reliability-oriented ant colony optimization-based mobile peer-to-peer VoD solution in MANETs. ACM/Springer Wireless Networks，2014，20（5）：1185-1202.

第7章 基于聚类树的视频搜索方法

MP2P 能够有效地支持在移动自组织网络中部署大规模视频服务。本章介绍基于聚类树的视频搜索方法，通过分析视频块被用户播放的频率和用户的播放点在视频块间跳转的频率，将流行度较高的视频块组织到二叉树中，在构建的二叉树基础上，设计节点社区构建方法，根据存储的视频块将节点组织到不同社区中，并定义社区之间的逻辑链接，降低社区结构的维护成本，实现较高的系统可扩展性，设计视频块查找策略，利用社区之间的逻辑链接实现快速的视频块查找，最后，对本章提出的方法进行仿真和性能比较。

7.1 引　　言

移动自组网是在特定的地理区域范围内随机移动且能够实现路由信息与数据自主维护与转发的无线设备集合[1-4]。在移动自组网中，每一个无线设备既是数据的发送者和接收者，也是数据的路由转发节点，不需要固定基站就可以实现数据转发和无线设备的移动管理。移动自组网可以应用在灾备系统和军事等方面，吸引了众多学者对其进行研究[5-8]。如图 7-1 所示，由于移动视频服务能够使用户通

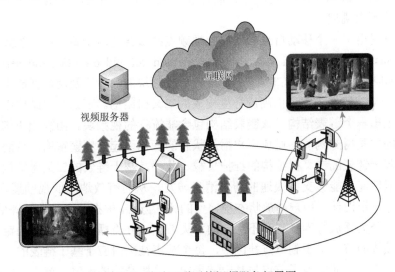

图 7-1　移动互联网的视频服务部署图

过智能手持设备从互联网中快速地获取丰富的视觉内容，因此，移动视频服务已经成为在移动互联网中最为流行的应用。面对巨大的流量需求，视频系统需要提升视频资源的共享能力，以缓解核心网络的流量压力并确保用户的体验质量。P2P 技术利用每一个覆盖网络中节点的剩余存储空间和带宽实施节点间的资源共享，为大规模视频服务的部署提供了灵活有效的解决方案。随着移动互联网的发展，移动 P2P 技术已经成为在移动环境下部署视频服务最有效的技术[9-12]。

视频点播服务允许用户通过改变视频的播放点来动态地获取视频内容，极大地提升了用户体验质量[13-16]。然而，用户随机改变播放内容导致频繁地搜索匹配视频提供者，也就是说，当用户改变当前播放的内容时，需要搜索并连接视频提供者，获取改变播放点的视频资源以保持平滑的播放。此时，视频请求者就需要获得网络中存储请求的视频提供者信息，并且判断视频提供者是否存储所请求的视频资源。在大规模部署的视频系统中，存在海量的播放视频的节点，且每个节点播放视频的内容均可以通过改变播放点来实现动态变化。实时维护网络中所有节点的播放状态（即节点所存储的当前播放点的视频资源信息）会带来巨大的维护负载，视频服务器和任意节点都无法承受这种巨大的维护负载。另外，如果不维护网络中节点的播放状态，那么视频请求者的请求消息需要经过大量的中继节点来转发搜索网络中存储请求视频资源的视频提供者，而且需要忍受极高搜索时延和搜索失败风险。例如，经典的"洪泛"搜索方法使视频请求者在网络中广播请求消息，不仅造成巨大的搜索时延，无法确保用户平滑地播放，而且浪费了大量的网络带宽。因此，在覆盖网络中高效的视频资源管理与搜索既是确保视频系统高可扩展性和高服务质量的关键因素，也是视频系统面临的重大挑战。

本章提出了一个移动自组网下面向视频点播服务的基于聚类树的视频搜索方法（a clustering-tree-based video lookup method for video-on-demand services in mobile ad-hoc networks，CTVL）。通过评估视频块的流行度及用户播放点变化的程度，CTVL 建立了一个由高流行度构成的二叉树结构。在二叉树结构中每个节点均衍生出一个链表结构，该链表结构包含非流行的视频块。由视频块构成的基于链表的二叉树结构能够避免用户播放状态的变化引起的频繁重构，从而极大地降低了基于链表的二叉树结构的维护负载。此外，基于链表的二叉树结构具有较高的搜索性能，能够支持快速的请求消息转发，从而有效地降低视频搜索时延。CTVL 进一步设计了用户播放状态稳定性的评估方法。根据节点稳定性评估结果，将节点划分为播放行为稳定和不稳定的两类节点，并将播放稳定或不稳定且播放同一视频块的节点组织到节点社区中，每个节点社区对应于基于链表的二叉树结构中的节点，从而实现了节点与基于链表的二叉树结构的映射。节点社区根据基于链表的二叉树结构中节点间的连接，建立社区间的逻辑连接，用于转发视频请求消息。CTVL 在以上构建的基于链表的二叉树结构和节点社区的基础上，设计了一个视频搜索策略，利用社区之间建立的逻辑连接快速转发请求消息，从而提升视频的搜索效率。

7.2　相　关　工　作

近年来，众多研究者已经提出了一些可行的支持视频点播服务的系统设计方案。基于树结构的 P2P VoD 系统将 P2P 网络中的任意两个节点根据给定的逻辑关联构成父子关系，使得 P2P 网络中节点被组成一个或多个树结构。基于树的网络结构能够支持高效的资源查找，使得资源请求节点能够快速地获取所需的视频资源，减少启动时延，保证了用户播放连续性。在 Tree 结构中，父节点为子节点提供视频数据，父子节点的播放点可以保持同步或异步的播放状态，当子节点改变当前播放点位置时，可以根据 Tree 结构查找持有请求资源的供应者，从而快速地获取所需视频资源。DHT 也经常被用来建立覆盖网络结构。网络中的节点根据本地存储的视频资源，利用哈希函数映射到一维环形结构（称为 DHT 结构）中，每个节点均维护着一个 finger 表，表中记录着 DHT 结构中一些节点存储的视频资源信息，被用来搜索视频和转发请求消息。DHT 结构拥有极高的搜索效率，通过较少请求消息转发即可搜索到视频提供者。然而，用户的播放状态随机变化，从而导致 DHT 结构不断发生变化，使得高昂的 DHT 结构维护成本成为制约系统可扩展性的瓶颈因素。显然，视频系统需要建立高效的视频资源维护机制，并有效地处理用户动态随机变化的视频行为，从而降低覆盖网络中视频资源的维护负载，提升视频搜索效率。因此，如何低成本地维护视频资源与高效搜索视频资源成为视频系统提供高服务质量和获得高可扩展性的重要因素。

文献[17]提出了一个基于用户行为预测的视频资源预取策略，该策略设计了一个观看日志数据预处理方法，将用户观看日志数据转换成不同的播放状态表示。考察用户播放状态变化，该策略建立马尔可夫状态转移模型，根据强制学习机理进行迭代训练，从而预测用户未来状态。根据预测结果，该策略利用 gossip 协议优化预取性能，减少资源请求响应时间及服务器负载。然而，用户状态转移过程依赖于初始状态，忽略了用户跳转行为特性（用户在视频块间跳转的频度），使得该策略难以确保高的用户状态预测精度。此外，利用 gossip 协议查询预取资源将增加网络负载。

文献[18]提出了一个面向 P2P VoD 系统的预取优化机制，用来指导和改进节点查询行为，提高查询效率。通过分析用户历史播放记录，建立资源查询分类模型，制定查询行为记录存储结构，用于减少查询信息的存储空间及查询行为归类的检索时间复杂度。该机制统计查询类别对应的访问频度，并利用这些频度计算每两个视频块间的跳转概率。建立的预取优化模型，以最小化资源获取时延为目标，尽可能地降低预取失败概率，从而提高视频资源预取效率。然而，该机制提出的用户视频查询行为分类模型的本质是建立视频块间的关联关系，此种分类方法过于简单粗糙，忽略了用户播放行为反映出的用户对视频内容兴趣变化的程度。此外，该机制利用用户在视频块间跳转频度计算每个查询类别的比例来表示用户查询行为发生的概率，使得该机制无法全面地描述用户资源查询需求变化程度。因此，该机制难以获得较高的用户资源查询行为预测精度，以至于无法确保视频资源预取效率。

文献[19]提出了一个基于视频子串关联的预取算法。用于预测用户未来可能访问的视频资源。通过定义用户历史播放记录存储结构、分析用户观看行为、挖掘用户连续播放特性，该算法统计历史播放记录中连续视频块（视频块子串）出现的频率，计算视频子串间的关联程度。通过设定的阈值过滤不可信的关联，该算法能够获得观看日志中出现的可信视频子串关联。利用这些子串关联，节点能够获得所需预测的视频子串资源，保证了用户播放的平滑度。然而，该算法仅关注用户的连续播放行为，视频子串的长度依赖于视频块的划分，若视频块较大，则视频子串较长，预取效果低下。视频子串间关联的创建机制较为机械，通过设定的阈值过滤不可信关联难以动态地适应用户需求变化，并且用户的播放行为不仅限于连续播放，以至于该算法难以确保高预取精确度。

7.3　视频块二叉树的构建

视频服务器存储着网络中所有的视频资源，为所有的节点提供初始的视频数据。当节点无法从覆盖网络中获取视频资源时，请求视频的节点直接向服务器发送请求消息，从服务器中获取初始的视频数据。在视频服务器中，任意视频均可被划分为 n 个视频块，即 video $= (c_1, c_2, \cdots, c_n)$。此外，视频服务器也被视为移动节点（未播放任何视频内容的节点）加入视频系统的入口。当移动节点 n_i 想要观看视频时，其首先向视频服务器发送请求消息，请求消息包含 n_i 的信息和请求视频块的 ID。视频服务器会检查本地存储的系统成员（正在播放视频内容的节点）列表，该列表可以被定义为 NS $= (n_1, n_2, \cdots, n_m)$。服务器将 n_i 的请求消息转发至加入系统时记录的时间戳与当前时间最近节点 n_j 处。n_j 根据 n_i 请求的视频播放点为 n_i 搜索视频提供者（如果 n_j 本地缓存的视频资源能够满足 n_i 的需要，那么 n_j 直接为 n_i 传输视频数据）。当视频提供者收到转发的 n_i 的请求消息时，会直接给 n_i 传输视频数据。此时，n_i 就完成了加入系统的过程，服务器将节点 n_i 的 ID、n_i 请求的初始视频块 ID 和 n_i 加入视频系统的时间戳等信息添加到列表 NS 中。服务器还将更新后的列表 NS 发送至 n_i。由于服务器不实时维护 NS 中节点的播放状态，因此，n_i 需要通过与 NS 中其他节点交互彼此的状态来更新 NS。例如，n_j 是 n_i 的视频提供者，为 n_i 传输视频数据，当 n_j 变更当前播放点时，n_j 将发送状态变更消息至 n_i，n_i 断开与 n_j 之间的连接，重新搜索新的视频提供者，并记录 n_j 当前的状态，完成对 NS 的更新。当 n_i 退出系统时，n_i 将请求且播放的所有视频块信息及当前更新后的 NS 作为退出请求消息发送至服务器。服务器记录 n_i 的播放日志信息并更新本地的列表 NS。

　　具有高流行度的视频块能够吸引大多数用户请求和观看，即大多数视频请求均是针对流行度较高的视频块的。评估每个视频块的流行度，并将流行度较高的视频块组织到基于视频块的二叉树中，利用树结构的快速搜索性能，提升对于具有高流行度的视频块的搜索效率，降低搜索时延。视频块的流行度的评估主要依赖于用户请求每个视频块的历史统计信息。设 $\text{logL} = (\log_1, \log_2, \cdots, \log_m)$ 为服务器端存储的用户播放日志集合。通过分析历史播放日志集合，可以获得每一个视频块 c_i 的访问频度 f_i，即 $f_i = \sum_{k=1}^{m} f_i^{\log_k}$，其中，$m$ 是集合 logL 所含元素数量；$f_i^{\log_k}$ 是任意播放日志 $\log_k$ 中视频块 c_i 的访问频度。视频块 c_i 的流行度可以被定义为

$$p_i = \frac{f_i}{\sum_{c=1}^{n} f_c} \times \frac{L_i}{\sum_{c=1}^{n} L_c} \times \frac{T_i}{\sum_{c=1}^{m} T_c}, p_i \in [0,1]，其中，\sum_{c=1}^{n} f_c \text{ 表示所有视频块被访问频度的累}$$

加和；$\dfrac{f_i}{\sum_{c=1}^{n} f_c}$ 表示 c_i 的访问频度在所有视频块访问频度累加和的比例；L_i 表示所

有访问视频块 c_i 的用户播放 c_i 的时间长度累加和；$\sum_{c=1}^{n} L_c$ 表示所有用户播放所有视

频块的播放时间长度累加和；$\dfrac{L_i}{\sum_{c=1}^{n} L_c}$ 表示 c_i 的播放时间长度累加和与所有视频块

的播放时间长度累加和的比例；T_i 表示节点 n_i 的在线时间长度；$\sum_{c=1}^{m} T_c$ 表示所有用

户在线时间长度的累加和；$\dfrac{T_i}{\sum_{c=1}^{m} T_c}$ 表示节点 n_i 的在线时间长度与所有用户在线时

间长度的累加和的比例。视频块 c_i 的流行度评估方法不仅考虑了视频块的访问频度，而且还考虑了 c_i 被播放的时间长度和用户在线时间长度。c_i 被播放的时间越长，表明 c_i 的内容越吸引用户，不会使用户随意地改变当前的播放点，c_i 的内容就越重要。若用户在线时间越长，则表明用户播放状态越稳定。播放状态稳定的节点

产生的播放频度增量和播放时间长度的增量具有较高的可信度；反之，若播放状态不稳定的节点，则表明该用户访问 c_i 可能是随机访问，而非真实地观看视频内容。因此，增加播放时间长度和用户在线时间长度能够避免单一依赖访问频度所带来的评估误差。所有视频块的平均流行度可以被进一步定义为 $\bar{p} = \dfrac{p_i}{\sum\limits_{c=1}^{n} p_c}$，$\bar{p} \in [0,1]$。若

c_i 的流行度 p_i 大于 $\bar{p}$，则 c_i 可以视为流行视频块；若 c_i 的流行度 p_i 小于等于 $\bar{p}$，则 c_i 可以视为非流行视频块。所有流行视频块构成一个集合 PS = $(c_a, c_b, \cdots, c_k)$；所有非流行集合构成一个集合 NPS = $(c_d, c_e, \cdots, c_q)$，且 PS $\cup$ NPS = video。

　　构建视频块聚类树需要考察视频块间的联系。由于视频在内容上是连续的，因此，每个相邻视频块间均存在着语义上的连接。也就是说，如果用户想要完整地获取视频全部的内容，那么需要依次地观看每一个视频块。然而，并不是每个用户都会观看全部的视频内容。当视频内容无法吸引用户时，用户变更当前的播放点去寻找更具有吸引力的内容。考察用户在视频块间的跳转行为是建立视频块间逻辑连接的有效途径。如果节点 n_i 从视频块 c_e 跳转至视频块 c_i，那么 c_e 视为 c_i 的入连接视频块；反之，c_i 视为 c_e 的出连接视频块。若视频块间的入连接和出连接的频度越高，则表明视频块间的联系越紧密。另外，若视频块 c_i 与较多视频块均存在着入连接和出连接关系，则表明 c_i 对于视频内容的连通性是非常重要的。设 $CN_{in}(c_i)$ 与 $CN_{out}(c_i)$ 分别表示视频块 c_i 的入连接块和出连接块的数量。如果 $c_i \in$ PS 且 $CN(c_i) = CN_{in}(c_i) + CN_{out}(c_i)$ 在 PS 中所含视频块的连接块数量中是最大的，那么 c_i 将作为视频块聚类树的根节点，并从集合 PS 中移除。在集合 PS 中剩余的视频块构成了一个新的集合 $PS^{(2)}$。此时，c_i 与 NPS 中所有与 c_i 具有连接关系的视频块构成了一个视频块子集 CS_i。CS_i 中所有非流行视频块从集合 NPS 中移除。此时，NPS 中剩余的视频块构成了一个新的集合 $NPS^{(2)}$。如果 c_j 是 $PS^{(2)}$ 中的元素，且 c_j 的 $CN(c_j)$ 大于 $PS^{(2)}$ 中所含视频块的连接块数量，那么 c_j 将作为 c_i 的子节点。如果 c_j 与 c_i 存在着连接且 c_j 是 c_i 的入连接块，那么 c_j 成为 c_i 的左子节点；如果 c_j 是 c_i 的出连接块，那么 c_j 成为 c_i 的右子节点。如果 c_j 与 c_i 不存在着连接，那么建立 c_i 与 c_j 之间的连接。如果 i 大于 j，那么 c_j 成为 c_i 的左子节点；否则，如果 i 小于 j，那么 c_j 成为 c_i 的右子节点。c_j 从集合 $PS^{(2)}$ 中移除，$PS^{(2)}$ 中剩余的视频块构成一个新的集合 $PS^{(3)}$。c_j 与 $NPS^{(2)}$ 中所有与 c_j 具有连接关系的视频块构成一个视频块子集 CS_j。$NPS^{(2)}$ 中剩余的视频块构成一个新的集合 $NPS^{(3)}$。相似地，$PS^{(3)}$ 中具有最大连接数的视频块将被挑选作为 c_i 的左子节点或右子节点。迭代上述过程，所有流行视频块均被组织到视频块二叉树中。上述迭代过程的收敛条件为集合 PS 和 NPS 为空。

7.4　节点社区的构建

具有较长在线时间的节点不仅能够为视频请求者提供可靠稳定的视频数据，而且也能够分担覆盖网络中节点状态的负载。因此，可以分析视频服务器中存储的用户历史播放日志，并进一步从历史播放日志中抽取用户的播放行为特征。设 $\bar{l} = \dfrac{\sum\limits_{c=1}^{N} l_c}{N}$ 表示用户历史播放日志中获取的用户平均在线时间。N 表示用户历史播放日志的数量；l 表示在用户历史播放日志中用户对于所有播放的视频块的平均播放时间。设 $\bar{l}_i = \dfrac{\sum\limits_{c=1}^{m} l_c(n_i)}{m}$ 表示节点 n_i 的平均播放时间，其中，m 是 n_i 已经完成观看视频块的数量；$l_c(n_i)$ 表示 n_i 对于任意视频块 c 的播放时间长度。当任意节点 n_i 完成了首个播放视频块的播放时，可以计算 n_i 的平均播放时间 $\bar{l}_i$，其中，$m=1$。如果 $\bar{l}_i > \bar{l}$，那么 n_i 的播放状态是稳定的；否则，如果 $\bar{l}_i \leqslant \bar{l}$，那么 n_i 的播放状态是不稳定的。随着 n_i 播放视频块数量的增加，当 n_i 完成一个视频块的播放时（n_i 观看完视频块内容或 n_i 通过切换播放点离开当前视频块内容），可以使用上述方法判断 n_i 的播放状态的稳定性。任意具有稳定播放行为的节点需要缓存二叉树中对应的一个视频块到本地静态缓冲区中。当具有稳定播放行为的节点完成视频播放并退出系统时，这些节点可以将存储在静态缓冲区中的视频块删除。由于静态缓冲区中存储的视频块在节点退出系统之前不可替换，因此，具有稳定播放行为的节点可以为覆盖网络中其他节点提供稳定的视频数据。

初始时，系统中没有包含任意播放视频的节点，即集合 NS 为空。当一个移动节点 n_i 请求视频后，由于覆盖网络中没有可用资源，视频服务器向 n_i 直接传输视频数据。当 n_i 完成首个视频块播放时，可以计算自己的平均播放时间长度 $\bar{l}_i$，并与视频系统的平均播放时间长度 $\bar{l}$ 进行比较，如果 $\bar{l}_i \leqslant \bar{l}$，那么 n_i 的播放状态是不稳定的，n_i 无须缓存二叉树中任意视频块到本地静态缓冲区中；反之，如果 $\bar{l}_i > \bar{l}$，那么 n_i 的播放状态是稳定的，n_i 需要缓存二叉树中的视频块到本地静态缓冲区中。由于当前时刻视频系统中仅包含 n_i 一个系统成员，因此，n_i 需要缓存二叉树根节点对应的视频块。随后加入系统播放视频的节点会根据其自身的平均播放时间长度判断播放行为的稳定性，若节点的播放行为稳定，则继续缓存二叉树中对应的其他视频块到本地静态缓冲区中。例如，n_j 与 n_k 分别为第二个和第三个具有播放行为稳定的节点，n_j 与 n_k 分别缓存二叉树中根节点的左子节点和右子节点对应的视频块到本地静态缓冲区中。此时，n_j 和 n_k 分别通过发送消息与 n_i 建立逻辑连接，n_i、n_j 和 n_k 分别在设定的固定时间周期内发送当前的播放状态消息维护已建立的逻辑连接。随着加入系统播放视频的节点数量的增加，后续具有稳定播放节点的数量也不断增加，这些节点将按照宽度优先的顺序依次缓存二叉树中对应的视频块。当二叉树中所有视频块均被覆盖网络中具有稳定播放行为的节点缓存时，视频系统中所有流行视频块均可以在覆盖网络中利用由稳定播放行为的节点所构成的二叉树提供。此时，新加入系统具有稳定播放行为的节点无须按照宽度优先顺序缓存二叉树中对应的视频块，但需要根据二叉树中对应视频块的流行度继续执行缓存。例如，在 t_1 时刻，系统中稳定节点数量为 $SN(t_1)$，缓存视频块 c_i 的节点数量为 $SN_i(t_1)$，缓存视频块 c_i 的节点密度为 $\rho_i = SN_i(t_1)/SN(t_1)$。设 $D_i = p_i - \rho_i$，其中 D_i 为视频块 c_i 的流行度与对应节点密度的差值。若 $D_i > 0$，则表明网络中缺少对于视频块 c_i 的上传带宽资源的供给，因此，新加入的节点应当优先缓存视频块 c_i。反之，若 $D_i \leq 0$，则表明网络中对于视频块 c_i 的上传带宽资源已经具备充足的供给，新加入的节点可以缓存其他视频块。新加入的节点会根据节点密度优先缓存二叉树中流行度高的视频块。根据上述方法，二叉树中所有视频块会被网络中具有稳定播放行为的多个节点缓存。缓存二叉树中相同视频块的节点可以构成一个节点社区。在节点社区中，将具有最长平均播放时间长度的节点作为节点社区的头节点。这是因为选择具有最长平均播放时间长度的节点作为节点社区的头节点可以避免节点播放行为不稳定而造成节点社区结构频繁重构。节点社区的头节点与相连的其他社区的头节点建立逻辑连接，并通过定期发送消息维护彼此连接信息。例如，c_i 为二叉树中根节点，c_j 与 c_k 分别为 c_i 的左子节点和右子节点。n_i、n_j、n_k 分别为 c_i、c_j 和 c_k 对应节点社区 C_i、C_j 和 C_k 的头节点。n_i 与 n_j 和 n_k 分别建立逻辑，交互的消息包括当前社区中所含成员的数量。头节点负责接收和转发社区内节点的请求消息，为社区内的节点搜索请求的视频内容。此外，头节点还负责接收来自其他社区的请求消息，如果请求消息所含的请求视频为其他社区对应的视频块，那么头节点将收到的请求消息根据二叉树结构转发；如果请求消息所含的请求视频为当前社区对应的视频块，那么头节点将请求消息转发至当前社区内一个成员，由该成员为请求节点提供视频数据。社区中其他成员均为普通成员，与头节点建立逻辑连接，并通过定期发送状态消息维护逻辑连接。

另外，由于二叉树中每个视频块均连接了一个非流行视频块集合。当具有不稳定播放行为的节点请求且播放非流行视频块集合中任意视频时，这些节点构成一个节点社区。例如，C_i 为缓存二叉树中对应视频块 c_i 的稳定节点构成的节点社区。c_i 连接了一个非流行视频块集合 CS_i，当状态为不稳定播放行为的节点播放 CS_i 中任意视频时，这些节点组建一个节点社区 NC_i。NC_i 中的每个成员均可与 C_i 中任意成员建立逻辑连接，并通过定期发送播放状态消息维护该逻辑连接。上述方法将与具有不稳定播放行为节点的逻辑连接的维护负载分配到 C_i 中每一个成员，

降低了 C_i 的头节点负载，极大地提升了视频系统的可扩展性。C_i 中具有稳定播放行为的节点也可以利用维护的逻辑连接获取 NC_i 中成员缓存的视频内容。因此，覆盖网络中所有节点均可以利用维护的逻辑连接搜索到所有的视频块。

7.5　节点社区的维护

由于具有稳定播放行为节点缓存的视频块只有退出系统时才删除，这些节点始终存在于当前节点社区中。也就是说，即使这些节点播放了其他视频块的内容，也不会迁移至其他节点社区。因此，具有稳定播放行为节点构成的节点社区具有较强的稳定性。当一个具有稳定播放行为节点的播放状态变为不稳定时，该节点可以删除本地静态缓冲区中缓存的视频块，并根据当前播放的内容跳转至对应的节点社区中。此时，该节点的信息被原节点社区的头节点删除。反之，当一个具有不稳定播放行为的节点变为稳定节点时，该节点会根据缓存规则缓存视频块，并加入缓存视频块对应的节点社区中。该节点的信息被当前节点社区的头节点添加至本地节点列表。例如，当一个节点 n_x 加入系统时，n_x 连接视频提供者 n_p，接收来自于 n_p 传输的视频数据。此时，由于 n_x 为新系统成员，没有完成当前视频块的播放，因此，n_x 为不稳定播放行为节点。由于 n_p 为对应视频块 c_a 的节点社区 C_a 中的成员，因此，n_x 为节点社区 NC_a 中的成员。当 n_x 完成当前视频块的播放后，评估 n_x 的播放行为稳定性。若 n_x 为稳定播放行为节点，则 n_p 要求 n_x 根据视频块缓存规则缓存二叉树中对应的视频块 c_k，并加入视频块 c_k 对应的节点社区 C_k，n_x 的信息会被 n_p 转发至节点社区 C_k 的头节点 n_k，n_k 添加至本地节点列表中。n_x 断开与 n_p 之间的连接，与 n_k 建立逻辑连接。否则，若 n_x 为不稳定播放行为节点，当 n_x 请求新的视频块时，向 n_p 发送请求消息，n_p 将 n_x 的请求消息转发至节点社区 C_k 的头节点 n_k，n_k 利用与其他节点社区间的连接转发 n_x 的请求消息，为 n_x 搜索存储请求视频块的视频提供者。当 n_x 连接新的视频提供者 n_h 并获取视频数据时，断开与 n_p 之间的连接。若 n_x 当前播放的视频块为二叉树中流行视频块，则 n_h 一定为具有稳定播放行为的节点，n_x 无须与其他具有稳定播放行为的节点建立连接，保持和维护当前与 n_h 的连接即可；否则，若 n_x 当前请求播放的视频块为非流行视频块，则 n_h 会将自己连接的具有稳定播放行为的节点信息发送至 n_x，n_x 与该节点建立逻辑连接，并利用该逻辑连接搜索网络中的视频块。

当 n_x 完成第二个视频块播放时，如果 n_x 的播放状态从稳定转变为不稳定，那么 n_x 向节点社区头节点 n_k 发送请求消息，n_k 为 n_x 搜索到新的视频提供者 n_g，n_x 删除本地静态缓冲区中存储的视频块，并向 n_k 发送退出消息，n_k 将 n_x 的信息从本地节点列表中删除，n_k 与 n_x 断开彼此维护的逻辑连接。与此同时，n_x 连接 n_g，并从 n_g 处获取视频数据，并加入当前播放视频块所在的节点社区。如果 n_x 当前播放的视频块为二叉树中流行视频块，那么 n_g 一定为具有稳定播放行为的节点，n_x 无须与其他具有稳定播放行为的节点建立连接，保持和维护当前与 n_g 的连接即可；否则，如果 n_x 当前播放的视频块为非流行视频块，那么 n_g 会将自己连接的具有稳定播放行为的节点信息发送至 n_x，n_x 与该节点建立逻辑连接，并利用该逻辑连接搜索网络中的视频块。如果 n_x 的播放状态从不稳定转变为稳定，那么 n_x 向连接的具有稳定播放行为的节点 n_h 发送请求消息，n_h 为 n_x 搜索到新的视频提供者 n_d，此时，n_h 要求 n_x 缓存二叉树中对应的视频块，n_x 会根据缓存规则缓存对应的视频块，并加入该视频块对应的节点社区，并建立与节点社区头节点的逻辑连接，同时接收来自于 n_d 的视频数据。如果 n_x 的播放状态依然保持稳定，那么 n_x 不发生节点社区的迁移。如果 n_x 的播放状态依然保持不稳定，那么 n_x 向连接的具有稳定播放行为的节点发送请求消息，并连接新的视频提供者，并从新的视频提供者处获得视频数据及其连接的具有稳定播放行为的节点，n_x 加入新的节点社区，并维护与新的具有稳定播放行为的节点间的逻辑连接。

虽然具有稳定播放行为的节点需要处理来自于不稳定播放行为节点的请求消息，但是这些稳定节点可以直接通过与节点社区的连接发送请求消息，不仅能够降低请求消息转发的次数，降低视频搜索时延，而且能够避免频繁切换节点社区所带来的能量消耗。具有稳定播放行为的节点所构成的节点社区具有较高的稳定性，避免了社区结构频繁重构所带来的大量的节点社区结构维护负载，而且大量请求消息处理负载被分配到具有稳定播放行为的节点处，从而极大地提升了系统的可扩展性。

7.6　视频块的搜索策略

设二叉树根节点为 c_i，c_j 与 c_k 分别为 c_i 的左子节点和右子节点；c_e 与 c_f 分别为 c_j 的左子节点和右子节点；c_g 与 c_h 分别为 c_k 的左子节点和右子节点。视频块的搜索策略根据节点类型的不同可以分为以下场景。

（1）移动节点加入系统。一个移动节点 n_a 向服务器发送请求消息要求获取视频块 $c_a \in CS_i$，服务器将 n_a 的请求消息转发至节点 n_b 处（n_b 为最近加入系统的节点）。如果 n_b 当前播放的视频内容为 c_a，那么直接向 n_a 发送视频数据，并向 n_a 发送其连接的具有稳定播放行为节点的信息，n_a 接收来自于 n_b 的视频数据。否则，如果 n_b 当前播放的视频内容不为 c_a，那么 n_b 需要将 n_a 的请求消息发送至所连接的具有稳定播放行为的节点 n_c 处，n_c 则向所在节点社区的头节点转发 n_a 的请求消息，该头节点为 n_a 搜索请求的视频块。如果 n_b 是具有稳定播放行为的节点，那么 n_b 在收到 n_a 的请求消息后，直接将 n_a 的请求消息转发至所在节点社区的头节点。该头节点利用二叉树中头节点间维护的连接将 n_a 的请求消息转发至 n_i（n_i 为 c_i 对应节点社区 C_i 的头节点），n_i 将 n_a 的请求消息以广播的方式发送到 n_i 维护的列表中的节点，若节点社区 C_i 中存在一个或多个成员所连接的不稳定节点存储着 c_a，则这些 C_i 中成员将请求消息转发至所连接的不稳定节点（其他 C_i 中成员将请求消息丢弃），n_a 会收到一个或多个候选视频提供者的返回消息，并选择其中具有最高平均播放时间长度的候选视频提供者作为视频提供者。若节点社区 C_i 中成员没有发现所连接的不稳定节点存储着 c_a，则 n_a 无法收到任何返回消息，n_a 直接向视频服务器发送请求消息，从视频服务器获取视频数据。

（2）具有不稳定播放行为的系统成员请求直接连接二叉树对应视频块。一个系统成员 n_a 正在播放视频块 $c_a \in CS_i$，并连接节点社区 C_i 中一个成员 n_b。此时，n_a 完成对于 c_a 的播放，并请求视频 c_i。n_a 向 n_b 发送请求消息，n_b 发现 n_a 所请求视频块为本地缓冲区存储的视频块，则 n_b 直接向 n_a 发送视频数据。

（3）具有不稳定播放行为的系统成员请求当前节点社区内对应视频块。一个系统成员 n_a 正在播放视频块 $c_a \in CS_i$，并连接节点社区 C_i 中一个成员 n_b。此时，n_a 完成对于 c_a 的播放，并请求视频 $c_d \in CS_i$。n_a 向 n_b 发送请求消息，n_b 发现 n_a 所请求视频块依然为 n_a 所在节点社区对应的存储的视频块，n_b 直接向所在节点社区 C_i 的头节点 n_i 转发请求消息。n_i 向本地缓存的节点列表中所含节点（除 n_b 外）广播 n_a 的请求消息，若节点社区 C_i 中存在一个或多个成员所连接的不稳定节点存储着 c_d，则这些 C_i 中成员将请求消息转发至所连接的不稳定节点（其他 C_i 中成员将请求消息丢弃），n_a 会收到一个或多个候选视频提供者的返回消息，并选择其中具有最高平均播放时间长度的候选视频提供者作为视频提供者。若节点社区 C_i 中成员没有发现所连接的不稳定节点存储着 c_d，则 n_a 无法收到任何返回消息，n_a 直接向视频服务器发送请求消息，从视频服务器获取视频数据。

（4）具有不稳定播放行为的系统成员请求二叉树子树中对应流行视频块。一个系统成员 n_a 正在播放视频块 $c_a \in CS_i$，并连接节点社区 C_i 中一个成员 n_b。此时，n_a 完成对于 c_a 的播放，并请求视频 c_e。n_a 向 n_b 发送请求消息，n_b 向所在节点社区 C_i 的头节点 n_i 转发 n_a 的请求消息。n_i 利用与 n_j 之间的逻辑连接（n_j 为 c_j 对应节点社区 C_j 的头节点），转发 n_a 的请求消息，n_j 收到来自于 n_i 转发的请求消息后，继续将该请求消息转发至 n_e（n_e 为 c_e 对应节点社区 C_e 的头节点）。n_e 从本地存储的节点列表中随机选择一个节点作为 n_a 的视频提供者。

（5）具有不稳定播放行为的系统成员请求二叉树子树中节点相连的非流行视频块。一个系统成员 n_a 正在播放视频块 $c_a \in CS_i$，并连接节点社区 C_i 中一个成员 n_b。此时，n_a 完成对于 c_a 的播放，并请求视频 $c_p \in CS_g$。n_a 向 n_b 发送请求消息，n_b 向所在节点社区 C_i 的头节点 n_i 转发 n_a 的请求消息。n_i 利用与 n_k 之间的逻辑连接（n_k 为 c_k 对应节点社区 C_k 的头节点），转发 n_a 的请求消息，n_k 收到来自于 n_i 转发的请求消息后，继续将该请求消息转发至 n_g（n_g 为 c_g 对应节点社区 C_g 的头节点）。n_g 收到来自于 n_k 转发的请求消息后，利用本地缓存的节点列表直接向 C_g

中所有节点广播 n_a 的请求消息,若节点社区 C_g 中存在一个或多个成员所连接的不稳定节点存储着 c_p,则这些 C_g 中成员将请求消息转发至所连接的不稳定节点(其他 C_g 中成员将请求消息丢弃),n_a 会收到一个或多个候选视频提供者的返回消息,并选择其中具有最高平均播放时间长度的候选视频提供者作为视频提供者。若节点社区 C_g 中成员没有发现所连接的不稳定节点存储着 c_p,则 n_a 无法收到任何返回消息,n_a 直接向视频服务器发送请求消息,从视频服务器获取视频数据。

(6)具有稳定播放行为的系统成员搜索网络中任意视频块的过程与上述 5 种场景相同,不同之处在于具有稳定播放行为的系统成员可以直接向所在社区的头节点发送请求消息,降低了转发请求消息节点的数量,从而降低了视频搜索时延。

二叉树的高度是影响上述视频块搜索策略性能的主要因素之一。如果二叉树的高度越大(二叉树中所含视频块数量越多),那么视频系统中转发请求消息最长路径所含转发节点的数量就越大,将极大地增加视频搜索时延。由于二叉树中所含视频块均为流行视频块,多个非流行视频块均与一个流行视频块相连接,如果视频块的流行度遵循 Zipf 分布,那么流行视频块的数量在所有视频块中所占比例相对较低,因此,二叉树的高度也相对较低,并不会影响视频块搜索时延。另外,二叉树中视频块与其连接的非流行视频块间的关联程度也是影响上述视频块搜索策略性能的主要因素之一。若二叉树中视频块与其连接的非流行视频块间的关联程度较高,则请求消息转发路径长度越低(如第二个视频块搜索场景),从而极大地降低了视频块搜索时延。

7.7　仿真测试与性能评估

7.7.1　测试拓扑与仿真环境

本章将所提出方法 CTVL 的性能与相关方法 SURFNet[13]进行了对比。CTVL 和 SURFNet 被部署在一个无线网络环境中,仿真工具采用 NS-2,仿真无线网络环境的参数表如表 7-1 所示。

表 7-1　仿真无线网络环境的参数表

参数	值
区域大小/m²	1000×1000
通信信道	Channel/WirelessChannel
网络层接口	Phy/WirelessPhyExt
链路层接口	Mac/802 11
移动节点数量	500

续表

参数	值
仿真时间/s	1800
节点移动速度范围/(m/s)	[0, 30]
移动节点信号范围/m	200
服务器与节点间默认跳数/跳	6
传输层协议	UDP
路由层协议	DSR
服务器带宽/(Mbit/s)	10
移动节点带宽/(Mbit/s)	2
视频数据传输速率/(Kbit/s)	128
移动节点移动方向	随机
移动节点停留时间/s	0
视频数量	1
视频长度/s	400
视频块数量	20
视频块长度/s	20
请求消息大小/KB	2

　　视频系统所含视频数量为 1，长度为 400s，并将视频平均分成 20 个块，每个视频块长度为 20s，创建 10000 个观看历史轨迹，用于分析和评估视频块的流行度及视频块间的联系紧密程度。CTVL 和 SURFNet 均采用随机移动模型：每个移动节点的初始位置和初始速度均为随机分配。当移动节点按照被分配的移动速度到达被分配的位置时，移动节点会按照被随机地分配新的移动速度和移动目标位置继续移动（停留时间为 0s）。所有的移动节点均按照上述移动模型在整个仿真周期内移动。节点与视频服务器之间默认的跳数为 6。节点移动速度范围被设置为[1, 30]m/s。节点间交互消息、节点与视频服务器间交互消息的大小均设置为 2KB。视频请求消息、节点间交互消息、节点与视频服务器间交互消息的发送均采用 TCP 协议。移动节点信号范围为 200m。仿真时间为 500s。

7.7.2　仿真性能评价

　　CTVL 和 SURFNet 的性能比较主要包括查询成功率、维护负载、传输时延和 PLR。

（1）查询成功率：节点发送请求消息后，将成功地从覆盖网络接收所需视频数据的事件视为成功查找。成功查找的次数除以请求的总次数定义为查询成功率。图 7-2 展示了 CTVL 和 SURFNet 的查询成功率随仿真时间增加的变化过程。SURFNet 曲线在 50～400s 内保持相对快速上升的趋势，在 450～500s 内呈缓慢上升的趋势。CTVL 曲线在 50～300s 内保持相对快速上升的趋势，在 350～500s 内保持缓慢增长的趋势。在整个仿真周期时间内，CTVL 曲线要高于 SURFNet。

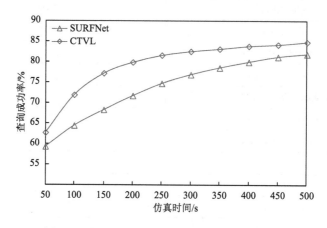

图 7-2　查询成功率随仿真时间增加的变化过程

SURFNet 考察节点间存储内容的相似性，构建基于链表的 AVL 树结构。随着节点数量的增加，覆盖网络为请求节点提供了越来越多的可用资源。然而，SURFNet 的查询策略依赖于 AVL 构造，即 SURFNet 需要构建一个完整的 AVL 树来支持转发请求消息。由于 SURFNet 在构建 AVL 树时需要考察节点的在线时间，因此在构建 AVL 树的过程中需要消耗大量的时间，导致查询成功率低。虽然 CTVL 也需要在聚类节点的过程中考察节点的播放时间，但 CTVL 仅需要将节点的当前播放时间与历史播放日志的平均播放时间进行比较。因此，CTVL 可以快速地构建树状结构来提供资源查询。此外，SURFNet 的资源查询受到 AVL 树变化的影响，即树中节点的状态变化严重影响了资源查询性能。这结果表明，AVL 树的重建较为频繁。CTVL 可以在可用资源有限的情况下获得相对于 SURFNet 更高的查询成功率。

（2）维护负载：通过维护覆盖网络所使用的消息（如节点加入、离开和查找）被认为是控制消息。控制消息每秒钟占用的带宽被定义为维护成本。

图 7-3 展示了 CTVL 和 SURFNet 的维护负载随仿真时间的增加的变化过程。SURFNet 曲线在 50～200s 内保持相对缓慢上升的趋势，在 250～400s 内呈快速上升的趋势，在 450～500s 内呈快速下降的趋势。CTVL 曲线在 50～250s 内保

持相对缓慢上升的趋势，在 300~400s 内保持快速增长的趋势，在 450~500s 内保持快速下降的趋势。CTVL 曲线在整个仿真周期内的增量和峰值均小于 SURFNet。

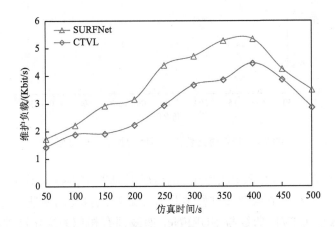

图 7-3　维护负载随仿真时间增加的变化过程

SURFNet 使用基于链表的 AVL 树结构对节点进行组织，即 SURFNet 不仅维护了 AVL 树状结构，而且对链表中的节点进行了管理。AVL 树结构和链表结构中的节点状态的抖动会导致覆盖网络频繁重构（AVL 树结构和链表结构不断删除原有节点、增加新节点）。因此，SURFNet 需要使用大量的控制消息来维护混合结构。随着节点数量不断增加和请求消息的增多，SURFNet 的维护成本迅速增加。CTVL 采用相对简单的结构构建覆盖网络拓扑，对节点进行组织。节点社区的自治维护策略可以降低社区内节点的维护成本。例如，如果状态不稳定的节点请求的视频块属于当前视频块的子集，那么该节点不需要实现团体间的切换。此外，灵活的系统结构可以使用低成本消息维护策略来解决节点的状态波动。CTVL 可以获得相对于 SURFNet 较低的维护成本。

（3）传输时延：在应用层接收到的视频数据的总时延与接收到的视频数据的总数量之间的比值称为传输时延。

图 7-4 展示了 CTVL 和 SURFNet 的传输时延随仿真时间增加的变化过程。SURFNet 曲线在 350s 之前具有伴随剧烈抖动的快速上升趋势，在 400~500s 内呈下降趋势，在 250~400s 内经历了严重的网络拥塞。CTVL 曲线与 SURFNet 曲线拥有相似的变化过程。CTVL 曲线的增量和抖动程度整体小于 SURFNet。此外，SURFNet 的峰值（2.5s）要高于 CTVL 的峰值（2s）。

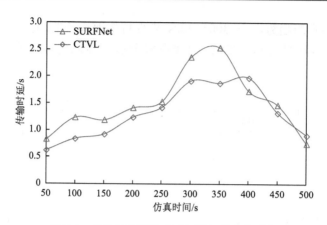

图 7-4　传输时延随仿真时间增加的变化过程

　　图 7-5 展示了 CTVL 和 SURFNet 的传输时延随节点数量增加的变化过程。SURFNet 曲线在整个节点增加过程中具有伴随剧烈抖动的快速上升趋势,且达到峰值(2.6s)。CTVL 曲线与 SURFNet 曲线拥有相似的变化过程,在整个节点加入系统的过程中快速上升。CTVL 曲线的增量、抖动程度和峰值均小于SURFNet。

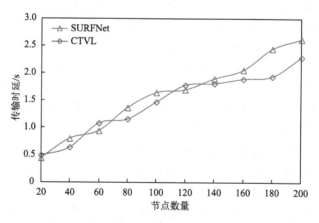

图 7-5　传输时延随节点数量增加的变化过程

　　传输时延包括资源查找时延和数据传输时延。在 SURFNet 中,由于 SURFNet的资源查询依赖于 AVL 树,所以查询成功率相对较低导致传输时延较长。例如,当节点无法从覆盖网络中成功地查询到视频资源提供者时,这些节点只能从媒体服务器获取视频数据。由于节点和服务器之间的跳数为 6,这将导致很高的查询时延。CTVL 与 SURFNet 相比具有较高的查询成功率,因此,节点可以更多地从覆盖网络中成功地获取视频内容。由于 SURFNet 和 CTVL 没有考虑移动节点的移动性,因此,视频数据的传输受到节点地理位置变化的严重影响。因此,SURFNet 曲线和 CTVL 曲线的变化过程是相似的。

(4)PLR:在应用层丢失的视频数据包数量和发送的视频数据包总数量的比值被定义为 PLR。

图 7-6 展示了 CTVL 和 SURFNet 的丢包率随仿真时间增加的变化过程。 SURFNet 曲线在 50~350s 内呈快速上升的趋势,在 400~500s 内呈现下降的趋势。 CTVL 曲线在整个仿真时间内呈现先上升后下降的趋势,CTVL 曲线的增量和峰值整体小于 SURFNet。图 7-7 展示了 CTVL 和 SURFNet 的 PLR 随节点数量增加的变化过程,均呈现快速上升的趋势。CTVL 曲线的增量和峰值均小于 SURFNet。

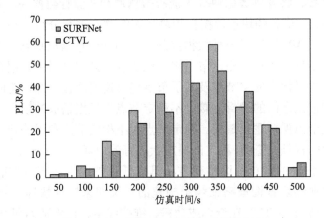

图 7-6　PLR 随仿真时间增加的变化过程

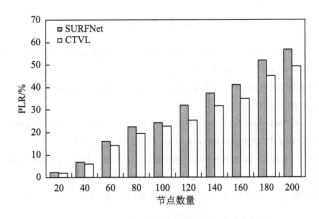

图 7-7　PLR 随节点数量增加的变化过程

SURFNet 没有考察混合结构建设过程中移动节点的移动性,使得覆盖网络中的节点依靠逻辑链接搜索视频资源提供者。节点的移动性导致节点之间通信距离的快速变化。例如，当两个节点在 T_1 有一跳邻居关系时，由于节点的移动性，它们在 T_2 可以使用多跳传输视频数据。因此，SURFNet 的传输性能难以适应通信距离的变化。CTVL 在聚类节点的过程中没有考虑社区成员的移动性，但 CTVL 高效的视频共享和低维护成本降低了网络流量。因此，网络拥塞不会严重影响 CTVL 的视频传输性能。CTVL 的丢包率低于 SURFNet。

7.8　本章小结

本章提出了一种新的基于聚类树的视频查找策略——CTVL。通过评估用户访问视频块的频率，将视频数据块分为流行数据块和非流行数据块。流行视频块形成一个二叉树，非流行的块也根据视频块之间的联系进行分组，并与二叉树中的流行块连接。CTVL 设计了一种根据播放时间估计节点播放状态的方法。节点分为稳定节点和不稳定节点。稳定节点将视频块缓存到二叉树中。缓存相邻视频块的稳定节点与二叉树中的父节点及其子节点建立逻辑连接，并以定时交换状态消息的方式维护彼此之间的逻辑连接。不稳定节点也根据播放的视频块被分组成社区，并与稳定节点保持逻辑链接。稳定节点和不稳定节点利用构建的节点间逻辑链接实现快速的视频块查询。稳定的播放状态有效地降低了树形结构的重构频率，因此，CTVL 设计的节点社区构建方法具有低维护成本和高可扩展性。此外，CTVL 设计的视频块查询策略依赖于构建的二叉树来实现快速的视频块查询性能。根据仿真结果，CTVL 在查询成功率、维护成本、传输延迟和 PLR 方面相对于 SURFNet 具有更好的性能。

参 考 文 献

[1]　Shen Z，Luo J，Zimmermann R，et al. Peer-to-peer media streaming insights and new developments. Proceedings of the IEEE，2011，99（12）：2089-2109.

[2]　Huang Y，Fu T Z，Chiu D M，et al. Challenges，design and analysis of a large-scale P2P-VoD system. ACM SIGCOMM，Seattle，2008.

[3]　Wu S，He C. QoS-aware dynamic adaptation for cooperative media streaming in mobile environments. IEEE Transactions on Parallel and Distributed Systems，2011，22（3）：439-450.

[4]　Oh H R，Wu D O，Song H. An effective mesh-pull-based P2P video streaming system using Fountain codes with variable symbol sizes. Computer Networks，2011，55（12）：2746-2759.

[5]　Zhou Y，Fu Z，Chiu D M. A unifying model and analysis of P2P VoD replication and scheduling. IEEE INFOCOM，Orlando，2012.

[6]　Xu C，Muntean G M，Fallon E，et al. A balanced tree-based strategy for unstructured media distribution in P2P networks. IEEE International Conference on Communications，Beijing，2008.

[7]　Xu C，Muntean G M，Fallon E，et al. Distributed storage assisted data-driven overlay network for P2P VoD services. IEEE Transactions on Broadcasting，2009，55（1）：1-10.

[8]　Chang C，Huang S P. The interleaved video frame distribution for P2P-based VoD system with VCR functionality. Computer Networks，2012，56（6）：1525-1537.

[9]　Silva A，Leonardi E，Mellia M，et al. Chunk distribution in mesh-based large-scale P2P streaming systems：A fluid approach. IEEE Transactions on Parallel and Distributed Systems，2011，22（3）：451-463.

[10]　Chan S H G，Yiu W P K. Distributed storage to support user interactivity in peer-to-peer video. US Patent，7925781，2011.

[11]　Bo T，Massoulie L. Optimal content placement for peer-to-peer video-on-demand systems. IEEE INFOCOM，Shanghai，2011.

[12]　Wu W，Lui J. Exploring the optimal replication strategy in P2P-VoD systems：Characterization and evaluation. IEEE INFOCOM，Shanghai，2011.

[13]　Wang D，Yeo C K. Superchunk-based efficient search in P2P-VoD system multimedia. IEEE Transactions on Multimedia，2011，13（2）：376-387.

[14]　Wang D，Yeo C K. Exploring locality of reference in P2P VoD systems. IEEE Transactions on Multimedia，2012，14（4）：1309-1323.

[15]　Fouda M，Taleb T，Guizani M，et al. On supporting P2P-based VoD services over mesh overlay networks. IEEE Global Communications Conference，Honolulu，2009.

[16]　Xu C，Zhao F，Guan J，et al. QoE-driven user-centric VoD services in urban multi-homed P2P-based vehicular networks. IEEE Transactions on Vehicular Technology，2013，62（5）：2273-2289.

[17]　Xu T，Wang W，Ye B，et al. Prediction-based prefetching to support VCR-like operations in gossip-based P2P VoD systems. IEEE Parallel and Distributed Systems，Shenzhen，2009.

[18]　He Y，Shen G，Xiong Y，et al. Optimal prefetching scheme in P2P VoD applications with guided seeks. IEEE Transactions on Multimedia，2009，11（1）：138-151.

[19]　He Y，Liu Y. VOVO：VCR-oriented video-on-demand in large-scale peer-to-peer networks. IEEE Transactions on Parallel and Distributed Systems，2009，20（4）：528-539.

第8章 基于跨层感知和邻居协作的资源共享方法

快速的视频资源查询和交付是确保视频系统提供高服务质量的关键因素。本章介绍基于跨层感知和邻居协作的资源共享方法。网络节点利用跨层方法获取通信性能参数，在一跳邻居节点的协助下，构建以视频资源为中心的自组织节点簇。为了满足用户体验质量需求，使每个节点能够评估视频资源获取成本，选择和切换视频数据交付能力较强的视频资源提供节点，从而提升视频资源的共享效率，最后，对本章提出的方法进行仿真和性能比较。

8.1 引   言

随着移动设备如智能手机的普及和无线带宽的增加，利用移动设备观看视频内容已经成为用户获取视频信息的主要方式之一[1]。移动节点的存储、计算和续航能力有限，单个节点通过固定设施（3G 蜂窝网络）下载全部视频内容到本地观看不仅需要消耗大量的存储资源和能量，而且需要付出昂贵的获取代价[2]。在无线移动自组网中，移动设备利用支持 802.11 协议簇的无线接口实现节点之间的交互，能够支持移动节点间视频资源的分享[3]。

视频资源分享方式主要包含 pull 和 push 两种模式[4]。例如，泛洪[5]和基于结构化[6]的查询方法均属于 pull 模式，该模式包含视频请求节点发送视频请求消息、视频资源提供节点响应视频请求、视频资源提供节点传输视频数据的过程；在push 模式中，存储视频资源的节点通过推送的方式将资源（信息）散播至网络中，资源请求者根据收到的资源（信息）获取流媒体服务[7-10]。传统的 pull 和push 模式存在严重的弊端。例如，泛洪查找要求资源请求者通过广播的方式向网络中散播查询消息，导致查询时延大、网络带宽资源浪费。文献[11]提出了一个无线网状网络下基于对等网络的资源共享策略。该策略以网络中 Mesh 路由器的物理位置为核心参数，构建了一个基于物理位置的 Chord 结构，每个 Mesh 路由器按照自身的物理位置被映射成为 Chord 结构中的点。网络中的节点利用跨层感知和泛洪查找的方法查询可用资源。虽然跨层感知能够减少网络中散播的查询消息数量，但泛洪方法在网络中广播资源请求消息不仅无法保证播放实时性（启动时延大），而且浪费了大量的网络资源，严重地影响视频资源分享效率。

基于结构化的资源查找方法构建一个结构化 P2P 网络[12-19]，通过实时维护节点状态实现快速的资源查找，随着 P2P 网络规模的不断增大，这种结构化模型限制了系统的可扩展性。传统的 push 模式采用周期的方式推送视频内容，忽略了用户的需求，造成网络带宽资源的浪费。文献[10]利用 push 模式不断地推送当前视频资源的信息，不仅需要部署大量的本地服务器，而且周期的广播严重浪费了宝贵的无线网络资源。

　　最近，基于社区的 P2P 资源分享策略成为众多学者关注的焦点[20-33]。文献[26]提出了一个在社交网络中基于 P2P 分层结构的视频分享方法。通过利用兴趣偏好、社会关系对用户进行聚类划分，根据用户关联程度构建 P2P 分层模型，通过在 Facebook 上验证该方法，证明了社交网络能够提高视频资源分享效率，加速视频资源散播。然而，该方法没有进一步讨论在移动环境下的部署。文献[27]提出了一个基于社交的多媒体 P2P 网络。通过建立多类别内容兴趣相似性度量模型评估用户的兴趣相似度，将 P2P 网络中的节点进行聚类处理。在节点簇的基础上进一步提出资源索引和查询方法。然而，该方法也没有进一步考虑如何在移动环境下部署的问题。显然，现有基于社区的 P2P 资源分享策略均以节点之间兴趣相似性作为构建节点簇的先验知识，以至于 P2P 网络中资源分享效率取决于相似性评估模型的精确程度。此外，现有的解决方案在移动环境下实施存在一定的挑战。节点的移动导致社区内节点资源分享效率低下，即社区成员之间的逻辑关系取决于兴趣相似性，而非位置相邻，节点移动性的忽略会导致资源分享效率低下。

　　本章提出一个无线移动自组网下基于跨层感知和邻居协作的资源共享方法（cross-layer and one-hop neighbor-assisted video sharing solution in mobile adhoc networks，CNVS）。如图 8-1 所示，CNVS 的两层网络结构包含邻居层和簇层。通过评估一跳邻居的通信质量选择邻居结构成员，以支持高效的流媒体数据传输。利用跨层感知[28-31]的方法散播视频资源信息，使得视频资源携带者与邻居节点构成以资源为中心的节点簇结构（移动社区）。在散播资源信息的过程中，CNVS 提出了一个簇合并方法，不仅使簇结构具备自组织能力，而且将网络中离散分布的资源形成节点和资源密度较高的簇结构。每个移动节点能够根据簇中成员散播的资源信息快速地获取可用的视频资源，并根据自身的服务质量需求动态地切换资源供应者。根据仿真实验，CNVS 能够获得较低的端到端时延、平均跳数和路由消息负载及较高的网络吞吐量。

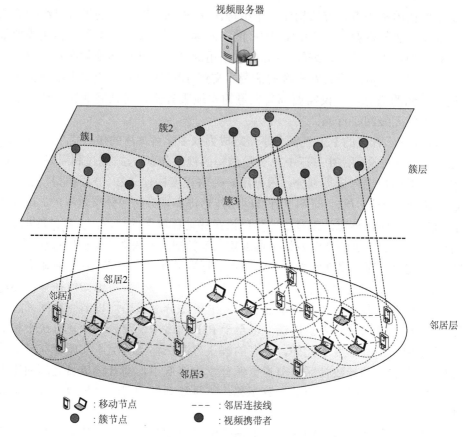

图 8-1　CNVS 两层架构

8.2　邻居节点的选择方法

　　每个移动节点 N_i，将其一跳邻居范围内的节点视为邻居候选节点，从而获得候选节点集合 $\text{locL}_i = (n_1, n_2, \cdots, n_n)$。$N_i$ 的邻居节点的选择取决于两个因素：信号强度和可用带宽，即 N_i 与其邻居节点之间应当拥有较好的通信质量。通信质量是邻居节点选择的重要依据，是为了让视频资源请求节点在获取 N_i 存储的视频资源时能够确保视频数据的高效传输，并且尽可能地满足其所需的服务质量。根据文献[2]中带宽评估方法，对 N_i 和 locL_i 中节点 n_j 间的传输路径带宽进行评估，如式（8-1）所示。

$$\text{AB}_{ij} = \frac{\text{const}}{\text{RTT}_{ij} \times \sqrt{\text{PLR}}} \tag{8-1}$$

　　设 sig_{ij} 为 N_i 和 n_j 之间信号强度的评估值，采用文献[30]中的评估方法来计算

sig_{ij}。根据灰色关联分析模型[30]，将 $locL_i$ 中每个元素的带宽值 AB_{ij} 和信号强度的评估值 sig_{ij} 作为评估参数。利用式（8-2）将 AB_{ij} 和 sig_{ij} 进行归一化。

$$x_{ij}^*(\text{att}) = \frac{x_{ij}(\text{att}) - \text{lower}_{\text{att}}}{\text{upper}_{\text{att}} - \text{lower}_{\text{att}}}, \quad x_{ij}^*(\text{att}) \in [0,1] \tag{8-2}$$

式中，att 表示评估参数（信号强度和带宽）；$\text{lower}_{\text{att}}$ 和 $\text{upper}_{\text{att}}$ 分别表示 $locL_i$ 中所有元素的评估参数 att 的实际评估值中的最小值和最大值；$x_{ij}(\text{att})$ 为 n_j 对应属性的评估值。将 $locL_i$ 中所有元素的评估参数进行归一化后，利用式（8-3）计算每个元素对应的灰色关联系数值。

$$\text{GRC}_{ij} = \frac{1}{\sum w_{\text{att}} \mid x_{ij}^*(\text{att}) - 1 \mid + 1} \tag{8-3}$$

式中，w_{att} 为评估属性 att 对应归一化值 $x_{ij}^*(\text{att})$ 的权重。每个属性对应的权重值是不同的。例如，在选择邻居节点时，带宽值可能作为比较关键的因素，那么带宽对应的权值应当高于信号强度，即评估属性的权值需要根据实际情况来设置。设 S 为选择邻居节点的阈值，若 $locL_i$ 中元素 n_j 的 GRC_{ij} 大于 S，则 n_j 可以视为 N_i 的邻居节点。因此，N_i 能够获得一个邻居节点集合 $NNL_i \in locL_i$。为了存储 NNL_i 和 $locL_i$，N_i 可以由一个三元组进行表示，即 $N_i = (NID_i, locL_i, NNL_i)$，其中 NID_i 为 N_i 的节点 ID；$locL_i$ 为 N_i 的一跳邻居节点集合；NNL_i 为 N_i 的邻居节点集合。N_i 的邻居节点集合生成算法的伪代码如算法 8-1 所示。

算法 8-1：neighborhood node selection for N_i

1：	for each node from next hop nodes set $locL_i$ of
2：	//count（$locL_i$）is size of set $locL_i$;
3：	**for**（$j = 0$；$j <$ count（$locL_i$）；j ++）
4：	get AB_{ij} and sig_{ij} between N_i and n_j of $locL_i$;
5：	normalizes AB_{ij} and sig_{ij} by eq.（8-2）;
6：	computes GRC_{ij} of n_j by eq.（8-3）;
7：	**if** $\text{GRC}_{ij} > S$ **then**
8：	put n_j into NNL_i;
9：	**end if**
10：	**end for** j

随着节点的移动，一跳邻居的物理位置发生变化，使得 $locL_i$ 中元素也随之产生动态变化。也就是说，新的节点进入 N_i 的一跳范围成为 $locL_i$ 中新的元素，或者 $locL_i$ 中元素离开 N_i 的一跳范围。此外，N_i 与 NNL_i 中元素的带宽和信号强度也随之产生变化。因此，需要对 $locL_i$ 中元素进行更新，并进一步重新选择邻居节点。

更新周期采用一个定时更新的方法，设置更新周期为 T，即每隔 T 个时间后，N_i 更新一跳邻居信息，并重新选择邻居节点。

8.3　节点簇的构建策略

簇结构是一个以资源为中心的节点集合。一个或多个携带视频资源的节点与若干个普通移动节点构成了一个簇结构。也就是说，正在播放视频的每一个移动节点即可被视为视频资源的携带者，可为其他节点提供视频资源，而簇中普通移动节点可被视为这些资源携带者的资源散播协作节点。簇中的每个成员节点均具有直接或间接的邻居关系。例如，N_i、n_j 和 n_h 为同一簇中成员节点，n_j 与 N_i 和 n_j 与 n_h 之间为邻居关系（直接邻居关系），N_i 与 n_h 之间为非邻居关系，N_i 与 n_h 具有间接邻居关系。这是为了确保簇中成员之间具有较好的通信质量，从而能够保证流媒体资源的高效传输。

初始时，N_i 作为视频资源携带者，利用跨层感知方法将自身携带的资源信息 res_x 添加至 MAC 层的一跳组播消息中。当 N_i 利用组播消息探测（更新）一跳邻居状态时即可将资源信息散播至一跳邻居。N_i 与 NNL_i 中元素构成一个初始的簇结构。为了唯一标记当前的簇结构，每一个簇结构需要拥有一个簇 ID。例如，N_i 可以将自身节点 ID 和当前时间进行简单的累加，并进一步获取其哈希值 $H(i)$ 作为簇 ID。簇 $H(i)$ 中成员可以在选择邻居节点过程中散播 res_x 的消息至其邻居节点，并邀请其邻居节点作为簇 $H(i)$ 的新成员。邀请邻居节点加入簇的过程实质上是为了簇能够获得更多协助资源信息散播的节点及发现更多携带视频资源的节点，从而扩大簇的规模，使得更多的节点能够获知 res_x 的信息。若任意移动节点 n_h 收到来自于 n_j 的邀请信息，则 n_h 可以决定是否加入簇 $H(i)$。将簇 $H(i)$ 是否能够满足移动节点的服务质量作为判断是否加入当前簇的依据。也就是说，若簇 $H(i)$ 能为 n_h 提供满足其服务质量要求的带宽，则 n_h 加入当前簇 $H(i)$，并作为簇 $H(i)$ 的资源散播协作节点，邀请其邻居节点加入 $H(i)$。利用邻居节点散播视频资源信息，使得移动节点快速发现可用资源。此外，播放同一视频的移动节点能够根据发现资源所在簇提供的带宽选择是否实施服务源（资源供应者）的切换。假设当播放视频资源 res_x 的移动节点 n_h 收到来自簇 $H(i)$ 的邀请信息后，发现当前簇所提供的带宽高于当前的资源供应者，n_h 选择加入 $H(i)$，断开与当前资源供应者的连接，并连接 $H(i)$ 中资源供应者。式（8-4）描述了 n_h 接入簇 $H(i)$ 获取资源 res_x 的代价（以簇 $H(i)$ 为 n_h 提供的带宽作为代价度量依据）。

$$C(H(i)) = w_{ih} \times \overline{AB_{ih}}, \quad C(H(i)) > 0 \qquad (8\text{-}4)$$

式中，w_{ih} 为 $\overline{AB_{ih}}$ 的影响因子；$\overline{AB_{ih}}$ 为 N_i 与 n_h 之间的带宽均值，$\overline{AB_{ih}}$ 的值可被定义为多个探测周期 $\text{TP} = (t_1, t_2, \cdots, t_y)$ 内带宽均值，如式（8-5）所示。

$$\overline{\mathrm{AB}_{ih}} = \frac{\sum\limits_{c=1}^{Y} \mathrm{AB}_{ih}(t_c)}{Y} \tag{8-5}$$

式中，$\mathrm{AB}_{ih}(t_c)$ 为 t_c 时刻 N_i 与 n_h 之间的带宽值；Y 为在 N_i 端探测周期数量。根据探测带宽的分布，能够获得对应的方差值 σ_{ih}，如式（8-6）所示。

$$\sigma_{ih} = \sqrt{\frac{\sum\limits_{c=1}^{Y} (\mathrm{AB}_{ih}(t_c) - \overline{\mathrm{AB}_{ih}})^2}{Y}} \tag{8-6}$$

式中，σ_{ih} 表示带宽变化的范围。定义带宽变化的范围 $R_{ih} = [\overline{\mathrm{AB}_{ih}} - \sigma_{ih}, \overline{\mathrm{AB}_{ih}} + \sigma_{ih}]$。为了考察带宽变化的程度，本节将 TP 重新划分为若干的子周期。设 $\mathrm{AB}_{ih}(t_{k-c}) \in R_{ih} \to \mathrm{AB}_{ih}(t_k) \notin R_{ih} \to \mathrm{AB}_{ih}(t_{k+v}) \in R_{ih}$ 为一个带宽抖动均衡事件。也就是说，$\mathrm{AB}_{ih}(t_{k-c}) \in R_{ih}$ 表明 N_i 与 n_h 之间的带宽评估值在 t_{k-c} 时刻属于 R_{ih}，即带宽值相对稳定，抖动程度较小；$\mathrm{AB}_{ih}(t_k) \notin R_{ih}$ 表明带宽值在 t_k 时刻不属于 R_{ih}，即带宽值抖动程度较大；$\mathrm{AB}_{ih}(t_{k+v}) \in R_{ih}$ 表明，带宽值经历了 v 个周期后又重新回归到一个稳定状态。带宽抖动均衡事件实质上是带宽值从稳定状态经历了抖动后又重新回归稳定状态的过程。周期 $v+c$ 可以视为 N_i 与 n_h 之间带宽均衡周期（经历了 $v+c$ 个周期后带宽值重新恢复到一个均衡状态）。若 $v+c$ 越小，则表明 N_i 与 n_h 之间带宽变化程度较低；反之，若 $v+c$ 越大，则表明 N_i 与 n_h 之间带宽变化程度较高。此外，本节还需要考察在探测带宽过程中，N_i 与 n_h 之间数据传输路径上中间节点数量的分布情况。这是因为在数据传输路径上中间节点的数量越多，无线多跳传输过程中的带宽抖动和可靠性就越差，而且传输时延和 PLR 也较高。通过利用式（8-7）来描述 N_i 与 n_h 之间中间节点平均数量和平衡周期的分布。

$$D = \{(p_1, \hat{h}_1), (p_2, \hat{h}_2), \cdots, (p_u, \hat{h}_u)\}, \quad u \leqslant Y \tag{8-7}$$

对于上述分布，利用最小二乘法实施线性回归分析[32]，可以将相关系数作为权重 w_{ih} 的值，如式（8-8）所示。

$$w_{ih} = \frac{\sum\limits_{c=1}^{u} |p_c - \overline{p}\,||\,\hat{h}_c - \overline{\hat{h}}|}{\sqrt{\sum\limits_{c=1}^{u} |p_c - \overline{p}|^2} \times \sqrt{\sum\limits_{c=1}^{u} |\hat{h}_c - \overline{\hat{h}}|^2}}, \quad w_{ih} \in (0,1] \tag{8-8}$$

式中，$\overline{\hat{h}}$ 与 $\overline{p}$ 分别表示平衡周期和对应中间节点平均数量的均值，它们的值可以由式（8-9）获得。

$$\overline{p} = \frac{\sum\limits_{c=1}^{u} p_c}{u}, \quad \overline{\hat{h}} = \frac{\sum\limits_{c=1}^{u} \hat{h}_c}{u}, \quad \overline{p}, \ \overline{\hat{h}} \in [0,1] \tag{8-9}$$

节点的移动性使得簇 $H(i)$ 中节点发生动态变化，即在任意时刻，任意节点可

能离开簇 $H(i)$ 的范围。例如，当 N_i 与 n_h 之间的通信质量下降时，$H(i)$ 无法为 n_h 提供满足其服务质量的带宽需求，n_h 离开 $H(i)$，并将分配的簇 ID 删除。当 n_h 属于 $H(i)$ 的成员且收到来自于另外一个簇 $H(a)$ 的成员的邀请加入信息时，n_h 可以根据簇 $H(a)$ 提供的接入代价 $C(H(a))$ 判断是否加入 $H(a)$。若 $H(a)$ 提供的带宽无法满足 n_h 的需求，则 n_h 将拒绝 $H(a)$ 中成员的邀请。反之，若 $H(a)$ 提供的带宽能够满足 n_h 的需求，则 n_h 需要做决定是否从簇 $H(i)$ 迁移至 $H(a)$，即离开 $H(i)$ 并加入 $H(a)$。本节采用计算节点与簇的依赖程度来介绍 n_h 在簇之间迁移的过程。式（8-10）描述了节点 n_h 对于 $H(i)$ 的隶属度，用来表示 n_h 对于 $H(i)$ 的依赖程度。

$$p_h^{(H(i))} = \frac{|\mathrm{NNL}_h^{(H(i))}|}{|\mathrm{NNL}_h|} \tag{8-10}$$

式中，$|\mathrm{NNL}_h|$ 为 n_h 的邻居节点集合中元素的数量；$|\mathrm{NNL}_h^{(H(i))}|$ 为 n_h 的邻居节点中属于簇 $H(i)$ 的数量。利用式（8-10）能够计算每个被邀请节点的簇隶属度。n_h 可以根据隶属度值来决定是否加入 $H(a)$。如式（8-11）所示，n_h 选择加入隶属度最大的簇，成为其新的成员。

$$P_{\max} = \max[p_h^{(H(a))}, p_h^{(H(i))}, \cdots, p_h^{(H(v))}] \tag{8-11}$$

节点数量较多的簇能够保持较高的节点密度，确保较高的流媒体数据传输效率。在节点密度较低的簇中，移动性能够影响节点与资源供应者之间的逻辑连接稳定性。进一步地，利用式（8-10）和式（8-11），拥有较高节点密度的簇也能够合并节点密度较低的簇，即规模较小的簇中节点都将加入邻近的且规模较大的簇中，使得规模较大的簇合并规模较小的簇。节点的移动性导致簇的规模是动态变化的，随着节点的移动，规模较大的簇也可能变成规模较小的簇。在簇的合并过程中，簇中所有成员均需更改当前的簇 ID。经过簇的合并后，簇 $H(i)$ 可能包含多个视频资源的节点，可以将式（8-4）转换成式（8-12），式（8-12）可以计算多资源情况下簇的接入代价。

$$\hat{C}(H(i)) = \sqrt{\sum_{e=1}^{s} C_e(H(i))^2}, \quad \hat{C}(H(i)) > 0 \tag{8-12}$$

式中，s 为簇 $H(i)$ 中可用资源数量；$\hat{C}(H(i))$ 表示簇 $H(i)$ 为 n_h 提供的接入代价，即将每个资源对应的接入代价映射到一个 s 维的空间中，将空间原点与映射点之间的欧氏距离作为 $\hat{C}(H(i))$ 的值。若 $\hat{C}(H(i))$ 无法满足 n_h 的服务质量需求，则 n_h 拒绝加入簇 $H(i)$，反之，n_h 成为簇 $H(i)$ 的新成员。进一步地，为了解决含有多资源的簇之间合并的问题，需要将式（8-10）转换成式（8-13）以用来支持多资源情况下簇之间的合并。

$$p_h^{(H(i))} = \frac{|\mathrm{NNL}_h^{(H(i))}|}{|\mathrm{NNL}_h|} \arctan(s_{H(i)}) \tag{8-13}$$

式中，$s_{H(i)}$ 为簇 $H(i)$ 中所含资源数量；$\arctan(s_{H(i)})$ 为反应簇中资源数量的影响因子，即簇中资源数量越多，移动节点可访问的资源越多，越能够吸引移动节点加入当前簇。利用式（8-12）和式（8-13）计算多资源情况下每个簇成员的隶属度值，并获得簇隶属度最大值 P_{max}。如果 n_h 与簇 $H(i)$ 的隶属度大于 n_h 与其他簇的隶属度，n_h 加入簇 $H(i)$。如图 8-2 所示，随着节点的移动，经过连续簇的合并，能够使网络中若干个小簇合并成高节点和资源密度的簇。例如，在移动设备密集的区域（如社区、办公场所等），正在播放视频资源的节点能够与其位置邻近且通信质量较好的节点分享视频资源。

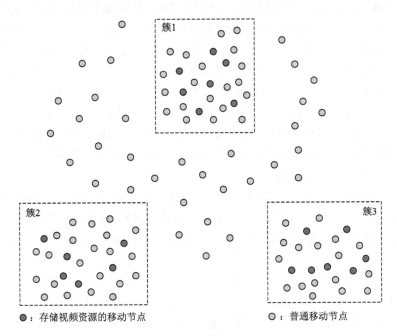

图 8-2　簇结构示例

8.4　节点社区的维护

由于具有稳定播放行为节点缓存的视频块只有退出系统时才删除，这些节点始终存在于当前节点社区中。也就是说，即使这些节点播放了其他视频块的内容，也不会迁移至其他节点社区。因此，具有稳定播放行为节点构成的节点社区具有较强的稳定性。当一个具有稳定播放行为节点的播放状态变为不稳定时，该节点可以删除本地静态缓冲区中缓存的视频块，并根据当前播放的内容跳转至对应的节点社区中。此时，该节点的信息被原节点社区的头节点删除。反之，当一个具有不稳定播放行为的节点变为稳定时，该节点会根据缓存规则缓存视频块，并加入缓存视频块对应的节点社区中。该节点的信息被当前节点社区的头节点添加至本地节点列表。例如，一个节点 n_x 加入系统，连接视频提供者 n_p，接收来自于 n_p 传输的视频数据。此时，由于 n_x 为新系统成员，没有完成当前视频块的播放，因此，n_x 为不稳定播放行为节点。由于 n_p 为对应视频块 c_a 的节点社区 C_a 中的成员，因此，n_x 为节点社区 NC_a 中的成员。若 n_x 完成当前视频块的播放后，则评估 n_x 的播放行为稳定性。若 n_x 为稳定播放行为节点，则 n_p 要求 n_x 根据视频块缓存规则缓存二叉树中对应的视频块 c_k，n_p 将 n_x 的信息发送至节点社区 C_k 的头节点 n_k，n_k 将 n_x 的信息添加至本地的节点列表中。n_x 断开与 n_p 之间的连接，与 n_k 建立逻辑连接。否则，若 n_x 为不稳定播放行为节点，当 n_x 请求新的视频块时，n_x 向 n_p 发送请求消息，n_p 将 n_x 的请求消息转发至节点社区 C_k 的头节点 n_k，n_k 利用与其他节点社区间的连接转发 n_x 的请求消息，为 n_x 搜索存储请求视频块的视频提供者。当 n_x 连接新的视频提供者 n_h 获取视频数据时，断开与 n_p 之间的连接。如果 n_x 当前播放的视频块为二叉树中流行视频块，那么 n_h 一定为具有稳定播放行为的节点，n_x 无须与其他具有稳定播放行为的节点建立连接，保持和维护当前与 n_h 的连接即可；否则，如果 n_x 当前请求播放的视频块为非流行视频块，那么 n_h 会将自己连接的具有稳定播放行为的节点信息发送至 n_x，n_x 与该节点建立逻辑连接，并利用该逻辑连接搜索网络中的视频块。

　　当 n_x 完成第二个视频块播放时，如果 n_x 的播放状态从稳定转变为不稳定，那么 n_x 向节点社区头节点 n_k 发送请求消息，n_k 为 n_x 搜索到新的视频提供者 n_g，n_x 删除本地静态缓冲区中存储的视频块，并向 n_k 发送退出消息，n_k 将 n_x 的信息从本地节点列表中删除，n_k 与 n_x 断开彼此维护的逻辑连接。与此同时，n_x 连接 n_g，并从 n_g 处获取视频数据，并加入当前播放视频块所在的节点社区。如果 n_x 当前播放的视频块为二叉树中流行视频块，那么 n_g 一定为具有稳定播放行为的节点，则 n_x 无须与其他具有稳定播放行为的节点建立连接，保持和维护当前与 n_g 的连接即可；否则，如果 n_x 当前播放的视频块为非流行视频块，那么 n_g 会将自己连接的具有稳定播放行为的节点信息发送至 n_x，n_x 与该节点建立逻辑连接，并利用该逻辑连接搜索网络中的视频块。如果 n_x 的播放状态从不稳定转变为稳定，那么 n_x 向连接的具有稳定播放行为的节点 n_h 发送请求消息，n_h 为 n_x 搜索到新的视频提供者 n_d，此时，n_h 要求 n_x 缓存二叉树中对应的视频块，n_x 会根据缓存规则缓存对应的视频块，加入该视频块对应的节点社区，并建立与节点社区头节点的逻辑连接，同时接收来自于 n_d 的视频数据。如果 n_x 的播放状态依然保持稳定，那么 n_x 不发生节点社区的迁移。如果 n_x 的播放状态依然保持不稳定，那么 n_x 向连接的具有稳定播放行为的节点发送请求消息，连接新的视频提供者，并从新的视频提供者处获得视频数据及其连接的具有稳定播放行为的节点，n_x 加入新的节点社区，并维护与新的具有稳定播放行为的节点间的逻辑连接。

虽然具有稳定播放行为的节点需要处理来自于不稳定播放行为节点的请求消息，但是这些稳定节点可以直接通过与节点社区的连接发送请求消息，不仅能够降低请求消息转发的次数，降低视频搜索时延，而且能够避免频繁切换节点社区所带来的能量消耗。具有稳定播放行为的节点所构成的节点社区具有较高的稳定性，避免了社区结构频繁重构所带来的大量的节点社区结构维护负载，而且大量请求消息处理负载被分配到具有稳定播放行为的节点处，从而极大地提升了系统的可扩展性。

8.5　资源提供者切换方法

媒体服务器存储着为移动节点提供的初始视频资源。当 P2P 网络中缺乏可用的视频资源或者 P2P 网络所提供的视频资源无法满足其服务质量要求时，服务器需要向请求节点提供视频资源。若移动节点并没有加入网络任何簇结构中，这些移动节点请求视频资源时需要向服务器发送包含资源 ID 的请求消息。当服务器收到请求消息后，可以直接向请求节点传输流媒体数据。反之，当请求节点是某一簇的成员节点时，它们优先从当前簇中获取视频资源。这是因为簇中节点拥有较近的物理距离和较高的可用带宽，在簇中资源能够满足请求节点资源需求和服务质量的情况下，从当前簇获取视频资源能够减少服务器处理的消息负载，提高系统的可扩展性。当簇中资源没有包含当前请求节点所需资源时，该节点需要向服务器发送资源请求消息，从服务器获取所需资源。此外，本节提出资源提供者切换机制，以确保资源请求节点能够及时地连接最优的资源供应者并获取视频服务。

（1）每个连接到服务器的移动节点 N_i 进入一个簇的范围时，当簇中节点能够满足 N_i 的服务质量需求且 N_i 成为当前簇的一个新成员节点时，N_i 断开与服务器的连接，选择簇中携带所需资源的节点并将其作为新的资源供应者。反之，若 N_i 无法从簇中获取所需资源，则 N_i 保持与服务器的连接，并成为簇中提供所携带资源的服务源为其他节点提供服务。

（2）当 N_i 为簇中成员节点并与簇中资源供应者保持连接时，若 N_i 离开当前簇范围导致数据传输效率下降无法满足其服务质量需求且 N_i 无法获得新的资源供应者，则 N_i 需要向服务器发送资源请求，接收来自于服务器发送的视频数据，从而确保其播放质量和连续性。

（3）当 N_i 感知到簇中视频资源提供节点的视频传输效率下降且难以满足 N_i 的服务质量需求时，N_i 需要向簇内节点发送资源查询消息，重新获取新的资源供应者。

8.6　仿真测试与性能评估

8.6.1　测试拓扑与仿真环境

在无线移动自组网下利用仿真工具 NS-2 建立一个基于 Mesh 结构的 P2P 网络拓扑。本节将 CNVS 与 MESHCHORD[11]进行对比分析，将两个解决方法分别部署在无线移动自组网中测试性能。在 CNVS 的邻居节点选择策略中，默认移动节点之间的信号强度没有衰减，以至于邻居的选择依赖于节点之间的可用带宽。邻居更新周期时间 T 被设置为 5s，从而平衡邻居节点移动状态和通信质量更新的负载。邻居节点选择阈值 S 被设置为 0.2。

无线移动自组网中移动节点数量为 200。区域大小为 1500m×1500m。节点的移动速度范围为[10, 30]m/s。节点的移动方向和速度均为随机分配。当移动节点到达随机分配的运行目标坐标后，停留时间为 0s，且以重新分配的随机方向和速度继续移动。节点的信号覆盖范围为 200m。无线路由协议为 DSR，表 8-1 列出了关于 MANET 环境的部分重要仿真参数信息。网络中任意节点与服务器之间的跳数为 6。为了更加真实地描述用户播放视频的行为，在 200 个移动节点中随机选择 60 个节点加入 P2P 网络，其中随机选择 15 个节点在 30～60s 退出系统。仿真时间为 80s。服务器和移动节点的带宽分别为 10Mbit/s 和 2Mbit/s。服务器或资源供应者与资源请求节点之间数据传输速率为 480Kbit/s，传输协议为 UDP。资源请求消息载荷大小为 2KB。请求消息传输协议为 TCP。本节为 MESHCHORD 算法在网络中部署 6 个 Mesh 路由器。

表 8-1　仿真无线网络环境参数表

参数名称	值
区域大小/m²	1500×1500
通信信道	Channel/WirelessChannel
网络层接口	Phy/WirelessPhyExt
链路层接口	MAC/802 11
移动节点数量	200
仿真时间/s	80
节点移动速度范围/(m/s)	[0, 30]
移动节点信号范围/m	200
服务器与节点间默认跳数/跳	6

续表

参数名称	值
传输层协议	UDP
路由层协议	DSR
服务器带宽/(Mbit/s)	10
移动节点带宽/(Mbit/s)	2
视频数据传输速率/(Kbit/s)	128
移动节点移动方向	随机
移动节点停留时间/s	0
视频块长度/s	20
请求消息大小/KB	2

8.6.2　仿真性能评价

CNVS 与 MESHCHORD[11]之间的性能比较主要包括平均端到端时延、网络吞吐量、平均跳数与 PLR 和路由消息负载。

（1）平均端到端时延：在周期时间内收到的数据总时延之和除以收到的数据数量表示平均端到端时延。通过观察 CNVS 与 MESHCHORD 的仿真数据，最大的时延均小于 5s。由于存在丢包，某些时间段内没有收到数据包，该时间段的时延为最大值，本节设时延最大值为 6s。

图 8-3 和表 8-2 描述了 MESHCHORD 和 CNVS 平均端到端时延的对比情况。

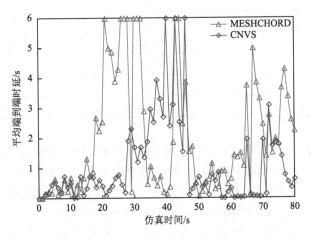

图 8-3　平均端到端时延

通过表 8-2 中平均端到端时延的结果来观察图 8-3 中两条曲线的变化情况，MESHCHORD 的平均端到端时延曲线在 17s 时经历了一个小幅度的抖动，且在 17s 后保持快速上升的趋势，在 17~48s 网络进入第一次拥塞阶段，并在随后 50~80s 又进入了第二次拥塞阶段。CNVS 的平均端到端时延曲线虽然也有类似的形状，但两个拥塞时间的起始时间分别为 28s 和 70s，并且拥塞周期较短，分别为 18s 和 9s。当第 60 个节点加入 P2P 网络后，网络中传输的视频数据达到了峰值，随着节点逐渐离开 P2P 网络，传输的视频数据会随之减少，拥塞状况会逐渐改善。

表 8-2 CNVS 和 MESHCHORD 平均端到端时延

时间/s	平均端到端时延/s	
	CNVS	MESHCHORD
5	0.523954	0.644693
10	0.494766	0.679028
17	0.691806	1.877763
20	0.393104	2.53812
28	1.903318	∞
30	1.688635	∞
35	2.965031	1.064102
40	∞	0.136526
48	0.303343	1.72229
50	0.703343	0.057738
55	0.577268	0.300432
60	0.322552	0.650339
65	1.951922	3.759304
70	1.946799	2.464349
75	1.786409	1.81839
80	0.629865	2.24511

如图 8-3 所示，CNVS 的拥塞起始时间晚于 MESHCHORD，拥塞程度也低于 MESHCHORD。例如，MESHCHORD 所经历的最大平均端到端时延为 5s，而 CNVS 的平均端到端时延峰值仅为 4s。在 CNVS 中，视频请求节点能够从簇内选择物理位置相对较近且带宽质量较好的节点作为视频资源提供节点，从而降低了视频数据传输时延。随着节点的移动，CNVS 中节点能够切换服务源，即断开当前性能

较差的服务源节点，连接带宽质量较高的服务源节点。此外，从簇内节点获得视频数据，还能够保证相对较近的物理距离，减少中间转发节点的数量，降低数据传输的时延。在 MESHCHORD 中，移动节点获取视频资源采用 gossip 协议进行广播查询，虽然 MESHCHORD 中节点能够通过跨层的方法快速反馈请求节点的查询消息，然而网络中散播着大量的查询消息增加了拥塞状况，不仅效率低下而且也增加了网络的负载。随着节点的移动，资源供应者与资源请求者之间的距离不断增加，使得两者之间视频数据传输效率逐渐下降。然而，MESHCHORD 没有服务源切换机制，逐渐降低的传输效率必然引发高时延和拥塞。虽然 CNVS 无法避免拥塞，但服务源切换机制能够改善视频数据传输状况。

（2）网络吞吐量：将所有 P2P 网络中节点收到的视频数据包总规模除以视频数据传输周期时间作为吞吐量。图 8-4 与表 8-3 描述了 CNVS 和 MESHCHORD 网络吞吐量的对比情况。

如图 8-4 和表 8-3 所示，CNVS 和 MESHCHORD 的曲线在 0～17s 快速上升，但 CNVS 的上升幅度要高于 MESHCHORD。MESHCHORD 的吞吐量曲线在 17～35s 经历了一个逐渐下降的过程，这是因为在这个时间周期内 MESHCHORD 经历了第一次拥塞，大量的数据包被丢弃。在 36～69s，MESHCHORD 的吞吐量曲线又开始缓慢上升，在第二次拥塞开始后，在 70～80s，曲线又呈下降趋势。与 MESHCHORD 不同，CNVS 的吞吐量曲线从起始阶段到 29s 均处于上升阶段，当进入到第一次拥塞后，即 30～41s，曲线开始缓慢下降，但吞吐量值仍高于 MESHCHORD。在第二次拥塞之前，CNVS 的吞吐量曲线重新开始保持上升趋势，并在第二次拥塞阶段即 42～60s，曲线仅受到轻微的影响，经过短暂的下降后保持平稳状态。根据图 8-4 所示，CNVS 的吞吐量明显高于 MESHCHORD。

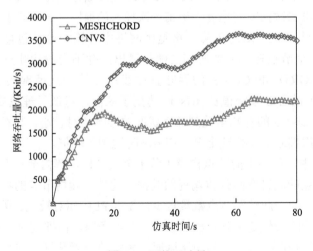

图 8-4　网络吞吐量

表 8-3　CNVS 和 MESHCHORD 的网络吞吐量

时间/s	网络吞吐量/(Kbit/s)	
	CNVS	MESHCHORD
5.32	1118.741	873.310
10.23	1988.861	1588.663
17.14	2361.495	1963.310
20.14	2748.360	1835.088
25.37	2976.803	1647.975
29.36	3123.058	1673.246
36.12	2967.867	1691.785
41.09	2887.021	1754.673
45.06	3027.039	1746.627
50.29	3294.965	1741.516
55.04	3497.034	1829.739
61.06	3656.413	2031.757
67.03	3634.164	2249.611
69.09	3627.737	2231.890
75.04	3613.684	2225.890
80.00	3501.684	2194.890

在 60 个节点加入 P2P 网络的过程中，网络中传输的视频数据包逐渐增加。随着 15 个节点离开 P2P 网络，网络中传输的视频数据逐渐下降，减轻了网络的负载，这也是第二次拥塞的程度小于第一次拥塞的原因之一。随着节点离开 P2P 网络，网络吞吐量也会随之下降，这是由网络中传输的数据包数量的下降造成的。然而，15 个节点在 30s 的时间内随机退出，并不会对吞吐量带来较大的影响。MESHCHORD 和 CNVS 的吞吐量曲线均在第一次拥塞后又重新上升。MESHCHORD 的吞吐量峰值在 67s 时达到了峰值，远低于理论峰值（12000～14521Kbit/s）。CNVS 的吞吐量受到拥塞状况的影响相对较小，其吞吐量曲线在经过短暂的第一次拥塞后又快速上升，在 61s 时达到了峰值。

在 CNVS 中，网络中的节点构成了若干个簇结构，簇内节点互相分享资源，依赖于邻居节点的高带宽高效传输视频数据。此外，簇内节点的物理距离相对较近，传输过程中的中间转发节点数量较少，使得 PLR 相对较低。因此，CNVS 的吞吐量值在初始阶段快速上升。虽然经历了两次拥塞，但拥塞对于 CNVS 的吞吐量影响较小，这是因为在传输质量下降时，资源请求者断开当前与资源供应者之间的连接，从而接入传输质量相对较好的资源供应者。在 MESHCHORD 中，每个资源请求者利用泛洪的方式查找资源，不仅增加网络的负载，而且也浪费了宝贵的网络带宽资源，使得 MESHCHORD 的拥塞状况相对严重，PLR 较高。此外，资源请求者与资源供应者之间的数据传输效率随着节点的移动而逐渐下降，从而也增大了 PLR。因此，MESHCHORD 的吞吐量不仅增加幅度较为缓慢，而且增长的时间也相对较短。

（3）平均跳数与 PLR：由流媒体数据传输产生的网络流量在整个网络流量中占据着较大比重。流媒体数据的传输性能不仅可以从端到端时延和吞吐量来描述，也可以从传输过程中中间转发节点数量（传输跳数）和 PLR 进行考察。中间转发节点数量越多，则端到端时延就越高，丢包的概率就越大。在每 10s 间隔内，将流媒体数据传输过程中中间节点数量之和与发送数据的数量的比值作为平均跳数。此外，本节将每 10s 间隔内被丢弃的流媒体数据包数量与发送数据数量之间的比值作为平均 PLR。图 8-5、图 8-6 与表 8-4 分别展示了 CNVS 和 MESHCHORD 之间平均跳数和平均 PLR 的对比情况。

在图 8-5 和表 8-4 中，MESHCHORD 对应的柱形在 0～30s 保持为 4 跳，在 30～50s 维持在 3 跳。在 50～60s 区间下降为 2 跳，在 60～80s 区间 MESHCHORD 对应的柱形从 2 跳上升至 3 跳。CNVS 对应的柱形在 0～20s 从 3 跳下降至 2 跳，在 20～40s 经历了一个起伏过程，即从 2 跳上升至 3 跳后，又下降至 2 跳。在随后的 40～80s，CNVS 对应的柱形始终维持在 2 跳。

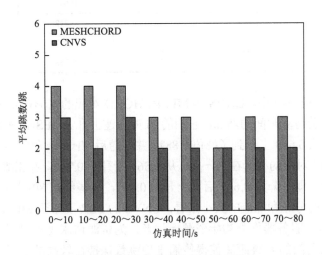

图 8-5　流媒体数据传输平均跳数

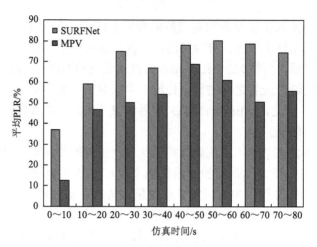

图 8-6　平均 PLR

表 8-4　CNVS 与 MESHCHORD 的平均跳数和平均 PLR

时间/s	平均跳数/跳		平均 PLR/%	
	CNVS	MESHCHORD	CNVS	MESHCHORD
0～10	3	4	0.225	0.372
10～20	2	4	0.569	0.693
20～30	3	4	0.705	0.852
30～40	2	3	0.742	0.869
40～50	2	3	0.687	0.882
50～60	2	2	0.712	0.872
60～70	2	3	0.807	0.868
70～80	2	3	0.758	0.875

在图 8-6 和表 8-4 中，CNVS 和 MESHCHORD 对应的柱形在 0～10s 均拥有较低的 PLR，随着仿真时间的增加，它们的 PLR 快速上升。MESHCHORD 对应的柱形在 10～50s 从 0.693 上升到了峰值 0.882，并在随后 50～80s 保持相对平稳的小幅度波动。CNVS 对应的柱形在 10～40s 从 0.569 上升到 0.742，并在随后 40～80s 经历了一个起伏，即下降到 0.687 后又上升至 0.807，并最终在 80s 处达到 0.758。从整个柱形取值的分布和峰值的大小来看，CNVS 的 PLR 要小于 MESHCHORD。

在 0～10s，服务器作为初始资源提供者，为资源请求者提供视频资源，服务器与移动节点之间的 6 跳距离使得传输平均跳数保持在较高的水平。随着移动节点之间分享流媒体资源后，视频数据传输平均跳数逐渐降低。然而，随着节点的移动，视频数据传输过程中中间转发节点数量不断变化。在 MESHCHORD 中，资源请求者通过泛洪查找的方式查询到资源后，连接资源供应者，由于初始时，资源供应者利用跨层技术能够快速地响应资源请求者，使得在初始数据传输过程中，视频数据传输中间转发节点数量较低，但随着节点的移动，传输中间节点数量发生变化，使得 MESHCHORD 的平均跳数始终保持在较高水平位置，以至于对应的 PLR 也随之上升。在进入到第一个拥塞阶段后，远距离传输的数据包可能被丢弃，使得 MESHCHORD 的平均 PLR 迅速上升，其对应的平均跳数开始下降。在经历过第一次拥塞后，MESHCHORD 的平均跳数开始降低，其对应的 PLR 也趋于平稳状态，并由峰值小幅下落。随着第二次拥塞的到来，MESHCHORD 的平均跳数和平均 PLR 也随之上升。在 CNVS 中，虽然资源请求者也需要从流媒体服务器获取视频资源，但通过簇的生成使得簇中节点进行流媒体资源分享，簇中节点拥有相对近的物理距离和较好的通信质量，以至于 CNVS 的平均跳数和平均 PLR 均低于 MESHCHORD。此外，CNVS 中节点能够根据当前的流媒体传输质量动态切换服务源，以至于在第一次拥塞过程中 CNVS 依然能够保持相对较低的平均跳数和平均 PLR。在经历过第一次拥塞后，CNVS 的平均跳数和平均 PLR 依然能够维持在较低水平。进一步地，第二次拥塞虽然使 CNVS 的平均 PLR 迅速提高，但对 CNVS 中视频数据的传输性能产生相对较小的影响，CNVS 的平均跳数和 PLR 依然低于 MESHCHORD。

（4）路由消息负载：网络层路由消息数量被用来表示路由消息负载。路由消息负载被用来表示应用层逻辑连接为底层流量带来的负载程度。通常 P2P 网络只关注于资源的获取，而忽略了底层流量的负载情况，即应用层的逻辑连接不关心获取资源的代价和成本，因此，P2P 具有的资源获取贪婪性为底层流量带来巨大的负担。将每 10s 内路由消息负载在图 8-7 和表 8-5 中展示。

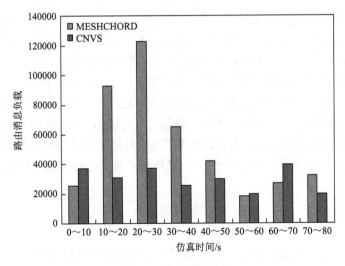

图 8-7　路由消息负载

表 8-5　CNVS 和 MESHCHORD 的路由消息负载

时间/s	路由消息负载	
	CNVS	MESHCHORD
0～10	37098	25874
10～20	30826	92880
20～30	37450	123025
30～40	25922	65091
40～50	30048	41985
50～60	20045	18349
60～70	39528	27327
70～80	19956	32415

在图 8-7 和表 8-5 中，MESHCHORD 的消息负载要远高于 CNVS。MESHCHORD 对应的柱形随 P2P 网络中节点数量的增加而逐渐增加。例如，在 10～30s，MESHCHORD 的路由消息负载达到了峰值（123025），并在 30～60s，存在一个明显的下落过程。最终，MESHCHORD 的柱形在 60～80s 拥有一个小幅度上升的趋势。CNVS 对应的柱形在仿真时间增加的过程中一直处于小幅度波动的状态。CNVS 的路由消息负载在 60～70s 达到了峰值（39528）。

初始时，MESHCHORD 和 CNVS 获取视频资源的方式均为连接服务器，使得初始阶段路由消息负载均保持较低水平，然而，随着节点加入 P2P 网络，MESHCHORD 以泛洪的方式查找视频资源，节点之间的逻辑连接并没有考虑通信双方的位置因素。随着节点的移动，通信双方的物理距离逐渐增加，以至于中间转发节点数量增加，路由消息数量逐渐增大，在第一个拥塞过程中，MESHCHORD 的路由消息负载达到了最大。随着节点的退出和大量数据包的丢失，网络拥塞状况得到了缓解，以至于 MESHCHORD 的路由消息数量逐渐降低。伴随着第二次拥塞的到来，MESHCHORD 的路由消息负载又逐渐上升。CNVS 中节点能够以聚类方式分享视频资源，使得通信双方的物理距离相对较近，中间转发节点数量较少，使得路由消息负载数量保持较低的水平。随着节点的移动，CNVS 中节点能够根据通信质量的变化而动态地切换服务源，使得节点依然能够连接物理位置较近且通信质量较好的节点，以至于 CNVS 的路由消息负载一直处于较小程度的波动状态。

8.7　本 章 小 结

本章提出了一个基于跨层感知和邻居协作的资源分享策略——CNVS。CNVS 采用两层系统架构，主要包含邻居层和簇层，邻居层中节点间具有较近的物理位置和较高的通信质量,确保了高效的视频资源传输。通过利用跨层感知和邻居节点协助,携带视频资源的节点能够扩散自身存储的资源消息,从而与邻居节点生成节点簇结构。利用节点簇结构,资源请求节点能够快速地定位携带所需资源的资源供应者,并能够连接到物理位置较近且通信质量较好的资源提供者。CNVS 提出了一个服务源切换方法,使得资源请求者能够根据自身 QoS 变化动态地选择资源获取代价低且通信质量较好的资源提供者,从而更好地适应移动环境下动态的网络环境变化。将 CNVS 与 MESHCHORD 进行仿真对比。仿真结果表明 CNVS 能够获得较低的端到端时延、平均跳数和路由消息负载及较高的网络吞吐量。然而,CNVS 不支持动态自适应的邻居节点维护机制,邻居节点状态的时效性和维护负载依赖于邻居节点状态更新周期的设定。CNVS 采用的短更新周期能够及时发现邻居节点状态变化,提升视频资源的散播速率,但邻居节点状态维护负载较高,浪费了无线网络带宽资源。

参 考 文 献

[1] Li J, Chan S H. Optimizing segment caching for mobile peer-to-peer interactive streaming. Proceedings of IEEE International Conference on Communications, Cape Town, 2010.

[2] Xu C, Zhao F, Guan J, et al. QoE-driven user-centric VoD services in urban multi-homed P2P-based vehicular networks. IEEE Transactions on Vehicular Technology, 2013, 62 (5): 2273-2289.

[3] Guan Q, Yu F R, Jiang S, et al. Topology control in mobile ad hoc networks with cooperative communications. IEEE Wireless Communications, 2012, 19 (2): 74-79.

[4] Oh H R, Wu D O, Song H. An effective mesh-pull-based P2P video streaming system using Fountain codes with variable symbol sizes. Computer Networks, 2011, 55 (12): 2746-2759.

[5] Zhang X, Liu J, Li B, et al. CoolStreaming/DONet: A data-driven overlay network for peer-to-peer live media streaming. IEEE INFOCOM, Miami, 2005.

[6] Wang D, Yeo C K. Superchunk-based efficient search in P2P-VoD system multimedia. IEEE Transactions on Multimedia, 2011, 13 (2): 376-387.

[7] Tchakarov J B, Vaidya N H. Efficient content location in wireless ad hoc networks. IEEE International Conference on Mobile Data Management, Berkeley, 2004.

[8] Hoh C, Hwang R. P2P file sharing system over MANET based on swarm intelligence: A cross-layer design. IEEE International Conference on WCNC, Hong Kong, 2007.

[9] Repantis T, Kalogeraki V. Data dissemination in mobile peer-to-peer networks. IEEE International Conference on Mobile Data Management, Nicosia, 2005.

[10] Tran D A, Minh L, Hua K A. MobiVoD: A video-on-demand system design for mobile ad hoc networks. IEEE International Conference on Mobile Data Management, Berkeley, 2004.

[11] Canali C, Renda M E, Santi P, et al. Enabling efficient peer-to-peer resource sharing in wireless mesh networks. IEEE Transactions on Mobile Computing, 2010, 9 (3): 333-347.

[12] Luss H. Optimal content distribution in video-on-demand tree networks. IEEE Transactions on Systems, Man and Cybernetics, 2010, 40 (1): 68-75.

[13] Xu C，Muntean G M，Fallon E，et al. A balanced tree-based strategy for unstructured media distribution in P2P networks. IEEE International Conference on Communications，Beijing，2008.

[14] Xu T Y，Chen J Z，Li W Z，et al. Supporting VCR-like operations in derivative tree-based P2P streaming systems. IEEE International Conference on Communications，Dresden，2009.

[15] Xu C，Muntean G M，Fallon E，et al. Distributed storage-assisted data-driven overlay network for P2P VoD services. IEEE Transactions on Broadcasting，2009，55（1）：1-10.

[16] Yiu W P K，Jin X，Chan S H G. VMesh: Distributed segment storage for peer-to-peer interactive video streaming. IEEE Journal on Selected Areas in Communications，2007，25（9）：1717-1731.

[17] Chan S H G，Yiu W P K. Distributed storage to support user interactivity in peer-to-peer video. US Patent，7925781，2011.

[18] Stoica I，Morris R，Karger D，et al. Chord: A scalable peer-to-peer lookup service for internet applications. Proceedings of ACM SIGCOMM，San Diego，2001.

[19] Liu C L，Wang C Y，Wei H Y. Cross-layer mobile chord P2P protocol design for VANET. International Journal of ad hoc and Ubiquitous Computing，2010，6（3）：150-163.

[20] Li F，Wu J. MOPS: Providing content-based service in disruption-tolerant networks. IEEE International Conference on ICDCS，Nara，2009.

[21] Costa P，Mascolo C，Musolesi M，et al. Socially-aware routing for publish-subscribe in delay-tolerant mobile ad hoc networks. IEEE Journal on Selected Areas in Communications，2008，26（5）：748-760.

[22] Yoneki E，Hui P，Chan S，et al. A socio-aware overlay for publish/subscribe communication in delay tolerant networks. ACM International Conference on MSWiM，Chania，2007.

[23] Boldrini C，Conti M，Passarella A. Contentplace: Social-aware data dissemination in opportunistic networks. ACM International Conference on MSWIM，New York，2008.

[24] Chen K，Shen H，Zhang H. Leveraging social networks for P2P content-based file sharing in disconnected MANETs. IEEE Transactions in Mobile Computing，2014，13（2）：235-249.

[25] Li Z，Shen H，Wang H，et al. SocialTube: P2P-assisted video sharing in online social networks. IEEE INFOCOM，Orlando，2012.

[26] Lin K C J，Wang C P，Chou C F，et al. SocioNet: A social-based multimedia access system for unstructured P2P networks. IEEE Transactions in Parallel And Distributed Systems，2010，21（7）：1027-1041.

[27] Berry R，Yeh E. Cross-layer wireless resource allocation. IEEE Signal Processing Magazine，2004，21（5）：59-68.

[28] Conti M，Gregori E，Turi G. A cross-layer optimization of gnutella for mobile ad hoc networks. Proceedings of the 6th ACM International Symposium on Mobile Ad Hoc Networking and Computing，Urbana-Champaign，2005.

[29] Melodia T，Akyildiz I F. Cross-layer QoS-aware communication for ultra wide band wireless multimedia sensor networks. IEEE Journal on Selected Areas in Communications，2010，28（5）：653-663.

[30] Milani S，Calvagno G. A low-complexity cross-layer optimization algorithm for video communication over wireless networks. IEEE Transactions on Multimedia，2009，11（5）：810-821.

[31] Hills A，Schlegel J，Jenkins B. Estimating signal strengths in the design of an indoor wireless network. IEEE Transactions on Wireless Communications，2004，3（1）：17-19.

[32] Razzaq A，Mehaoua A. Layered video transmission using wireless path diversity based on grey relational analysis. IEEE International Conference on Communications，Kyoto，2011.

[33] Bo Y，Balanis C A. Least square method to optimize the coefficients of complex finite-difference space stencils. IEEE Antennas and Wireless Propagation Letters，2006，5（1）：450-453.

第9章 基于稳定邻居节点的视频资源协作获取方法

基于一跳邻居协作的视频资源共享不仅能够成功地实现视频流量在底层网络卸载、降低网络流量负载压力，而且突破节点带宽限制，加速视频资源传输进程，支持高体验质量。合适的一条邻居协作节点的发现和选择成为基于一跳邻居协作的视频资源共享方法的关键因素。本章介绍基于稳定邻居节点的视频资源协作获取方法。通过实施获取一跳邻居节点移动状态变化信息，评估一跳邻居节点移动稳定性，度量当前节点与一跳节点间邻居关系的稳定程度。为了提升一跳邻居协作资源获取效率，本章设计通信质量预测模型，评估与一跳邻居节点的连接可靠性并预测可用带宽。本章设计基于一跳邻居节点协助的资源获取方法，能够根据移动稳定性和通信质量选择一跳协作邻居节点，提升视频资源获取效率，最后，对本章提出的方法进行仿真和性能比较。

9.1 引　　言

为用户提供丰富媒体内容的流媒体服务已经成为目前互联网最具特色和吸引力的应用[1-6]。移动终端有限的计算、存储和带宽资源限制了视频资源在移动终端之间的分享效率，尤其在无线多跳环境下链路可靠性对流媒体数据传输产生巨大影响[7]。因此，在无线移动自组网中提供大规模和高质量的视频服务面临着巨大的挑战。协作已经成为资源获取策略研究方面基础性指导准则[8-16]。例如，信息中心网络（information-centric networking，ICN）是一个全新的网络架构，ICN 将传统以特定节点互联为中心的设计思想转换成为关注信息获取和分享。根据资源流行度和用户兴趣等因素，利用网络中的节点协作缓存和替换资源，加速资源的散播和提高分享效率，从而解决网络中可用资源短缺的问题[17]。然而，现有 ICN 的解决方案并没有提及资源管理、查询分发等策略，以至于 ICN 无法支持具有实时特性的流媒体服务。此外，资源的缓存与替换没有相关先验或后验知识的指导，使得替换抖动现象浪费了大量的存储和带宽资源。文献[12]提出了一个基于车辆遭遇的视频资源协作下载策略。在城市非线性道路环境下建立连通图模型，收集车辆运行轨迹并计算携带所请求视频资源的协作车辆与请求车辆之间遭遇的概率，以遭遇概率作为选择协作车辆的依据，从而实现视频资源协作获取。然而，车辆遭遇预测失败及等待遭遇时延无法满足流媒体实时性需求。

　　利用与资源请求节点物理位置相近节点（一跳邻居节点）的带宽和存储资源协作获取视频资源，不仅能够满足流媒体服务对实时性的要求，而且能够加速流媒体资源的下载过程，从而提高资源分享能力和在无线多跳环境下降低链路频繁断开的影响。利用位置相近的移动节点进行资源协作获取的解决方案已经纷纷被提出。例如，文献[8]提出了一个基于移动节点分组的资源协作获取方法——C_5。C_5 利用一个在混合移动网络中的小规模 P2SP 架构来最大化 WWAN 网络链路利用率，目的是解决并发流量问题。组内节点之间分享自身携带的数据主要采用高速的 WLAN。通过利用空闲的 WLAN 接口，C_5 能够提高组内节点资源获取效率。然而，C_5 中开展组内节点协作获取资源需要一个前提条件：组内节点需要长时间保持物理位置相邻及组内节点均请求同一资源。这个前提条件限制了 C_5 的可行性。文献[9]提出了一个增强接入点（access point，AP）部署的解决方案，该解决方案被用来优化车辆在城市区域内协作获取资源。然而，该解决方案建立在对车辆运动轨迹和数据调度的精确预测上，从而限制了该方案实施的可能性。此外，随着车辆的移动，请求下载资源的节点与协作节点（其他车辆和 AP）之间的位置发生动态变化，从而增加数据调度负载和连接断开的概率。文献[13]提出了一个基于实时流媒体服务的移动多路径协作网络。移动设备能够利用其邻近移动设备以多接入链路的方式访问云端（WWAN 和 WLAN）。通过动态地在多个邻居协作设备间建立多路径传输，视频资源供应者使用不同的端到端路径为资源请求者传输流媒体数据。多条无线接入链路提供的聚合带宽能够提供较高的吞吐量，从而确保了用户能够感受到高质量的流媒体服务。然而，该解决方案忽略了邻居节点移动性的考察，即它建立在邻居节点移动性并不能够对协作获取性能产生较大影响的前提下。在多路径传输过程中，多个协作邻居的移动性能够导致连接不稳定，使得流媒体资源传输性能下降，从而严重影响了用户体验效果。文献[16]采用一个最近距离的策略来选择 patching 节点（PatchPeer）。资源请求节点从其一跳邻居中选择距离最近的节点作为 patching 节点，为其传输 patching 流数据。近的物理距离能够确保视频数据的高效交付（低时延和丢包）。然而，PatchPeer 忽略了节点移动性问题，即距离最近的 patching 节点会随着移动从一跳邻居变成多跳邻居，使得流媒体数据的传输效率迅速下降。显然，在资源请求者与协作邻居之间的一跳邻居关系稳定性和通信质量成为协作获取策略中至关重要的因素。

　　本章提出了一个移动自组网下基于稳定邻居节点的视频资源协作获取策略（a stable-neighbor-based cooperative delivery strategy of video resources in mobile ad-hoc networks，SND）。通过考察一跳邻居的移动速度、方向和位置，SND 建立了一个一跳邻居稳定性评估模型。为了确保资源协作获取效率，SND 构建了一个通信质量预测模型，该模型主要用来考察一跳邻居与资源供应者和资源请求者之间的链路可靠性与预测带宽值。资源请求者选择具有较高稳定性和可用预测带宽且链路可靠的一跳邻居作为协作邻居（图 9-1 中节点 B），从而实施资源协作获取。基于协作邻居协助的资源获取方法能够加速资源本地化过程，并且能够避免节点移动性对协作获取效果的影响。根据仿真实验结果，SND 能够获得较低平均端到端时延、平均 PLR、维护负载与较高的协作邻居选择精度、平均吞吐量和视频质量。

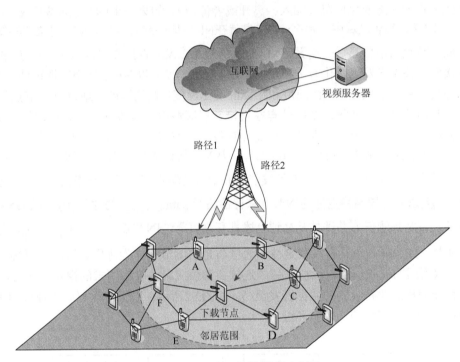

图 9-1　一跳邻居协作获取示意图

9.2　邻居节点稳定性评估模型

在无线移动自组网中，每个移动设备通常配备一个全球定位系统（global positioning system，GPS）接收器、一个无线网络接口和一个视频播放器。如图 9-1 所示，任意节点 N_i（downloader）的无线信号范围可以定义为直接邻居区域（immediate neighbor region，INR）。在 N_i 的直接邻居区域中的每一个移动节点（如节点 A、B、C、D、E 和 F）可以视为 N_i 的直接邻居（immediate neighbor，IN）。利用 GPS 接收器实施位置感知[18-20]，N_i 能够获取直接邻居区域中所有节点的物理位置。利用无线网络接口，N_i 能够与其 IN 节点交互控制信息及支持流媒体数据的传输。N_i 利用 MAC 层的一跳广播来探测 N_i 的 IN 节点状态。当 N_i 的 IN 节点收到来自于 N_i 的探测消息时，返回当前的平均移动速度。N_i 使用一个列表来存储 IN 节点的相关信息，即

$NL_i = (n_1, n_2, \cdots, n_n)$，其中 $n_c = ((X_c, Y_c), sp_c)$ 是一个 2 元数组结构，(X_c, Y_c) 与 sp_c 分别是节点 n_c 的物理位置坐标和平均速度。

随着节点的移动，N_i 的 IN 节点位置也在动态地变化，节点列表 NL_i 中的元素也将随之动态变化。通过重新使用位置感知的方法，N_i 能够获得一个新的 IN 节点列表：$NL_i^{(new)} = (n_1, n_2, \cdots, n_m)$。通过对比两个节点列表 NL_i 和 $NL_i^{(new)}$，N_i 能够评估每个 IN 节点的状态变化情况（加入、离开或者停留）。如果一个 IN 节点 n_j 离开或者进入 str_i 的直接邻居区域中，那么 n_j 的信息就在 NL_i 中删除或者增加。N_i 重用位置感知获取 IN 节点状态信息后（N_i 更新 NL_i），n_j 仍停留在 N_i 的直接邻居区域中（n_j 与 N_i 的直接邻居关系未发生变化），n_j 被 N_i 视为稳定节点，N_i 可以对 n_j 进行稳定性评估。通过考察所有 IN 节点相对 N_i 的速度和距离的变化程度，N_i 能够动态地调节 IN 节点状态更新周期时间，并将每个 IN 节点在直接邻居区域中的停留时间及其移动状态变化程度作为其稳定性评估参数，从而计算每个 IN 节点的稳定性。从资源供应者到 N_i 的视频资源传输路径可以分为两部分：从 N_i 到协作邻居 $path_{N_i \to CN}$ 和从协作邻居到资源供应者 $path_{CN \to supplier}$。为了发现具有最大传输带宽和可靠链路状态的协作邻居，N_i 要求具有较高稳定性的 IN 节点来评估路径 $path_{INs \to supplier}$ 的通信质量（链路可靠性及带宽预测值），并评估从 N_i 到上述具有高可靠性 IN 节点路径 $path_{N_i \to INs}$ 上的通信质量。N_i 选择一个具有高稳定性和通信质量的 IN 节点作为协作邻居，从而协助 N_i 获取所需的视频资源。当协作邻居连接资源供应者并收到请求的视频数据时，该协作邻居立即将收到的数据转发至 N_i。如图 9-2 所示，以上协作邻居选择过程可被视为一个自感知的认知循环过程[21]。

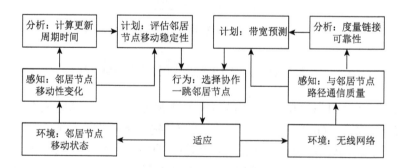

图 9-2　协作邻居选择过程

在上述过程中，需要处理以下四个关键问题。

（1）IN 节点运动状态变化程度评估。设 $S = (NL_i \bigcap NL_i^{(new)}) = (n_a, n_b, \cdots, n_k)$ 为非空有限集合（S 长度为 k），S 中所有元素均被视为 N_i 的稳定 IN 节点，即经过一

个或多个 N_i 的更新周期。通过考察 S 中每个节点相对于 N_i 的移动速度和距离的变化程度，从而生成 IN 节点更新周期的调节因子。

（2）IN 节点列表更新。SND 采用基于可变周期的直接邻居更新策略，根据 IN 节点运动状态变化程度，动态地调节更新周期大小。若 IN 节点运动状态变化程度越低，则更新周期时间越长；反之，若运动状态变化程度越剧烈，则提高更新频率，及时地获取最新的状态信息。

（3）加权稳定性评估模型。将单个节点移动性变化程度作为节点稳定性的影响因素，主要包括单个 IN 节点相对于 N_i 的移动速度、方向和距离。将上述影响因素作为稳定性评估权重因子，结合 IN 节点在直接邻居区域中的停留时间来计算稳定性。

（4）通信质量预测。选择具有较高稳定度的 IN 节点，评估路径 $\text{path}_{\text{INs}\rightarrow\text{supplier}}$ 和 $\text{path}_{N_i\rightarrow\text{INs}}$ 的通信质量，过滤链路不可靠的 IN 节点，将链路可靠的 IN 节点视为协作邻居候选节点。

9.2.1　IN 节点运动状态变化

考察集合 S 中 IN 节点运动状态变化程度的目的是评估 IN 节点更新周期的调节因子。根据信息理论模型[22]，使用 S 中所有元素在更新前后的运动状态信息量 $G(N_i)$ 来表示邻居节点变化程度，如式（9-1）所示。

$$G(N_i) = E(S^{(c)}) - I(S^{(p)}), \quad G(N_i) \in [-1, 1] \tag{9-1}$$

式中，$S^{(c)}$ 和 $S^{(p)}$ 分别为 S 中 IN 节点更新前后的运动状态；$E(S^{(c)})$ 与 $I(S^{(p)})$ 分别为 $S^{(c)}$ 和 $S^{(p)}$ 对应产生的信息熵。

$$E(S^{(c)}) = \begin{cases} -P^{(c)} \log_2 P^{(c)}, & 0 < P^{(c)} < 1 \\ 0, & P^{(c)} = 0 \\ 1, & P^{(c)} = 1 \end{cases} \tag{9-2}$$

式中，$P^{(c)}$ 为更新后 $S^{(c)}$ 中所有元素的运动状态（平均速度及距离）产生的评估值。通过分析 $S^{(c)}$ 中所有元素的运动状态分布，利用最小二乘法及线性回归分析评估该分布[23, 24]，并计算 $P^{(c)}$。设 $D(S^{(c)})$ 为一个非空有限集合，表示 $S^{(c)}$ 中所有元素的运动状态分布。在式（9-3）中，$D(S^{(c)})$ 中每个元素均由一个 2 元组构成，分别用来存储 $S^{(c)}$ 中每个元素相对于 N_i 的速度与距离。

$$D(S^{(c)}) = \{(n_a^{\text{sd}_{ia}}, n_a^{|\text{sp}_{ia}|}), (n_b^{\text{sd}_{ib}}, n_b^{|\text{sp}_{ib}|}), \cdots, (n_k^{\text{sd}_{ik}}, n_k^{|\text{sp}_{ik}|})\} \tag{9-3}$$

式中，$n_j^{\text{sd}_{ij}}$ 和 $n_j^{|\text{sp}_{ij}|}$ 分别为 $S^{(c)}$ 中节点 N_j 相对于 N_i 的距离与移动速度。$n_j^{\text{sd}_{ij}}$ 的初始值可以由式（9-4）计算获得。

$$n_j^{\mathrm{sd}_{ij}} = \sqrt{(X_i - X_j)^2 + (Y_i - Y_j)^2}, \quad n_j^{\mathrm{sd}_{ij}} \in [0, n_{\mathrm{MAX}}^{\mathrm{sd}}] \tag{9-4}$$

式中，(X_i, Y_i) 与 (X_j, Y_j) 分别为 N_i 和 n_j 的物理位置坐标；$n_{\mathrm{MAX}}^{\mathrm{sd}}$ 为相对于 N_i 的距离最大值，可将 $n_{\mathrm{MAX}}^{\mathrm{sd}}$ 的值设置为直接邻居区域半径 R，$n_j^{\mathrm{sd}_{ij}} > n_{\mathrm{MAX}}^{\mathrm{sd}}$ 表示 N_i 和 n_j 之间的距离超过了 N_i 的信号覆盖范围（n_j 离开 N_i 的直接邻居区域）。$n_j^{|\mathrm{sp}_{ij}|}$ 的初始值可以由 N_i 和 n_j 的平均速度之差的绝对值来表示，如式（9-5）所示。

$$n_j^{|\mathrm{sp}_{ij}|} = \begin{cases} |N_i^{\mathrm{sp}} - n_j^{\mathrm{sp}}|, & 0 \leqslant |N_i^{\mathrm{sp}} - n_j^{\mathrm{sp}}| < n_{\mathrm{MAX}}^{\mathrm{sp}} \\ n_{\mathrm{MAX}}^{\mathrm{sp}}, & |N_i^{\mathrm{sp}} - n_j^{\mathrm{sp}}| \geqslant n_{\mathrm{MAX}}^{\mathrm{sp}} \end{cases} \tag{9-5}$$

式中，N_i^{sp} 与 n_j^{sp} 分别为 N_i 和 n_j 的平均速度；$n_{\mathrm{MAX}}^{\mathrm{sp}}$ 为系统定义的相对速度最大值。为了方便起见，根据式（9-6），可以将 $D(S^{(c)})$ 中的各元素进行归一化。

$$\hat{n}_j^{|\mathrm{sp}_{ij}|} = \frac{n_j^{|\mathrm{sp}_{ij}|}}{n_{\mathrm{max}}^{\mathrm{sp}}}, \hat{n}_j^{\mathrm{sd}_{ij}} = \frac{n_j^{\mathrm{sd}_{ij}}}{n_{\mathrm{max}}^{\mathrm{sd}}}, \quad \hat{n}_j^{|\mathrm{sp}_{ij}|}, \hat{n}_j^{\mathrm{sd}_{ij}} \in [0,1] \tag{9-6}$$

如图 9-3 所示，设 N_i 为该坐标系的原点，x 轴和 y 轴分别表示相对距离及相对速度。$D(S^{(c)})$ 中所有元素映射到该坐标系中。l 为 $D(S^{(c)})$ 的线性回归直线，$d_{N_i \to l}^{D(S^{(c)})}$ 为原点到 l 的距离。通过最小二乘法计算 $D(S^{(c)})$ 中元素的相关系数 $r^{D(S^{(c)})}$，并将垂直距离 $d_{N_i \to l}^{D(S^{(c)})}$ 和 $r^{D(S^{(c)})}$ 作为计算 $P^{(c)}$ 的参数，如式（9-7）所示。

$$P^{(c)} = r^{D(S^{(c)})} \times (1 - d_{N_i \to l}^{D(S^{(c)})}), \quad P^{(c)} \in [0,1] \tag{9-7}$$

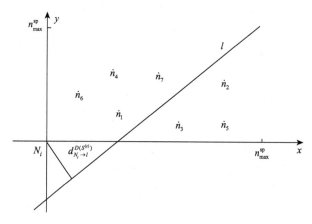

图 9-3　线性回归模型

式中，$r^{D(S^{(c)})}$ 是 $D(S^{(c)})$ 中回归数据点的相关系数，被用来表示 $S^{(c)}$ 中元素运动状态之间的差异程度，其值可由式（9-8）计算获得。$r^{D(S^{(c)})}$ 的值越大，$D(S^{(c)})$ 中元素的状态差异就越小。

$$r^{D(S^{(c)})} = \frac{\sum_{c=1}^{k} |\hat{n}_c^{|sp_{ic}|} - \overline{\hat{n}^{sp}}| \times |\hat{n}_c^{sd_{ic}} - \overline{\hat{n}^{sd}}|}{\sqrt{\sum_{c=1}^{k} |\hat{n}_c^{|sp_{ic}|} - \overline{\hat{n}^{sp}}|^2} \times \sqrt{\sum_{c=1}^{k} |\hat{n}_c^{sd_{ic}} - \overline{\hat{n}^{sd}}|^2}} \tag{9-8}$$

式中，$\overline{\hat{n}^{sp}}$ 与 $\overline{\hat{n}^{sd}}$ 分别为 $S^{(c)}$ 中元素相对速度和距离的平均值，其值的计算方法如式（9-9）所示。

$$\overline{\hat{n}^{sp}} = \frac{\sum_{c=1}^{k} \hat{n}_c^{|sp_{ic}|}}{k}, \overline{\hat{n}^{sd}} = \frac{\sum_{c=1}^{k} \hat{n}_c^{sd_{ic}}}{k}, \quad \overline{\hat{n}^{sp}}, \overline{\hat{n}^{sd}} \in [0,1] \tag{9-9}$$

$d_{N_i \to l}^{D(S^{(c)})}$ 表示 N_i 与 $S^{(c)}$ 中所有元素运动状态的偏移量，其值可由式（9-10）计算获得。$d_{N_i \to l}^{D(S^{(c)})}$ 值越低，表明 N_i 与 $S^{(c)}$ 中所有元素运动状态差异越低。

$$d_{N_i \to l}^{D(S^{(c)})} = \frac{|b_l \overline{\hat{n}^{sp}} - \overline{\hat{n}^{sd}} + c|}{\sqrt{1 + b_l^2}}, \quad d_{N_i \to l}^{D(S^{(c)})} \in [0,1] \tag{9-10}$$

式中，c 为直线方程常数；b_l 为 $D(S^{(c)})$ 的线性回归拟合直线斜率，其值可由式（9-11）计算获得。

$$b_l = \frac{\sum_{c=1}^{k} \hat{n}_c^{|sp_{ic}|} \hat{n}_c^{sd_{ic}} - k \overline{\hat{n}^{sp}} \overline{\hat{n}^{sd}}}{\sum_{c=1}^{k} (\hat{n}_c^{sd_{ic}})^2 - k(\overline{\hat{n}^{sd}})^2}, \quad b_l \in [-\infty, +\infty] \tag{9-11}$$

式（9-12）描述了 N_i 更新 IN 节点列表后 $S^{(p)}$ 中所有元素运动状态（平均速度及距离）所产生的信息熵。

$$I(S^{(p)}) = \begin{cases} -P^{(p)}, & \log_2 P^{(p)} 0 < P^{(p)} < 1 \\ 0, & P^{(p)} = 0 \\ 1, & P^{(p)} = 1 \end{cases} \tag{9-12}$$

$$P^{(p)} = r^{D(S^{(p)})} \times (1 - d_{N_i \to l}^{D(S^{(p)})}), \quad P^{(p)} \in [0,1]$$

$P^{(p)}$ 值的计算方法与 $P^{(c)}$ 相同，此处不再赘述。$G(N_i)$ 的值越大，S 中 IN 节点运动状态越趋向于稳定。

9.2.2　基于自调节周期的 IN 节点更新机制

如上面所述，对于 IN 节点的管理及其运动状态更新，需要制定一个 IN 节点列表更新机制。对于 IN 节点的更新，现有研究通常采用定时周期更新策略[25]，其主要思想是每隔 T 单位时间移动节点更新其一跳邻居状态（更新周期的大小可以根据实际应用需要设置为 1min 或者 1h）。定时周期更新策略根据周期的设置可以分为静态更新和动态更新。静态更新通常设置一个固定的更新周期，移动节点根据设定的更新周期发送探测信息至其一跳邻居，从而更新其一跳邻居。更新周期的设定决定了维护一跳邻居的成本和效果。例如，若更新周期较长，则移动节点发送探测消息的频率越低，从而降低探测消息的数量，却无法获得一跳邻居的实时状态。反之，若更新周期较短，则可以及时地获得一跳邻居的实时状态，但需要频繁地发送探测消息，从而增加一跳邻居状态维护负载。SND 提出一个基于自调节周期的 IN 节点更新机制（self-regulated period-based immediate neighbor list update mechanism，SPUM）。根据 IN 节点运动状态变化程度 $G(N_i)$，N_i 自适应地动态调节更新周期。当 IN 节点运动状态变化程度较高时，需要大幅度地调节更新周期。例如，若 $G(N_i)$ 值趋近于 -1，则需要降低更新周期，及时地获取 IN 节点运动状态，发现稳定 IN 节点，以应对网络环境变化。反之，若 $G(N_i)$ 值趋近于 1，则需要增加更新周期，减少探测 IN 节点消息的频率。当 IN 节点运动状态变化程度较低时（如 $G(N_i)$ 值在多个更新周期后趋近于 0），表明 IN 节点运动状态趋于相对稳定。SPUM 不仅能够有效地降低对 IN 节点的状态维护成本，而且能够动态地适应网络环境变化，确保及时地发现稳定的邻居节点。设 ut_i 为可变更新周期，其初始值大于 0s。ut_i 的调节机制如式（9-13）所示。

$$ut_i = ut_i^{(P)}(1 + R_i \times \sin(G(N_i)))$$ （9-13）

式中，ut_i 与 $ut_i^{(P)}$ 分别为 N_i 的更新前后的更新周期；$G(N_i)$ 为当前更新 IN 节点后所获得的运动状态变化程度评估值；R_i 为 $G(N_i)$ 的权值，如式（9-14）所示。

$$R_i = \frac{|S|}{|NL_i^{(new)}|}, \quad R_i \in [0,1]$$ （9-14）

式中，$|S|$ 与 $|NL_i^{(new)}|$ 分别为集合 S 和 $|NL_i^{(new)}|$ 所含元素数量；R_i 为 $|S|$ 和 $|NL_i^{(new)}|$ 的比值。事实上，R_i 为计算 $G(N_i)$ 值相对于 $NL_i^{(new)}$ 中元素数量的采样比。若 R_i 值越大，则调节 ut_i 的程度就越高。

9.2.3　稳定性评估模型

如上面所述，IN 节点在直接邻居区域中停留时间越长，其稳定性就越高。由于每个 IN 节点运动状态存在差异性，SND 采用加权方法来评估每一个 IN 节点的稳定性。IN 节点的相对于 N_i 的运动速度、方向和距离均可以作为评估权重因子的参数。将这些评估参数在 N_i 更新其 IN 节点前后发生的变化程度作为权值影响 IN 节点稳定性的评估值。

（1）IN 节点相对速度与距离的权重因子。通过利用欧氏距离公式，将归一化的 IN 节点 n_j 的相对速度与距离作为评估参数，从而计算对应的权值，如式（9-15）所示。

$$vr_{ij} = \sqrt{(\hat{n}_j^{|sp_{ij}|} - (\hat{n}_j^{|sp_{ij}|})')^2 + (\hat{n}_j^{sd_{ij}} - (\hat{n}_j^{sd_{ij}})')^2} \qquad (9-15)$$

式中，$\hat{n}_j^{|sp_{ij}|}$ 和 $(\hat{n}_j^{|sp_{ij}|})'$ 分别为在 N_i 更新 IN 节点前后 n_j 的相对速度的归一值；$\hat{n}_j^{sd_{ij}}$ 和 $(\hat{n}_j^{sd_{ij}})'$ 分别为在 N_i 更新 IN 节点前后 n_j 的相对距离的归一值。若 $vr_{ij} \in [0,\sqrt{2}]$ 值越低，则 n_j 的运动状态变化越稳定。

（2）IN 节点运动方向的权重因子。$(X_j^{(C)},Y_j^{(C)})$ 和 $(X_j^{(P)},Y_j^{(P)})$ 分别为在 N_i 更新 IN 节点前后 n_j 的物理位置坐标。$(X_i^{(C)},Y_i^{(C)})$ 和 $(X_i^{(P)},Y_i^{(P)})$ 分别为在同一更新周期前后 N_i 的物理位置坐标。N_i 和 n_j 的运行轨迹产生两个方向向量，如式（9-16）所示。

$$\begin{cases} \boldsymbol{n}_j = (X_j^{(C)} - X_j^{(P)}, Y_j^{(C)} - Y_j^{(P)}) \\ \boldsymbol{N}_i = (X_i^{(C)} - X_i^{(P)}, Y_i^{(C)} - Y_i^{(P)}) \end{cases} \qquad (9-16)$$

根据向量夹角余弦公式，利用 $\boldsymbol{n}_j$ 与 $\boldsymbol{N}_i$ 计算 N_i 和 n_j 的运动方向夹角，如式（9-17）所示。

$$DR_{ij} = \cos\theta = \frac{\boldsymbol{N}_i \cdot \boldsymbol{n}_j}{|\boldsymbol{N}_i||\boldsymbol{n}_j|}, \quad \cos\theta \in [-1,1] \qquad (9-17)$$

$DR_{ij} \in (0,1]$ 表明 n_j 和 N_i 的运动方向是相近的（若 $DR_{ij}=1$，则 n_j 和 N_i 的运动方向是相同的）。$DR_{ij} \in [-1,0)$ 表明 n_j 和 N_i 的运动方向是相反的（若 $DR_{ij}=-1$，则 n_j 和 N_i 的运动方向是背离的）。$DR_{ij}=0$ 表明当 n_j 和 N_i 的运动轨迹的夹角为 90° 时，n_j 和 N_i 呈正交关系。N_i 的 IN 节点 n_j 的稳定性可以由式（9-18）计算获得。

$$st_{ij} = \begin{cases} st_{ij}^{(P)} + ut_i \times \cos(vr_{ij}) \times DR_{ij}, & PD_{INR} > 0 \\ 0, & PD_{INR} = 0 \end{cases} \qquad (9-18)$$

式中，st_{ij} 和 $st_{ij}^{(P)}$（$st_{ij}, st_{ij}^{(P)} \in (-\infty,\infty)$）分别为在 N_i 更新 IN 节点前后 n_j 的稳定性评估值；PD_{INR} 是 IN 节点在直接邻居区域中经历更新周期的数量。$PD_{INR}=0$ 表示 n_j 为 N_i 的一个新的 IN 节点，而非稳定 IN 节点。$PD_{INR}>0$ 表明 n_j 为 N_i 的一个稳定 IN 节点。$st_{ij}<0$ 和 $st_{ij}>0$ 分别表示在大多数更新周期内 n_j 与 N_i 的运动方向是反向和正向的。若 IN 节点的稳定性越大，则其停留在直接邻居区域中的概率就越大，即 IN 节点与 NL_i 保持长期直接邻居关系的时间越长。因此，将 NL_i 中的元素存储结构信息由 2 元组扩展成为 3 元组，以用来存储其稳定性评估值：$n_c \Leftrightarrow ((X_c, Y_c), sp_c, st_c)$，其中 st_c 是稳定性评估值。

9.3　通信质量预测模型

如上面所述，从资源供应者到 N_i 的传输路径包含两部分：从 N_i 到协作邻居 $path_{N_i \to CN}$ 和从协作邻居到资源供应者 $path_{CN \to supplier}$。在 N_i 从资源供应者 n_x 中获取所需资源之前的 t_{k+1} 时刻，N_i 需要分别考察路径 $path_{INs \to n_x}$ 和 $path_{N_i \to INs}$ 的通信质量（链路可靠性及带宽预测值），这是为了降低视频资源获取成本及减少下载时间。

（1）路径 $\text{path}_{\text{INs} \to n_x}$ 的通信质量评估。N_i 要求 IN 节点集合 $\text{INS}_i = (n_a, n_b, \cdots, n_h)$ 中所有元素周期地探测到资源供应者 n_x 的路径带宽，其中 INS_i 中元素稳定度均大于 0。这是为了保证所有参与探测带宽的节点能够在大多数探测周期内与 N_i 的运动方向相近。设 INS_i 中元素 n_j 经过 k 个探测周期获得带宽评估值集合 $\text{AB}_{jx}^{(O)} \Leftrightarrow (B_{jx}^{(O)}(t_1),$ $B_{jx}^{(O)}(t_2), \cdots, B_{jx}^{(O)}(t_k))$ [26]，其中 $t_1, t_2, \cdots, t_k$ 为探测周期时间。$\text{AB}_{jx}^{(O)}$ 被视为源序列，所有元素离散分布，不能直接用来度量链路可靠性及预测未来带宽值。根据式（9-19），可先将 $\text{AB}_{jx}^{(O)}$ 中元素进行累加处理，从而获得累加序列 $\text{AB}_{jx}^{(A)}$。

$$B_{jx}^{(A)}(t_v) = \left\{ \sum_{c=1}^{v} B_{jx}^{(O)}(t_c) \mid v = 1, 2, \cdots, k \right\} \tag{9-19}$$

通过利用累加序列 $\text{AB}_{jx}^{(A)}$ 建立灰色预测模型 $\text{GM}(\text{AB}_{jx}^{(A)})$ [27, 28]，从而获得一阶微分方程，如式（9-20）所示。

$$\frac{\mathrm{d}B^{(1)}}{\mathrm{d}t} + aB^{(1)} = u \tag{9-20}$$

式中，t 为时间序列变量；B 为随探测周期时间增加的带宽累加值序列变量；a 与 u 分别表示发展灰度和控制灰度。式（9-21）介绍了关于 a 和 u 的求解方法。

$$\hat{U} = \begin{bmatrix} \hat{a} \\ \hat{u} \end{bmatrix} = (D^{\mathrm{T}}D)^{-1}D^{\mathrm{T}}y \tag{9-21}$$

式中，$\hat{a}$ 与 $\hat{u}$ 分别为 a 和 u 的解；D^{T} 为 D 的转置矩阵，且 $D = \begin{bmatrix} -\dfrac{1}{2}[B_{jx}^{(A)}(t_2) + B_{jx}^{(A)}(t_1)] & 1 \\ -\dfrac{1}{2}[B_{jx}^{(A)}(t_3) + B_{jx}^{(A)}(t_2)] & 1 \\ \vdots & \\ -\dfrac{1}{2}[B_{jx}^{(A)}(t_k) + B_{jx}^{(A)}(t_{k-1})] & 1 \end{bmatrix}$；

$y = (B_{jx}^{(O)}(t_2), B_{jx}^{(O)}(t_3), \cdots, B_{jx}^{(O)}(t_k))^{\mathrm{T}}$。

利用 $\hat{a}$ 和 $\hat{u}$ 去求解式（9-20），可以获得式（9-22）。

$$\hat{B}(v+1) = \left[B_{jx}^{(O)}(t_1) - \frac{\hat{u}}{\hat{a}} \right] \mathrm{e}^{-\hat{a}v} + \frac{\hat{u}}{\hat{a}} \tag{9-22}$$

式中，$\hat{B}(v+1)(v \leqslant k)$ 和 $\hat{B}(v+1)(v > k)$ 分别表示带宽拟合值与预测值。设 $C_{jx}(v) = B_{jx}^{(O)}(t_v) - \hat{B}_{jx}(v)(v = 2, 3, \cdots, k)$ 为拟合值与探测值的残差，根据式（9-23）计算残差的均值与方差。

$$\bar{C}_{jx} = \frac{\sum_{c=2}^{k} C_{jx}(c)}{k-1}, \quad F_{jx} = \sqrt{\frac{\sum_{c=1}^{k}(C_{jx}(c) - \bar{C}_{jx})^2}{k-1}} \tag{9-23}$$

利用式（9-24）计算关于 $\overline{C}_{jx}$ 和 F_{jx} 的后验方差比。

$$R_{jx}^{(P)} = \frac{F_{jx}}{\sigma_{jx}}, \quad P_{jx}^{(P)} = P\{|C_{jx}(v) - \overline{C}_{jx}| < 0.6745\sigma_{jx}\} \tag{9-24}$$

式中，σ_{jx} 为 k 个探测周期过程中所获得带宽评估值的方差，其值可由式（9-25）计算获得。

$$\sigma_{jx} = \sqrt{\frac{\sum\limits_{c=1}^{k}(B_{jx}^{(O)}(t_c) - \overline{B}_{jx}^{(O)})^2}{k}}, \quad \overline{B}_{jx} = \frac{\sum\limits_{c=1}^{k} B_{jx}^{(O)}(t_c)}{k} \tag{9-25}$$

根据灰色预测模型，设置两个阈值 $\mathrm{TH}^{(R)}$ 和 $\mathrm{TH}^{(P)}$ 来度量链路可靠性。若 $R_{jx}^{(P)} \geqslant \mathrm{TH}^{(R)}$ 且 $P_{jx}^{(P)} \geqslant \mathrm{TH}^{(P)}$，则路径 path_{jx} 的链路状态是可靠的，表明带宽探测值波动较小。否则，其他三种情况（$R_{jx}^{(P)} < \mathrm{TH}^{(R)}$ 和 $P_{jx}^{(P)} \geqslant \mathrm{TH}^{(P)}$，$R_{jx}^{(P)} < \mathrm{TH}^{(R)}$ 和 $P_{jx}^{(P)} < \mathrm{TH}^{(P)}$，$R_{jx}^{(P)} \geqslant \mathrm{TH}^{(R)}$ 和 $P_{jx}^{(P)} < \mathrm{TH}^{(P)}$）均表示链路不可靠。$N_i$ 将 INS_i 中不可靠的 IN 节点过滤，保留具有可靠链路的节点，从而获得一个新的 IN 节点子集 INX_i。

（2）路径 $\mathrm{path}_{N_i \to \mathrm{INs}}$ 的通信质量评估方法与 $\mathrm{path}_{\mathrm{INs} \to n_x}$ 相同。N_i 周期探测 INS_i 中每个元素的 n_h 带宽，从而获得一个带宽探测集合 $\mathrm{AB}_{ih}^{(O)}$ 及其对应的累加值集合 $\mathrm{AB}_{ih}^{(A)}$。建立灰色预测模型 $\mathrm{GM}(\mathrm{AB}_{ih}^{(A)})$，并对其求解，从而获得对应的后验残差比 $R_{ih}^{(P)}$ 和 $P_{ih}^{(P)}$。本节沿用两个阈值 $\mathrm{TH}^{(R)}$ 和 $\mathrm{TH}^{(P)}$ 来度量路径 path_{ih} 的链路可靠性。N_i 过滤 INS_i 中链路不可靠的 IN 节点，也能够获得一个新的 IN 节点集合 INI_i。

将 $\mathrm{CNS}_i = \mathrm{INX}_i \cap \mathrm{INI}_i$ 中所有元素视为 N_i 的协作邻居候选节点。此外，N_i 需要利用式（9-22）计算 CNS_i 中元素的带宽预测值，并根据 $\overline{B}_{ix}^{(F)} = \min(\overline{B}_{ij}^{(F)}, \overline{B}_{jx}^{(F)})$ 来获得整个传输路径 $\mathrm{path}_{N_i \to \mathrm{INs} \to n_x}$ 上的带宽预测值。

9.4　协作邻居选择及资源获取

为了选择合适的协作邻居，根据灰色关联分析模型[29]，综合考察 CNS_i 中元素的预测带宽值及其稳定性评估值。

首先，N_i 需要将 CNS_i 中元素的预测带宽值及其稳定性评估值进行归一化处理，如式（9-26）所示。

$$x_{ij}^*(\mathrm{att}) = \frac{x_{ij}(\mathrm{att}) - \mathrm{lower}_{\mathrm{att}}}{\mathrm{upper}_{\mathrm{att}} - \mathrm{lower}_{\mathrm{att}}}, \quad x_{ij}^*(\mathrm{att}) \in [0,1] \tag{9-26}$$

式中，att 和 $x_{ij}(\mathrm{att})$ 分别表示节点 n_j 的评估参数（预测带宽及稳定性）及其对应取值；$\mathrm{lower}_{\mathrm{att}}$ 与 $\mathrm{upper}_{\mathrm{att}}$ 分别为评估参数取值中对应的最小值和最大值。根据式（9-27），利用评估参数归一值计算 n_j 的灰色关联系数。

$$GRC_{ij} = \frac{1}{\sum w_{att} \mid x_{ij}^{*}(att) - 1 \mid + 1}, \quad GRC_{ij} \in [0,1] \quad (9\text{-}27)$$

式中，w_{att} 为评估参数归一值 $x_{ij}^{*}(att)$ 的权重值。每个评估参数对应的权重值均不同。若更关注协作邻居的稳定度，则可为稳定度设置一个较大的权重值；若关注协作邻居的预测带宽，则可为预测带宽设置一个较大的权重值。

根据 CNS_i 中元素的灰色关联系数的评估值，N_i 选择一个具有最大评估值的 IN 节点作为其协作邻居。因此，N_i 可向协作邻居发送一个资源协作获取请求消息，并做好接收来自于协作邻居转发数据的准备。视频资源协作获取请求消息可被定义为如下格式：req = (vID, spt, len, source)，其中，vID 为所请求视频内容的 ID 序号；spt 与 len 分别为请求视频块的起始播放点和长度；source 为资源供应者的信息。当协作邻居从资源供应者处接收到视频数据时，它将立刻转发给 N_i。算法 9-1 描述了上述协作获取流媒体资源算法的伪代码。

算法 9-1：Cooperative fetching algorithm for N_i

1：　//count(NL_i)is size of setNL_i;

2：　**for**$(j = 0; j < $count$(NL_i); j++)$

3：　computes stability st_{ij} for each IN $NL_i[j]$ by eq.(9-18);

4：　　**if** $st_{ij} > 0$

5：　　　Put $NL_i[j]$ into INS_i

6：　　**end if**

7：　**end for** j

8：　**for**$(j = 0; j < $count$(INS_i); j++)$

9：　computes posteriori variance ratio $R_{lx}^{(P)}$, $P_{lx}^{(P)}$, $R_{ij}^{(P)}$, $P_{ij}^{(P)}$ for each IN node $INS_i[j]$ by eq.(9-24);

10：　**if** $R_{lx}^{(P)} > TH^{(R)} \&\& P_{lx}^{(P)} > TH^{(P)}$

11：　put $INS_i[j]$ into INX_i

12：　**end if**

13：　**if** $R_{ij}^{(P)} > TH^{(R)} \&\& P_{ij}^{(P)} > TH^{(P)}$

14：　put $INS_i[j]$ into INI_i

15：　**end if**

16：　**end for** j

17：　**for**$(j = 0; j < $count$(CNS_i = INX_i \cap INI_i); j++)$

18：　normalizes evaluation attribution of $CNS_i[j]$ by eq.(9-26);

19：　calculates GRC of $CNS_i[j]$ by eq.(9-27);

20: **end for** j

21: selects item n_j which has maximum value of GRC in CNS$_i$;

22: sends request message to n_j;

23: N_i makes preparations for receiving forwarded data from n_j;

24: N_i receives streaming data;

9.5　仿真测试与性能评估

9.5.1　测试拓扑与仿真环境

SND 与两个经典算法进行性能对比: 基于带宽的协作邻居选择算法(bandwidth-based neighbor-assisted selection algorithm, ABN)和基于距离的协作邻居选择算法(distance-based selection algorithm of assisted neighbor, GDN)[16]。本节采用 NS-2 来仿真三个算法的性能。下面主要介绍三个算法的测试仿真环境。

本节构建一个无线移动自组网, 其中包含 400 个移动节点。节点的移动环境为 800m×800m 的区域, 其中 m 为距离单位。每个移动节点的移动方向和速度被随机指定, 且在达到某一目的坐标后的停留时间为 0s。每个节点的无线信号范围半径 $R = 200$m, 即式 (9-4) 中 n_{MAX}^{sd} 值也为 R。式 (9-5) 中 n_{MAX}^{sp} 值为 100m/s。无线路由协议为 DSR, 表 9-1 列出了关于 MANET 环境的部分重要仿真参数信息。仿真时间为 410s。每个移动节点与流媒体服务器的默认跳数为 6。每个移动节点的带宽为 2Mbit/s。资源供应者和流媒体服务器向资源请求者发送数据流的速率为 480Kbit/s, 传输协议为 UDP。资源请求和控制消息传输协议为 TCP。

为了能够真实地在无线移动自组网中仿真三个算法, 本节根据节点移动速度设置了六个仿真场景: [1, 5]、(5, 10]、(10, 15]、(15, 20]、(20, 25]和(25, 30]m/s。由于 ABN 和 GDN 没有提及对一跳邻居的更新机制, 因此, 本节为了比较三种算法对一跳邻居的维护代价, 假设 ABN 和 GDN 采用静态更新机制来维护一跳邻居。由前期研究[25]可知, 静态更新机制的性能主要取决于更新周期时间的设置。若更新周期时间设置为短周期 (1~2s), 则可以及时地获取一跳邻居状态, 但维护负载较高 (发送消息数量增加)。反之, 对于长更新周期时间 (7~10s) 而言, 无法及时地获取一跳邻居运动状态, 但维护负载较低。因此, 为了平衡维护负载和获取一跳邻居状态实时性, ABN 和 GDN 的周期更新时间设置为 4.5s。SND 的初始更新周期时间 sv 为 1s。根据灰色预测模型[27, 28]阈值 $T^{(R)}$ 与 $T^{(P)}$ 可以设置为 0.5 和 0.8。式 (9-27) 中稳定性与预测带宽对应的权值分别为 0.5。ABN、GDN 和 SND 分别选择 10 个移动节点作为资源请求者。带宽探测时间为 10s。当 (被选择的)

一跳邻居节点完成带宽探测（链路可靠性评估和带宽预测）时，10 个资源请求者选择协作邻居，并要求协作邻居从服务器获取视频资源，视频资源长度为 30s。当资源请求者完成来自于协作邻居转发的视频数据接收时（30s 后），资源请求者重新选择一跳邻居评估其带宽值（链路可靠性评估和带宽预测），并选择协作邻居重新获取视频资源。上述资源协作获取过程迭代数量为 10。ABN 将一跳邻居到媒体服务器带宽的评估值作为选择协作邻居的依据，即 ABN 选择到服务器带宽最大的一跳邻居作为协作邻居。GDN 将一跳邻居到资源请求者的物理距离作为选择协作邻居的依据，即 GDN 选择与资源请求者物理距离最近的一跳邻居作为协作邻居。

表 9-1　关于 MANET 环境的部分重要仿真参数信息

参数	值
区域大小/m^2	800×800
通信信道	Channel/WirelessChannel
网络层接口	Phy/WirelessPhyExt
链路层接口	MAC/802 11
移动节点数量	400
仿真时间/s	410
节点移动速度范围/(m/s)	[0, 30]
移动节点信号范围/m	200
服务器与节点间默认跳数/跳	6
传输层协议	UDP
路由层协议	DSR
视频数据传输速率/(Kbit/s)	128
移动节点移动方向	随机
移动节点停留时间/s	0
802.11/基础带宽/(MBit/Mbit)	2
视频块长度/s	30

9.5.2　仿真性能评价

ABN、GDN 和 SND 的性能主要从协作邻居平均选择精度、平均端到端时延、平均丢包率、平均吞吐量和峰值信噪比一跳邻居的维护负载等五个方面进行对比。每个移动速度对应的仿真场景均计算上述五个对比性能的评估值，从而考察节点移动性对协作邻居选择的影响。

1. 协作邻居平均选择精度

当资源请求节点选择一个一跳邻居节点作为协作邻居时，若协作邻居能够在协作传输过程中保持与资源请求节点之间的一跳邻居关系，则认为本次协作邻居选择是精确的。所有精确选择的数量与选择协作邻居总数量之商为协作邻居平均选择精度。

图 9-4 描述了一个平均选择精度随节点移动速度变化范围增长的变化情况。SND 曲线在(0.8, 1)内波动，并拥有一个较轻微的下降趋势。GDN 曲线随着节点移动性的增长快速下降，其取值在(0.5, 0.9)内，其精度低于 SND 大约 70%。ABN 曲线也随节点移动性增长而迅速下降，其取值在(0.4, 0.7)内，均低于 GDN 和 SND。

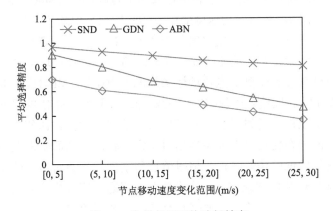

图 9-4　协作邻居平均选择精度

显然，SND 的协作邻居平均选择精度要远高于 GDN 和 ABN。通过考察一跳邻居的稳定性，SND 能够使请求节点选择一个运行速度和方向相近的一跳邻居节点作为协作邻居，并且确保协作邻居能够在多个更新周期内与请求节点保持一跳邻居关系。因此，随着节点移动性的增加，SND 的协作邻居平均选择精度并没有受到较大的影响，仅仅保持轻微的下降。在 GDN 中，协作邻居节点与请求节点在选择初期能够保持最近的物理距离，然而，随着节点的移动，协作邻居与请求节点的距离迅速发生变化，甚至协作邻居与请求节点的一跳关系会立刻变成多跳关系。随着节点移动性的增加，协作邻居与请求节点之间的一跳关系发生变化的概率也就越高。因此，GDN 的协作邻居平均选择精度会随着节点移动性的增加而迅速下降。在 ABN 中，协作邻居的选择依赖于一跳邻居与服务器之间的路径带宽，从而忽略了一跳邻居与请求节点之间的位置关系。也就是说，ABN 并没有考虑协作邻居与请求节点之间的位置关系，因此，ABN 的协作邻居平均选择精度会随着节点移动性的增加而迅速下降，并低于 SND 和 GDN。

2. 平均端到端时延

协作邻居和请求节点接收的流媒体数据所产生的时延表示端到端时延。式（9-28）描述了平均端到端时延的计算方法。

$$\overline{\text{AD}} = \frac{\sum_{i=1}^{m} D_i^{(r)} + \sum_{j=1}^{n} D_j^{(c)}}{N(s) + N(c)} \tag{9-28}$$

式中，$\sum_{i=1}^{m} D_i^{(r)}$ 与 $\sum_{j=1}^{n} D_j^{(c)}$ 分别为请求节点和协作邻居收到的流媒体数据的时延之和；$N(s)$ 与 $N(c)$ 分别表示请求节点和协作邻居节点收到流媒体数据的数量。

图 9-5 描述了随着节点移动速度变化范围的增加平均端到端时延变化的情况。ABN 和 GDN 的平均端到端时延取值范围在[0.1, 0.25]，随节点移动性的增加而快速上升。ABN 和 GDN 对应的曲线保持在较高的平均端到端时延的水平。SND 的平均端到端时延并没有受到节点移动性增加的严重干扰，其对应的曲线仅保持较低程度的轻微上升，取值范围保持在[0.025, 0.07]。显然，SND 的平均端到端时延远低于 ABN 和 GDN。通过考察一跳邻居节点的移动性，协作邻居与请求节点之间的一跳关系能够在较长时期内保持相对稳定的状态，从而确保在协作邻居与请求节点之间具有较低的传输时延，使得节点移动性并不会对传输效率产生较大影响。此外，SND 评估由请求节点、协作邻居、资源供应者构成的视频数据传输路径的通信质量，并预测传输路径的带宽有效确保数据传输路径的可靠性和视频数据传输效率，从而降低平均端到端时延。GDN 评价请求节点与候选协作邻居的物理距离，被选择的协作邻居拥有与请求节点最近的物理距离。然而，GDN 无法确保在某一时刻计算的最近物理距离能够在整个视频传输过程中不发生改变。最近物理距离会随着节点的移动立刻发生改变，使得在请求节点与协作邻居之间的传输效率立即下降。此外，GDN 忽略了传输路径带宽的考察，无法确保视频数据的传输效率。对于 ABN 而言，协作邻居的选择依赖于一跳邻居与服务器之间的最大可用带宽，虽然，ABN 能够保证短时间内服务器与一跳邻居之间的传输效率。随着网络环境发生变化，ABN 没有评估和预测服务器与一跳邻居之间链路状况与带宽值，从而无法确保较长时期内服务器与一跳邻居之间的高效传输。此外，随着节点的移动，协作邻居与请求节点之间一跳关系发生变化，使得视频数据传输效率迅速下降，从而增加端到端的传输时延。

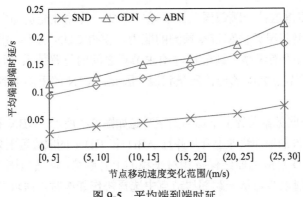

图 9-5　平均端到端时延

　　为了清晰地描述平均端到端时延的变化，本节进一步列举请求节点与协作邻居和服务器与协作邻居之间路径平均端到端时延的变化。

　　请求节点与协作邻居路径上平均端到端时延。如图 9-6 所示，ABN 和 GDN 不仅具有较高的平均端到端时延，而且其对应的曲线也随着节点移动性的增加而快速上升（GDN 的曲线从 0.03s 上升到 0.05s，ABN 的曲线从 0.03s 上升到 0.07s）。SND 对应的曲线则随着节点移动性的增加而缓慢上升，取值范围仅仅在[0.01, 0.015]。SND 收集一跳邻居的运动速度、方向和与请求节点之间的距离等信息，分析一跳邻居运动状态，评估其稳定性，从而使得协作邻居能够与请求节点在多个更新周期内保持一跳邻居关系，以至于在请求节点与协作邻居之间的传输时延大大降低。此外，SND 还评估和预测了协作邻居与请求节点之间的链路可靠性和带宽值，从而确保了协作邻居与请求节点之间的传输效率，保证了较低的端到端时延。在 GDN 中，协作邻居与请求节点具有最近的物理距离，在初始传输过程中，一跳邻居关系能够确保较高的传输效率。然而，随着节点的移动，移动节点的位

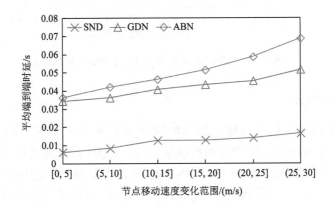

图 9-6　请求节点与协作邻居路径上平均端到端时延

置发生变化，使得这种一跳邻居关系也随之改变，传输性能也随之降低。此外，GDN 不具备链路状况评估和带宽预测的能力，使得 GDN 的平均端到端时延大于 SND。ABN 不仅没有考察一跳邻居与请求节点之间的位置关系，而且也没有考察一跳邻居与请求节点之间的通信质量状况。因此，ABN 的平均端到端时延要高于 SND 和 GDN。

协作邻居与服务器路径上平均端到端时延如图 9-7 所示，ABN 和 GDN 对应的曲线随节点移动性的增加快速上升，并且 ABN 和 GDN 的取值范围分别为[0.15, 0.3] 和[0.2, 0.4]。SND 对应的曲线保持相对平稳的上升趋势，取值范围为[0.05, 0.015]。在 SND 中，当请求节点从一跳邻居节点中选择协作邻居时，请求节点评价其与一跳邻居节点之间视频数据传输路径的链路可靠性，并预测该传输路径的带宽，使得在服务器与协作邻居之间的传输时延大大降低。在 ABN 中，当请求节点从一跳邻居中选择协作邻居时，要求协作邻居在由协作邻居和服务器构建的数据传输路径上拥有最大带宽，使得在流媒体数据传输的初始阶段，ABN 具有较高的传输效率。然而，随着节点的移动，网络环境发生变化，协作邻居与服务器之间的传输效率随之降低，从而使得端到端时延逐渐增加。GDN 并没有考察协作邻居与服务器之间的带宽，以至于 GDN 的端到端时延均高于 ABN 和 SND。

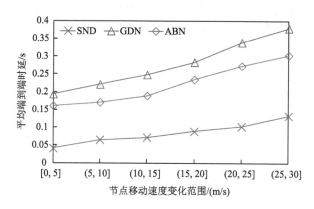

图 9-7 协作邻居与服务器路径上平均端到端时延

3. 平均 PLR

图 9-8 描述了随节点移动性增加的平均 PLR 变化情况。GDN 和 ABN 的平均 PLR 随节点移动性的增加而快速上升，GDN 的取值范围为[0.05, 0.12]，ABN 的取值范围为[0.04, 0.12]。SND 的 PLR 也随节点移动性的增加上升，但增幅相对较小，取值范围为[0.02, 0.06]。显然，SND 的平均 PLR 要低于 GDN 和 ABN。

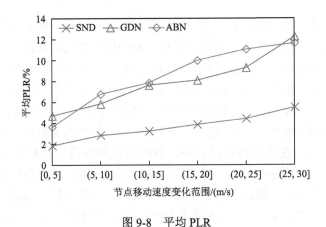

图 9-8　平均 PLR

　　SND 评估由请求节点、协作邻居、服务器构成的视频数据传输路径的通信质量，使视频数据传输路径具有较高的链路可靠性和充足的可用带宽。因此，在视频数据传输过程中，SND 能够获得较高的传输效率，有效地降低节点移动性对平均 PLR 的影响，使 SND 的平均 PLR 保持较低的水平。此外，协作邻居具有较高的稳定性，使得其与请求节点一跳邻居关系能够在较长时间内保持稳定，进一步确保了 SND 的低平均 PLR。在 GDN 中，协作邻居具有与请求节点最近的物理距离，只能确保在传输初期请求节点与协作邻居之间具有较高的传输效率，然而，随着节点的移动，协作邻居与请求节点之间的一跳邻居关系也随之变化，使得传输性能逐渐降低。此外，GDN 没有考察整个传输路径的通信质量状况，随着节点移动性的增加平均 PLR 快速上升。在 ABN 中，协作邻居与服务器之间具有最大可用带宽，在视频数据传输初期，ABN 能够获得较高的传输效率。随着节点的移动，网络拓扑发生剧烈变化，由协作节点和视频资源提供节点构成的视频数据传输路径受网络拓扑变化的影响较大，使得 ABN 的视频数据传输效率难以始终保持较高的水平。因此，ABN 的平均 PLR 会随着网络环境变化而迅速上升。此外，ABN 没有评估与预测服务器与一跳邻居之间链路状况和带宽值，也忽略了协作邻居与请求节点之间的位置关系。因此，随着节点移动性的增加 ABN 的平均 PLR 迅速上升。

　　为了清晰地描述平均 PLR 的变化，本节进一步列举请求节点与协作邻居和服务器与协作邻居之间路径平均 PLR 的变化。

　　协作邻居和请求节点之间的平均 PLR。如图 9-9 所示，ABN 和 GDN 具有较高的平均 PLR，且两条曲线以较高增幅随节点移动性增加而快速上升。GDN 的曲线从 4% 上升到 8%，ABN 的曲线从 3% 上升到 10%。SND 对应的曲线以相对较小的增幅呈逐渐上升趋势，表明其受节点移动性的影响较小，取值范围为

[0.01, 0.045]。将一跳邻居的运动速度、方向和与请求节点之间的距离作为稳定性评估参数，以至于根据节点移动性评估值选择的协作邻居能够在较长时间内与请求节点保持一跳邻居关系。在请求节点与协作邻居之间的视频数据传输能够保持相对较高的效率。此外，SND 还评估和预测了协作邻居与请求节点之间的链路可靠性与带宽值，相对较高的通信质量能够确保视频数据传输过程中拥有较低的 PLR。因此，SND 的平均 PLR 较低。在 GDN 中，协作邻居与请求节点之间具有最近的物理距离，在初始传输过程中，这种最近的物理距离能够保证协作邻居与请求节点之间保持短时间的一跳邻居关系，从而获得相对较高的传输效率。然而，随着节点的移动，移动节点的位置发生变化，协作邻居与请求节点之间的一跳邻居关系也随之改变，它们之间的传输性能也随之降低。此外，GDN 没有评估与预测传输路径上的链路状况和带宽，以至于 GDN 的平均 PLR 高于 SND。ABN 忽略了协作邻居与请求节点之间的位置因素，也缺乏通信质量评估机制。因此，ABN 的平均 PLR 要高于 SND 和 GDN。

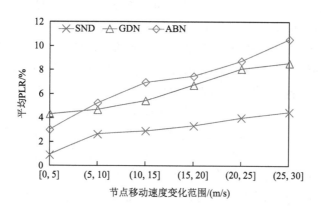

图 9-9　协作邻居和请求节点之间的平均 PLR

　　协作邻居和服务器之间的平均 PLR 如图 9-10 所示，ABN 和 GDN 对应的曲线随节点移动速度变化范围的增加保持较快速度的上升趋势（ABN 和 GDN 的取值范围分别为[0.05, 0.12]和[0.05, 0.15]）。SND 对应的曲线保持缓慢上升的趋势，取值范围为[0.03, 0.06]。在 SND 中，协作邻居拥有较高的链路可靠性和预测带宽，高的通信质量能够减少数据包丢失。在 ABN 中，协作邻居具有在协作邻居到服务器路径上的最大带宽，但只能确保在数据传输的初始阶段具有较高的传输效率，随着网络拓扑发生变化，协作邻居与服务器之间的传输效率随之降低，平均 PLR 逐渐增加。GDN 忽略了协作邻居与服务器之间通信质量的评估，以至于 GDN 的平均 PLR 高于 ABN 和 SND。

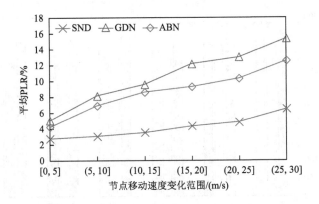

图 9-10　协作邻居和服务器之间的平均 PLR

4. 平均吞吐量和峰值信噪比

式（9-29）描述平均吞吐量的计算方法。

$$\overline{\text{THR}} = \frac{\sum_{i=1}^{m}\text{SZ}_i^{(r)}}{m^*h^*\text{time}^{(r)}} \tag{9-29}$$

式中，$\sum_{i=1}^{m}\text{SZ}_i^{(r)}$ 为所有请求者收到视频数据的数量；m 与 h 分别为请求节点数量和协作获取次数；$\text{time}^{(r)}$ 表示接收视频数据的时间总和；$\overline{\text{THR}}$ 表示每个请求者在一次协作获取过程中所获得的平均吞吐量。

图 9-11 比较了三种算法的平均吞吐量。虽然 SND 的平均吞吐量会随着节点移动速度变化范围的增加而呈现下降趋势，但降幅较小。SND 对应的柱形要明显高于 ABN 和 GDN，且 ABN 和 GDN 的降幅也高于 SND。

如前面所述，视频质量主要由峰值信噪比表示（度量单位为 dB）[30]。式（9-30）描述了峰值信噪比的计算方法，其值受吞吐量和流媒体传输速率的影响。

$$\text{PSNR} = 20 \cdot \lg\left(\frac{\text{MAX\_Bitrate}}{\sqrt{(\text{EXP\_Thr} - \text{CRT\_Thr})^2}}\right) \tag{9-30}$$

式中，MAX_Bitrate 表示流媒体解码过程中的平均比特率；EXP_Thr 表示流媒体数据在网络中的期望平均吞吐量；CRT_Thr 表示测量后的真实吞吐量。根据仿真设置，MAX_Bitrate 和 EXP_Thr 的取值为 480Kbit/s。本节使用 $\overline{\text{THR}}$ 来计算对应的峰值信噪比，即每个请求节点的单视频质量。

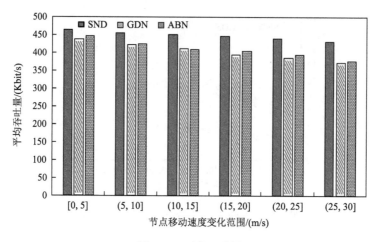

图 9-11 平均吞吐量

图 9-12 描述三种算法的平均吞吐量对应的峰值信噪比随节点移动速度变化范围增加的变化情况。SND、ABN 和 GDN 三个算法对应的柱形均呈现逐渐下降的趋势，它们对应的取值范围分别为[20, 30]dB、[13, 23]dB 和[13, 20]dB。显然，SND 的峰值信噪比值高于 ABN 和 GDN。SND 的优越性能取决于协作邻居具有较高的稳定性及传输路径上的通信质量，较低的 PLR 确保了 SND 具有较高的吞吐量，以至于它的峰值信噪比值也较高。ABN 和 GDN 无法较好地适应网络环境动态变化，高丢包率导致它们的吞吐量也相应减少，使得它们对应的峰值信噪比值也较低。

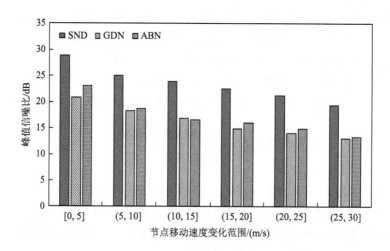

图 9-12 峰值信噪比

5. 一跳邻居的维护负载

在选择协作邻居的过程中，每个请求节点发送的消息数量被视为维护负载。通过维护负载的对比，可以发现三个算法对一跳邻居变化的适应能力。

图 9-13 描述了随着移动节点数量增加在节点移动速度变化范围增加的情况下三种算法对应的维护负载变化情况。每一个柱形表示每个请求节点与其一跳邻居节点交换消息数量。GDN 和 ABN 采用相同的静态更新策略，它们的维护负载相同。从节点移动速度变化范围来看，GDN 和 ABN 的柱形均迅速下降；从移动节点数量的变化来看，GDN 和 ABN 的柱形均随之增高。在移动节点数量为 400、500、600 的情况下，对应的取值范围分别为[4000, 15000]个、[5000, 18000]个和[6000, 20000]个。SND 对应的柱形随节点移动速度变化范围的增加而增加，也随移动节点数量的增加而增加，其取值分别为[1500, 2500]个、[1600, 2600]个和[1800, 2800]个。显然，SND 的维护负载要低于 GDN 和 ABN。

当移动节点数量增加时，一跳邻居节点也随之增加，使得请求节点维护一跳邻居的维护负载也随节点数量的增加而增加，即节点密度相对较大导致请求节点与一跳邻居节点之间交互的消息数量增加。当节点移动性较低时，一跳邻居需要经过多个更新周期才能离开请求节点的一跳邻居范围，使得一跳邻居停留在请求节点的一跳邻居范围内概率较高；当节点移动性较高时，一跳邻居能够快速地进入和离开请求节点的一跳邻居范围，使得一跳邻居停留在请求节点的一跳邻居范围内概率较低。因此，在 ABN 和 GDN 中，当节点移动性较低时（如节点移动速度变化范围为[0, 5]m/s，(5, 10]m/s），请求节点维护相对固定的一跳邻居，随着移动节点数量的增加，请求节点需要发送大量的探测消息至一跳邻居，从而增加节点维护负载（如图 9-13 所示，当节点移动速度变化范围较低时，维护负载总是处于较高的水平）。随着节点移动速度变化范围增加，请求节点的一跳邻居变化程度较大，使得 ABN 和 GDN 的维护负载也随之降低。SND 能够随节点移动性的变化动态调节一跳邻居的维护周期。当节点移动速度变化范围较低时，请求节点的一跳邻居运动状态变化程度较低，SND 能够增加一跳邻居更新周期时间，从而降低维护频率，减少探测消息发送数量，进而减少一跳邻居的维护负载（如图 9-13 所示，SND 的维护负载在[0, 5]m/s，(5, 10]m/s 内，处于较低的水平）。随着节点移动性的增加，一跳邻居的运动状态变化程度较高，SND 要求请求节点增加更新周期频率，从而获得一跳邻居的实时状态，以至于请求节点维护一跳邻居的频率增加，使得一跳邻居维护负载上升（如图 9-13 所示，SND 的维护负载在(20, 25]m/s，(25, 30]m/s 内，处于较低的水平），但 SND 的维护负载仍然远低于 ABN 和 GDN（即动态维护策略的维护性能要优于静态维护策略）。

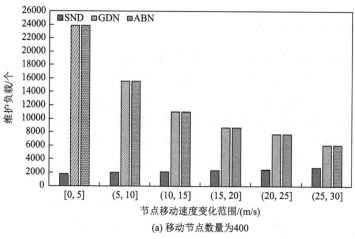

(a) 移动节点数量为400

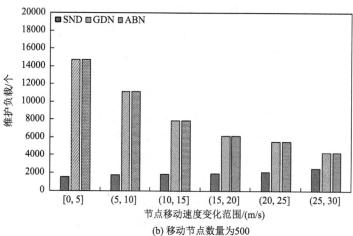

(b) 移动节点数量为500

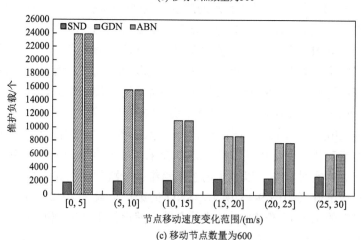

(c) 移动节点数量为600

图 9-13 维护负载

9.6　本　章　小　结

本章首先介绍了在存储、计算和带宽资源有限的移动设备间进行协作分发视频资源已经成为移动环境下提升视频资源共享效率、确保用户播放连续性和高质量视频体验效果的重要手段。其次，本章介绍了 ICN、基于车辆遭遇的资源协作下载策略、PatchPeer 等解决方案并分析了存在的缺陷与问题。本章提出了一个无线移动自组网下基于稳定邻居节点的视频资源协作获取策略——SND。通过分析一跳邻居的实时运动状态和采用一个通信质量评估与预测模型，SND 能够评估每个一跳邻居与资源请求节点之间一跳关系的稳定性和资源传输路径上的链路可靠性与预测带宽值，从而选择具有较高稳定性和链路可靠性与预测带宽的一跳邻居作为协作邻居。SND 将协作邻居视为扩展缓冲区和逻辑网络接口，能够协助请求节点获得视频资源，从而确保了播放连续性和视频观看质量。SND 的性能与两个经典协作邻居选择算法 ABN 和 GDN 进行对比。根据仿真实验结果，SND 能够获得较低的平均端到端时延、平均丢包率、一跳邻居的维护负载和较高的协作邻居平均选择精度、平均吞吐量和峰值信噪比。然而，SND 存在着协作邻居选择范围小、计算复杂度高的问题。

参 考 文 献

[1] Shen Z, Luo J, Zimmermann R, et al. Peer-to-peer media streaming insights and new developments. Proceedings of the IEEE, 2011, 99 (12): 2089-2109.

[2] Vetro A, Tourapis A M, Müller K, et al. 3D-TV content storage and transmission. IEEE Transactions on Broadcasting, 2011, 57 (2): 384-394.

[3] Hur N, Lee H, Lee G S, et al. 3DTV broadcasting and distribution systems. IEEE Transactions on Broadcasting, 2011, 57 (2): 395-407.

[4] Zhou Y, Fu Z, Chiu D M. A unifying model and analysis of P2P VoD replication and scheduling. IEEE INFOCOM, Orlando, 2012.

[5] Xu C, Muntean G M, Fallon E, et al. A balanced tree-based strategy for unstructured media distribution in P2P networks. Proceedings of IEEE ICC, Beijing, 2008.

[6] Xu C, Muntean G M, Fallon E, et al. Distributed storage-assisted data-driven overlay network for P2P VoD services. IEEE Transactions. on Broadcasting, 2009, 55 (1): 1-10.

[7] Jeng A A K, Jan R H. Adaptive topology control for mobile ad hoc networks. IEEE Transactions on Parallel and Distributed Systems, 2011, 22 (12): 1953-1960.

[8] Tu L, Huang C M. Collaborative content fetching using MAC layer multicast in wireless mobile networks. IEEE Transactions on Broadcasting, 2011, 57 (3): 695-706.

[9] Chen B, Chan M. MobTorrent: A framework for mobile internet access from vehicles. IEEE INFOCOM, Rio de Janeiro, 2009.

[10] Shirazi H, Cosmas J, Cutts D. A cooperative cellular and broadcast conditional access system for Pay-TV systems. IEEE Transactions on Broadcasting, 2010, 56 (1): 44-57.

[11] Soohyun O, Kulapala B, Richa A W, et al. Continuous-time collaborative prefetching of continuous media. IEEE Transactions on Broadcasting, 2008, 54 (1): 36-52.

[12] Cruces O T, Fiore M, Ordinas J M B. Cooperative download in vehicular environments. IEEE Transactions on Mobile Computing, 2012, 11 (4): 663-678.

[13] Raveendran V, Bhamidipati P, Luo X, et al. Mobile multipath cooperative network for real-time streaming. Signal Processing: Image Communication, 2012, 27 (8): 856-866.

[14] Malandrino F, Casetti C, Chiasserini C F, et al. Content downloading in vehicular networks: What really matters. Proceedings of IEEE INFOCOM, Shanghai, 2011.

[15] Zhao J, Zhang P, Cao G, et al. Cooperative caching in wireless P2P networks: Design, implementation, and evaluation. IEEE Transactions on Parallel and Distributed Systems, 2010, 21 (2): 229-241.

[16] Do T, Hua K, Jiang N. PatchPeer: A scalable video-on-demand streaming system in hybrid wireless mobile peer-to-peer networks. Peer-to-Peer Networking and Applications, 2009, 2 (3): 182-201.

[17] Ahlgren B, Dannewitz C, Imbrenda C, et al. A survey of information-centric networking. IEEE Communications Magazine, 2012, 50 (7): 26-36.

[18] Blazevic L, Buttyan L, Capkun S. Self-organization in mobile ad hoc networks: The approach of terminodes. IEEE Communications Magazine, 2001, 39 (6): 166-174.

[19] Lai H, Ibrahim A, Liu K J R. Wireless network cocast: Location-aware cooperative communications with linear network coding. IEEE Transactions on Wireless Communications, 2009, 8 (7): 3844-3854.

[20] Canali C, Renda M E, Santi P, et al. Enabling efficient peer-to-peer resource sharing in wireless mesh networks. IEEE Transactions on Mobile Computing, 2010, 9 (3): 333-347.

[21] Fortuna C, Mohorcica M. Trends in the development of communication network: Cognitive networks. Computer Network, 2009, 53 (25): 1354-1376.

[22] Bell M R. Information theory and radar waveform design. IEEE Transactions on Information Theory, 2002, 39 (5): 1578-1597.

[23] Bo Y, Balanis C A. Least square method to optimize the coefficients of complex finite-difference space stencils. IEEE Antennas and Wireless Propagation Letters, 2006, 5 (1): 450-453.

[24] Fogarty D P, Deering A L, Guo S, et al. Minimizing image-processing artifacts in scanning tunneling microscopy using linear-regression fitting. Review of Scientific Instruments, 2006, 77 (12): 126104.

[25] Wong V, Leung V. Location management for next-generation personal communications networks. IEEE Network, 2000, 14 (5): 18-24.

[26] Xu C, Zhao F, Guan J, et al. QoE-driven user-centric VoD services in urban multi-homed P2P-based vehicular networks. IEEE Transactions on Vehicular Technology, 2013, 62 (5): 2273-2289.

[27] Deng J. Grey linear programming. International Conference Information Processing Management Uncertainty Knowledge-Based System, Paris, 1986.

[28] Deng J. Introduction to grey system theory. The Journal of Grey System, 1989, 1 (1): 1-24.

[29] Razzaq A, Mehaoua A. Layered video transmission using wireless path diversity based on grey relational analysis. Proceedings of IEEE International Conference on Communications, Kyoto, 2011.

[30] Lee S B, Muntean G M, Smeaton A F. Performance-aware replication of distributed pre-recorded IPTV content. IEEE Transactions on Broadcasting, 2009, 55 (2): 516-526.

第10章 基于车辆移动行为相似性评估的视频共享方法

节点移动性是影响车载网络中视频共享性能、用户体验质量、网络流量负载的重要影响因素。本章介绍基于车辆移动行为相似性评估的视频共享方法。为了准确地表示车辆运动轨迹，通过计算车辆之间的相对位置来精确地描述车辆的地理位置。通过考察车辆位置的连续变化，评价车辆与道路的隶属关系，设计基于线段的车辆运动轨迹表示方法。根据流体力学和车辆跟驰模型，分析车辆历史移动轨迹，计算道路流量，抽取车辆运动轨迹的移动模式。进一步设计车辆运动模式识别方法和车辆运动行为相似性评估方法，使视频请求节点能够选择具有相似移动行为的视频提供节点并高效地获取视频资源，最后，对本章提出的方法进行仿真和性能比较。

10.1 引 言

车联网（vehicular ad hoc networks，VANET）是由车辆位置、速度和路线等信息构成的巨大交互网络，是极为重要的下一代互联网技术[1]。车辆无线通信技术的发展（如 IEEE 802.11p、5G）培育了许多车联网的应用。视频服务是互联网中最流行的应用。视频流量的快速增长得益于全球数亿视频用户的高使用率。在车联网中部署视频服务具有十分重要的意义。乘客能够利用车载视频播放终端或手持移动设备观看视频内容，增强了乘客旅行体验效果，而且车辆是视频资源存储和共享的载体，利用车联网提升视频资源的分布程度及提高视频资源在网络中散播的速度[2]。然而，在视频服务大规模部署的过程中，规模庞大的用户能够产生巨大的视频流量，需要巨大的网络带宽以支持海量视频数据的传输。有限的网络带宽难以满足海量视频用户对于网络带宽的需求，尤其是骨干网络承载着巨大的流量压力，这极大地提高了网络拥塞发生的概率[3-6]。将巨大的视频流量卸载到底层网络是缓解骨干网络流量压力的有效解决方法[7]。如图 10-1 所示，车辆 V_a 与 V_b 在共享视频资源时，视频数据传输穿越了整个互联网，最终到达车辆 V_a；车辆 V_c 与 V_d 共享视频资源时，利用 V2V 的通信方式传输视频数据，视频流量在底层网络卸载，没有为骨干网络增加流量负担。

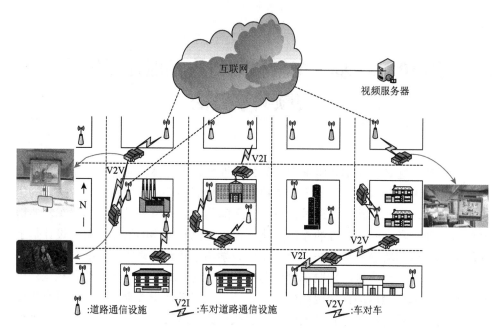

图 10-1　车载网络中视频服务的部署图

　　大多情况下，车辆在城市区域内处于高速移动状态。当车辆移动行为相似（如在同一道路上行驶）时，车辆间可以保持相对较近且稳定的地理距离（如一跳范围），从而提升视频数据的传输效率（低时延和低丢包率）。随着车辆的移动及行驶方向的改变，一旦车辆移动行为相异，车辆间的地理距离逐渐增加（如共享数据的两个车辆从一跳关系变成多跳关系），不仅增加数据传输时延和 PLR，而且极易造成连接断开，从而影响视频资源共享效率。因此，车辆移动行为相似性评估成为车联网中流量卸载的关键。

　　本章提出一个车联网下基于车辆移动行为相似性评估的视频资源共享方法（a video resource sharing method based on similarity measurement of mobility between vehicles in VANET，MSMM）。首先，MSMM 分析车辆在规划行驶路径时的影响因素：路程成本和时间成本。根据流体力学流量评估模型建立道路流量评估模型，并讨论道路车辆密度与速度之间的关系。通过设定道路车辆密度区间，进一步讨论道路流量计算方法：在道路低车辆密度区间内，通过讨论车辆密度的变化（即驶入车辆和驶出车辆密度与速度之间的关系），将驶入道路车辆数量与道路允许最大行驶速度乘积定义为道路流量；在道路高车辆密度区间内，根据车辆在道路行驶过程中的跟驰模型，讨论车辆速度变化对于道路车辆密度与速度变化的影响，重新定义了道路流量计算方法。其次，MSMM 将道路长度作为加权值，将加权流量值最小的行驶路径视为车辆行驶模式（即按照行驶模式行驶的车辆能够最小化路程成本和时间成本）。最后，MSMM 分别讨论两种获取车辆移动初始信息的视频资源共享方法：①在车辆相互公开行驶起始位置的情况下，车辆可以分别计算视频传输时间长度和车辆保持移动相似的行驶时间长度，根据两个时间长度的比较来判断车辆的移动行为是否相似，从而选择进行视频资源共享的车辆；②在车辆未相互公开行驶起始位置的情况下，车辆在变更每条行驶道路时对其一跳邻居节点进行评估，选择拥有一跳邻居关系时间长度最大值的车辆为视频共享车辆，从而确保高效地传输视频数据。

10.2 相 关 工 作

视频服务可以为用户提供丰富的可视内容，并且能够吸引超大规模的视频用户。因此，视频用户规模的快速增加导致了视频系统中可用带宽资源变得相对有限，从而严重影响了视频系统的可扩展性和用户的体验质量。例如，在有限的城市区域内存在了超大规模且高密度的用户，并产生了巨大的视频流量。为了提升视频系统的可扩展性和确保用户的高体验质量，众多视频系统采用了移动对等网络（mobile peer-to-peer，MP2P）技术，从而高效地管理覆盖网络中的视频资源和分配覆盖网络中节点的带宽资源。基于 MP2P 的视频系统依赖视频资源的高效管理和灵活的带宽资源分配，以支持低网络带宽消耗的视频资源实时传输。大部分基于 MP2P 的视频系统中主要沿用了传统的结构化和非结构化的覆盖网络架构，并且忽略了用户间的视频共享行为，使得视频系统只能够被动响应移动用户频繁变化的视频请求，从而极大地增加了覆盖网络中视频资源的管理成本，并对视频资源传输性能带来极大的负面影响。

虚拟社区技术通过定义移动用户间的逻辑关系，将具有相似视频播放行为的移动用户组建成虚拟社区。例如，文献[8]考察了用户的视频需求、社交关系和移动行为来定义用户间的逻辑关系，并以此逻辑关系的紧密程度构建用户社区。在同一社区中用户对视频内容具有共同兴趣，可以提高在社区内进行视频搜索的成功概率，并降低视频请求消息在覆盖网络中转发的次数，降低视频搜索时延；移动用户间相似的移动行为能够降低它们之间地理距离和移动路径的变化程度，降低视频资源传输时中继节点的数量，从而实现高质量低成本的视频交付，不仅降低视频数据的传输时延和丢包风险，而且缓解了骨干网络的流量负载，如图 10-2 所示。

显然，同一社区内的节点具有相似的移动行为是提升视频资源交付性能和降低骨干网络流量负载的重要因素。对于用户的移动行为的精确评估能够实现在视

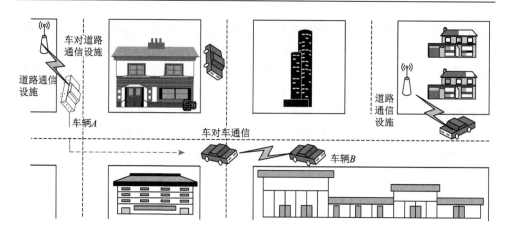

图 10-2　具有相似移动行为车辆间的资源共享

频请求者和视频提供者间高性能低成本的视频交付。在城市区域内，车辆内部的乘客是一个规模极为庞大的群体，他们可以通过手持智能终端和车载视频播放终端观看视频，从而带来了巨大的视频流量。因此，如何提升车辆间视频共享效率就成为移动视频服务的重大挑战。与行人不同，车内乘客拥有较快的移动速度和较高的移动随机性，对车载用户间移动相似性评估带来了极为严重的负面影响。众多学者已经提出了一些车载用户间移动行为相似性的评估方法。例如，文献[9]分析用户的播放行为和移动行为，抽取用户播放行为模式和移动行为模式，将播放行为相似和移动行为相似的用户组织到一个社区中，以提高用户间视频共享的效率。利用用户连接的 AP 来描述车载用户移动轨迹，采用马尔可夫过程描述用户移动过程，并预测未来用户的移动行为。用户的历史移动行为和预测的未来移动行为被用来评估用户间的移动相似程度。文献[10]提出了一个车联网中基于联系图的资源提供者的方法。通过分析车辆间相互通信的历史记录，建立车辆间通信的联系图。网络 AP 利用联系图评估资源请求车辆和资源承载车辆在移动过程中遭遇的概率，将具有较高遭遇概率的车辆作为候选车辆。当车辆在移动过程中遭遇时，资源共享的车辆保持较近的地理距离（一跳范围），从而提高车辆间资源共享的效率。然而，车辆移动具有较大的随机性，利用 AP 获取和分析车辆的移动行为，将产生极大的计算负载和通信负载，且容易造成车辆遭遇预测失败。一旦车辆遭遇预测失败，将产生极大的资源传输时延。文献[11]设计了一个车载网络中车辆移动性模型，利用用户接入的 Wi-Fi 与 AP 来描述和定义用户的移动轨迹，通过过滤用户的移动轨迹，以图的方式来描述用户的移动过程，从而构建基于概率的车辆移动模型。文献[12]利用用户接入的 AP 来描述用户的移动轨迹，通过抽取用户的移动行为特征建立用户的移动模型。网络中 AP 存储着所有车辆移动的历史记录，预测车辆可能经过的 AP 或可能遭遇的其他车辆。AP 将车辆所需的资源预先调度到车辆可能经过的 AP，当车辆经过且接入该 AP 时，该车辆从经过的 AP 处下载所需资源；当车辆可能与其他车辆在道路上遭遇时，AP 将资源预先传输至遭遇车辆，当资源请求车辆与携带资源的车辆遭遇时，实现车辆间资源的一跳传输。然而，该方法依赖于已获取车辆移动的历史记录及车辆移动行为的预测结果的假设前提条件，方法本身存在严重缺陷。文献[13]提出了一个车联网下基于车辆移动行为评估的资源共享方法。请求资源的车辆向其一跳邻居车辆广播请求消息。邻居节点转发该请求消息至路旁单元（road side unit，RSU）。该 RSU 负责向网络中其他 RSU 或车辆提供所需的资源，并将资源分割为多个数据块。请求资源车辆的一跳邻居车辆分别从 RSU 处下载指定的数据块，并转发至资源请求车辆，以实现高效的资源共享。然而，该方法默认一跳邻居车辆在一定时间内与资源请求车辆保持相对较近的地理距离，从而实现一跳范围内的资源交付。由于车辆的移动行为是随机的，且移动速度较快，车辆间一跳邻居关系具有易碎性。一旦车辆间一跳邻居关系转变成多跳关系，严重影响数据块的交付效率。文献[14]提出了一个用户运动模型的构建方法。用户的运动轨迹被分割成多条线段，将相似方向的线段进行聚类，并根据线段的共同特性抽取线段聚类类别中的代表线段，从而精确地描述用户的行动轨迹。文献[15]提出了在无线网络环境下准马尔可夫链的用户移动行为模型。本节利用准马尔可夫模型分析用户移动行为的稳定状态和瞬时状态行为，从而预测用户穿越 AP 时的移动时间和停留时间。然而，以上方法忽略了引起用户移动行为异常的影响因素，这些因素往往会导致用户移动行为评估结果的精确度。此外，基于 AP 的车辆移动轨迹的表示方法难以精确地描述用户的移动轨迹，从而降低了用户移动行为的评估精确度。较低的用户移动行为评估精确度不仅会引起社区结构不断变化、增加社区结构维护成本，而且降低了移动用户间视频资源的交付性能。

10.3　车辆移动轨迹的表示

对于用户的移动行为的分析主要是基于用户移动轨迹，因此，对于用户移动行为轨迹的精确描述能够提升用户移动行为特性抽取的精确程度。大部分移动行为评估模型主要采用基于 AP 的移动轨迹描述方法。如图 10-3 所示，由于 RSU 拥有较大的覆盖范围，车辆 A 的真实的地理位置很难被接入的 RSU 的位置所表示，从而引入车辆位置描述的误差。这种不精确的车辆地理位置的描述难以反映出车辆驾驶者在行驶路径选择过程中的真实意图。例如，在图 10-3 中，车辆 A 位于两条道路的交点部分，选择后续的行使路径的概率是均等的。但是车辆 A 的驾驶员会根据自身的行驶目的地来制定行驶路径规划，根据制定的行驶路径规划来决定后续选择的行驶路径，也就是说，驾驶员选择的行驶路径会受到行驶目的地和道路通行情况的制约。因此，精确地描述车辆的地理位置能够真实地反映出用户做出后续行驶路径选择的真实意图，从而有利于准确地抽取用户移动行为特性和发现用户移动模式。

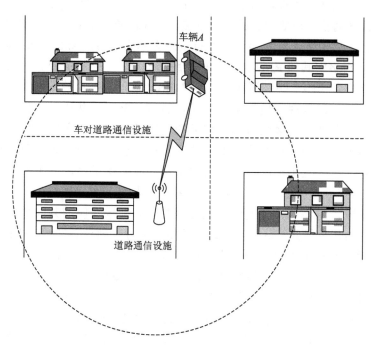

图 10-3   基于 AP 的车辆位置表示方法

在城市环境中，车辆是沿着道路移动的。城市道路可以被划分为多条线段的集合。如果车辆的行驶轨迹能够被道路线段描述，那么车辆的行驶轨迹就能够被精确地描述，车辆驾驶员的行驶路径选择的意图就可以被充分地展现。如图 10-4 所示，城市区域被道路划分为多个子域，并且道路被唯一地命名。横向与纵向道路分别被命名为 "Street A，Street B，Street C" 和 "Street D，Street E，Street F"。如果道路的起点和终点位于城市的边界，那么它们可以被视为道路线段的顶点，并且唯一标识整个道路。例如，Stree A 的起点与终点被分别命名为 S_{40} 和 S_{41}。S_{40} 和 S_{41} 是 Stree A 的顶点，并可以作为 Stree A 的唯一标识，表示 Stree A。两条道路的交点可以被两条道路的名字命名。例如，Stree A 和 Stree D 的交点可以被命名为 S_{AD}。基于以上道路的命名方法，所有的道路都可以划分为一个或若干个线段，每个线段都有唯一的标识。当一个车辆出现在一条道路的某个线段上时，根据这个车辆的行驶方向，车辆的位置就可以采用线段表示[16-21]。例如，由于车辆 A 从南向北行驶，并且位于由 S_{A0} 和 S_{AD} 构成的线段上，车辆 A 行驶轨迹的开始位置就可以表示为 $L_{A0 \rightarrow AD}$。相似地，由于车辆 B 从南向北移动，因此，车辆 B 的起始位置可以表示为 $L_{CD \rightarrow BD}$。为了精确地表示车辆真实的地理位置，根据以下三种情况分别表示车辆的地理位置。

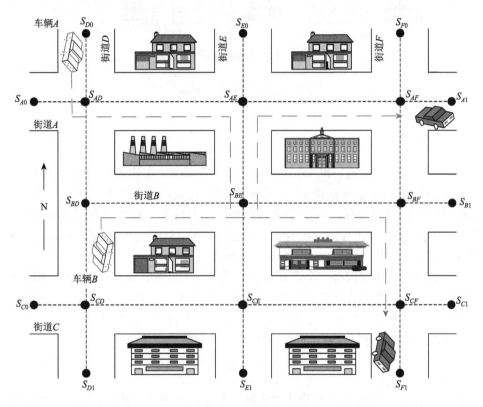

图 10-4　基于道路线段的移动轨迹表示方法

（1）当车辆 A 在行驶过程中拥有多个一跳邻居节点时，车辆 A 的地理位置就可以采用三角形圆心计算方法来获得。如图 10-5（a）所示，车辆 A 在其通信范围内拥有三个一跳邻居节点。车辆 A 与其三个一跳邻居节点交换自身的地理位置坐标（地理位置坐标通过 GPS 获得），并且计算彼此之间的地理距离。由于车辆 A 与相连的 RSU 和车辆 B 拥有最近的地理距离，因此，车辆 A 利用相连的 RSU 和车辆 B 的地理位置坐标值，根据式（10-1）计算自身的相对位置。

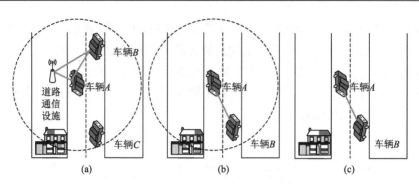

图 10-5　车辆 A 地理位置计算方法

$$\begin{cases} x_A^* = \dfrac{d_{BR}x_A + d_{AR}x_B + d_{AB}x_R}{d_{AB} + d_{AR} + d_{BR}} \\[2mm] y_A^* = \dfrac{d_{BR}y_A + d_{AR}y_B + d_{AB}y_R}{d_{AB} + d_{AR} + d_{BR}} \end{cases} \qquad (10\text{-}1)$$

式中，(x_A, y_A)、(x_B, y_B) 和 (x_R, y_R) 分别表示车辆 A、车辆 B 和 RSU 的坐标值；d_{AB}、d_{AR} 和 d_{BR} 分别表示车辆 A、车辆 B 和 RSU 之间的欧氏距离；(x_A^*, y_A^*) 为计算后的车辆 A 的相对位置。(x_A^*, y_A^*) 不仅能够避免采用单一的 GPS 坐标来表示车辆 A 的地理位置时存在的误差，而且也能够避免利用 RSU 来表示车辆 A 的地理位置时存在的误差，从而精确地表示车辆 A 的地理位置。

（2）当车辆 A 仅拥有一个在其通信范围内的一跳邻居节点时，车辆 A 的地理位置可以利用线段图心计算方法来获得。如图 10-5（b）所示，车辆 A 仅拥有一个一跳邻居节点（车辆 B）。车辆 A 与车辆 B 交换彼此的地理位置坐标，并且根据式（10-2）计算彼此坐标构成的线段的图心坐标值。

$$x_A^* = \frac{x_A + x_B}{2}, \qquad y_A^* = \frac{y_A + y_B}{2} \qquad (10\text{-}2)$$

式中，(x_A, y_A) 与 (x_B, y_B) 分别表示车辆 A 和车辆 B 的坐标值；(x_A^*, y_A^*) 为由车辆 A 和车辆 B 坐标构成线段的图心坐标，表示计算后的车辆 A 的相对位置。(x_A^*, y_A^*) 能够避免采用单一的 GPS 坐标来表示车辆 A 的地理位置时存在的误差，从而精确地表示车辆 A 的地理位置。

（3）当车辆 A 没有任意一个在其通信范围内的一跳邻居节点时，车辆 A 的 GPS 坐标用来表示其地理位置。

显然，基于 GPS 坐标的车辆地理位置表示方法的精确程度低于其他两种基于三角形和线段图心表示方法。基于三角形图心的车辆地理位置表示方法相比基于 GPS 坐标和线段图心的表示方法拥有最高的精确程度。因此，为了提升车辆地理位置的描述精确程度，在车辆行驶过程中，基于三角形图心的车辆地理位置表示方法应当优先使用。

　　在精确表示车辆地理位置后，还需要评估车辆与行驶道路线段的隶属关系，进而使用道路线段表示车辆的行驶轨迹。为了降低在车辆与行驶道路线段隶属关系评估过程中存在的误差，需要在车辆行驶过程中连续获取车辆地理位置坐标值，并将其作为采样数据，从而提升车辆与行驶道路线段隶属关系的评估结果精度。车辆地理位置采样数据可以用三元组形式表示，即 $L = (x, y, t)$，其中 x 和 y 分别表示车辆地理位置坐标值；t 表示车辆地理位置采样的时间。如图 10-6 所示，从 t_1 到 t_7，车辆 A 拥有 7 个采样数据，用来描述车辆 A 的行驶轨迹。然而，车辆 A 的地理位置并不总是位于道路范围内（如 t_3 和 t_5 时刻车辆 A 的采样数据）。因此，首先需要根据以下规则定义无效的采样数据。

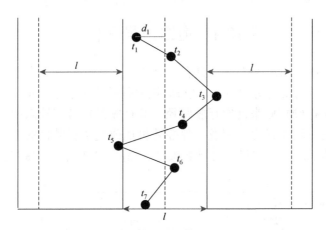

图 10-6　车辆位置与行驶道路隶属关系评估

　　规则 10-1：如果车辆位置的采样数据与道路中线的垂直距离小于 $\dfrac{3}{2}l$（其中，l 为道路的宽度），那么当前车辆位置的采样数据被视为有效数据；否则，如果车辆位置的采样数据与道路中线的垂直距离大于 $\dfrac{3}{2}l$，那么当前车辆位置的采样数据被视为无效数据。

　　如图 10-6 所示，道路两侧分别拥有两个长度为 l 的邻域。$\dfrac{3}{2}l$ 实际上是从道路中线到邻域边界的距离。邻域的定义被用来提升评估车辆地理位置与道路间隶属程度的容错能力，从而降低出现车辆地理位置误差大而产生的误判概率。车辆 A 的地理位置采样数据构成了一个集合 $S_{loc} = (l_1, l_2, \cdots, l_k)$，且 S_{loc} 中元素根据时间戳满足线性增加关系。可以采用一个基于样本映射的移动方向度量方法去评估车辆行驶方向和道路之间的一致性程度，从而评估车辆地理位置与道路间隶属程度。首先，车辆在 t_1 与 t_2 时刻的地理位置 l_1 和 l_2 构成了一个线段，并且这个线段到道

路中线的映射长度被定义为 $PL_{12} = |y_2 - y_1|$，其中 y_1 与 y_2 分别为车辆 A 在 t_1 和 t_2 时刻地理位置的纵坐标值。相似地，可以获得由 l_1 与 S_{loc} 中其他 $k-1$ 元素构成的线段到道路中线的映射长度，并构成一个集合 $S_{PL} = (PL_{12}, PL_{13}, \cdots, PL_{1k})$。根据规则 10-1，如果 S_{PL} 中元素均为有效采样数据且满足线性增长趋势，车辆 A 就可以被视为沿着当前道路在行驶，并且车辆 A 的行驶轨迹即可被当前道路的线段所表示。当车辆 A 行驶至其他道路的线段时，也可以通过以上方法来评价车辆地理位置与道路的隶属关系，使车辆在当前道路线段上的行驶轨迹可以被当前道路线段表示。因此，车辆所有的行驶轨迹即可被视为道路线段的集合。如图 10-4 所示，车辆 A 的行驶轨迹可以被定义为 $tr_A = (L_{D0 \to AD}, L_{AD \to AE}, L_{AE \to BE}, L_{BE \to BF}, L_{EF \to CF}, L_{CF \to F1})$。

10.4　道路流量评估

　　不像行人在城市道路上移动具有的高复杂度（即使行人沿着道路移动，也会产生随机的方向变化），车辆在城市区域内行驶通常会按照道路的方向、行驶目的地及道路行驶规则来确定行驶路径，其行驶路径具有较高的可预测性。即使车辆在行驶过程中发生了突发事件并随机地改变了行驶目的地，车辆从当前道路到新目的地的行驶路径也可以被预测。如图 10-7 所示，城市区域内所有的

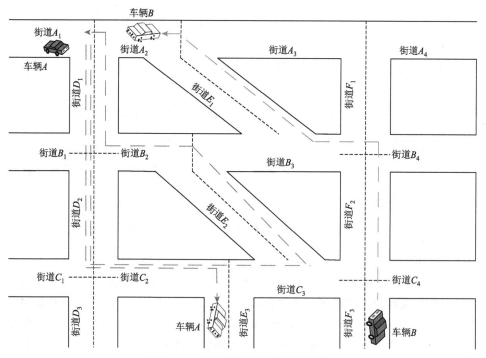

图 10-7　城市区域内车辆行驶示例

道路进行了命名，用以标识车辆所在的位置，也便于道路流量的标识。车辆 B 的当前位置为街道 F_3、行驶目的地为街道 A_2。车辆 B 在行驶过程中会选择从街道 F_3 到街道 A_2 的最短路径 SP_B：街道 F_3→街道 F_2→街道 B_3→街道 A_2。车辆 A 的初始位置为街道 A_1、初始目的地为街道 C_2。然而，当车辆 A 到达了初始目的地后街道 C_2 立刻改变了行驶目的地，将初始位置街道 A_1 作为新的行驶目的地，则车辆 A 无法在道路街道 C_2 上随意改变行驶方向，只能到达街道 C_3 后选择最短路径 SP_A：街道 C_3→街道 E_2→街道 B_2→街道 D_1→街道 A_1。显然，车辆制定行驶规划优先采用当前位置与目的地间的最短路径，降低行驶和时间成本。

事实上，道路的通行能力是决定车辆行驶规划制定的关键因素。例如，即使 SP_B 是从街道 F_3 到街道 A_2 的最短路径，但当 SP_B 允许车辆行驶的速度和承载最大车辆的数量均较低且路径 P_A：街道 F_3→街道 F_2→街道 F_1→街道 A_3→街道 A_2 允许车辆行驶的速度和承载最大车辆的数量均远高于 SP_B 时，路径 P_A 的行驶成本和时间成本要低于 SP_B。另外，允许车辆行驶的速度和承载最大车辆的数量均较高的道路发生拥塞的概率相对较低，且即使发生拥塞但从拥塞中恢复的速度较快；允许车辆行驶的速度和承载最大车辆的数量均较低的道路发生拥塞的概率相对较高，且从拥塞中恢复的速度较慢。例如，一旦在 SP_B 上车辆数量超过 SP_B 所能承载车辆数量的最大值，产生道路拥塞，反而极大地提高了车辆的行驶的时间成本。城市区域内每条道路的允许车辆行驶的速度和承载最大车辆的数量均不相同。预测车辆未来的行驶路径需要对道路的通行能力进行评估。由于车辆在道路上行驶过程中无法随机地改变行驶的方向，因此，可以将整个道路视为一个封闭的管道。根据流体力学对于封闭管道流量的定义，任意道路 L_i 的流量（通行能力）可以被定义为

$$\mathrm{TR}_{L_i} = N_{cs} \times v_{cs}, \quad v_{cs} = \frac{\sum\limits_{c=1}^{N_{cs}} v_c}{N_{cs}} \tag{10-3}$$

式中，TR_{L_i} 表示道路 L_i 的流量；N_{cs} 与 v_{cs} 分别为单位时间内流出道路 L_i 横切面车辆的平均数量和平均速度。设道路 L_i 允许车辆行驶速度范围为 $(0, v_{\max}]$，其中，$v_{\max}$ 为 L_i 允许车辆行驶的最大速度。显然，具有高流量的道路能够支持较高的车辆行驶速度，从而降低车辆的时间成本；具有高流量的道路能够允许较多车辆行驶，从而降低道路拥塞的风险、提升道路的拥塞恢复能力。为了精确地评估道路流量，还需要进一步对道路状态进行考察。如图 10-8 所示，道路 L_i 被视为一个封闭的管道，被划分为 n 个具有相同长度和宽度的网格。车辆占据网格的空间，且相邻前后车辆间的距离被定义为 d。N_{cs} 可以被定义为

$$N_{cs} = k_{cs} \times \rho \tag{10-4}$$

式中，k_{cs} 为单位时间内从道路 L_i 上通过横截面网格的数量；ρ 为网格内包含车辆的数量，通常为常数。道路承载的车辆数量是有限的，且道路中车辆数量与车辆行驶速度是密切相关的，道路 L_i 的容量可以被定义为

$$V_{L_i} = n \times (\rho \times S_v + d \times b) \tag{10-5}$$

式中，S_v 为一个车辆所占据的空间；$\rho \times S_v$ 表示车辆占据的空间；d 为相邻前后车辆间的距离；b 为网格的宽度；$d \times b$ 表示相邻车辆间距占据的空间；n 为网格的数量。由于车辆间需要维持一定的距离，以确保车辆在行驶过程中的安全，因此，车辆所占据空间与车辆的安全间距可以被共同视为管道内流动的物质。通常，d 的取值会与车辆的行驶速度相关。

$$d = c_1 \times v^2 + c_2 \times t \times v \tag{10-6}$$

式中，c_1 为车辆的制动系数，且为一个常数；c_2 为反应系数，也为一个常数；t 为驾驶员的制动响应时间；v 为车辆的行驶速度。如果 $v = 0$，那么 d 的值也为 0，车辆间距所占空间可以被视为 0。此时，道路 L_i 所能承载车辆的数量达到最大值 $N_{\max}$。当车辆间的实际间距大于等于 $d_{v_{\max}}$ 时（$d_{v_{\max}}$ 为当车辆行驶速度 v 等于道路 L_i 允许车辆行驶的最大速度值 $v_{\max}$ 时的车辆间距），道路 L_i 上的车辆均可以达到最大行驶速度。显然，存在道路 L_i 上车辆的一个临界值 $N_c \neq 0$ 且 $N_c < N_{\max}$。如果道路 L_i 上的车辆 $N_i \in (0, N_c)$，使得车辆间距始终大于等于 $d_{v_{\max}}$，那么道路 L_i 上的速度变化与车辆数量无关，即道路 L_i 上的车辆始终能够以 $v_{\max}$ 行驶。也就是说，根据（10-3），当道路 L_i 的承载空间 V_{L_i} 为一个常数时，网格的数量为临界值 k_c，使得 $\dfrac{V_{L_i} - k_c \times \rho \times S_v}{k_c \times b} \geq d_{v_{\max}}$，此时，道路 L_i 上的速度变化与车辆数量无关。为了方便起见，设 v_e 与 N_e 为单位时间内驶入道路 L_i 的车辆速度和车辆数量，道路 L_i 的流量可以被定义为

$$TR_{L_i} = N_e \times v_{\max}, \quad N_i \in (0, N_c] \tag{10-7}$$

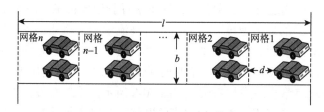

图 10-8　基于网格的道路空间划分

当道路 L_i 上的车辆数量 $N_i \in (0, N_c]$ 时，车辆可以按照最大行驶速度 $v_{\max}$ 行驶

（即 $v_e = v_{max}$），所以车辆速度为常量；车辆数量在区间 $(0, N_c)$ 内变化，驶入道路 L_i 的车辆数量决定了驶出道路 L_i 的车辆数量。因此，道路 L_i 的流量可以被定义为驶入 L_i 的车辆数量与 v_{max} 的乘积。另外，当道路 L_i 上的车辆数量 $N_i \in (N_c, N_{max}]$ 时，车辆的速度与数量存在相互影响。根据流体力学的质量守恒定律，封闭管道内流量的增量等于进入管道流量与离开管道流量的差值，即 $N_e \times v_e - N_{cs} \times v_{cs} = \Delta TR_{L_i}$。如果 $N_e = N_{cs}$ 且 $v_e = v_{cs}$，那么 $\Delta TR_{L_i} = 0$。车辆在道路上行驶的过程遵循排队模型，前车的行驶状态对紧随的后车产生制约性。后车的行驶速度总是随着前车速度的变化而变化，即前车与后车的行驶速度拥有相同的变化。当驶出道路车辆的速度下降时，在单位时间内驶出道路的车辆数量也随之下降。如果 N_e 和 V_e 的值为常量且 $N_e > N_{cs}$，$v_e > v_{cs}$，那么 $\Delta TR_{L_i} > 0$，即单位时间内驶入道路 L_i 的车辆数量大于驶出 L_i 的车辆数量时，道路 L_i 的车辆数量是增加的。反之，如果 $N_e < N_{cs}$，$v_e < v_{cs}$，那么 $\Delta TR_{L_i} < 0$，单位时间内驶入道路 L_i 的车辆数量小于驶出 L_i 的车辆数量时，道路 L_i 的车辆数量是减少的。

当道路 L_i 上的车辆数量 $N_i \in (N_c, N_{max}]$ 时，需要根据道路 L_i 上的车辆速度变化对于其他车辆产生的传递性进一步分析道路流量的变化。事实上，道路上的车辆被视为连续均质的媒介。当靠近道路出口的前端车辆在周期时间 Δt 内改变自身的行驶速度（$v_e \sim v_{cs}$）时，传递性使得后续车辆在周期时间 Δt 内做出相同的行驶速度改变。道路流量的增量可以被定义为 $\Delta N \times v_{cs}$，其中，$\Delta N = N_e - N_{cs}$，表示在周期时间 Δt 内离开道路 L_i 的车辆数量的增量。此外，在周期时间 Δt 内驶入道路 L_i 的车辆的速度也会由 v_e 变化到 v_{cs}。道路 L_i 的新增车辆产生的流量增量可以被定义为 $N_e \times \Delta v$，其中，$\Delta v = v_e - v_{cs}$。道路 L_i 的流量增量可以被定义为

$$\Delta TR_{L_i} = \Delta N \times v_{cs} + N_e \times \Delta v \qquad (10\text{-}8)$$

式中，$\Delta N + N_e \leqslant N_{max}$。如果 $v_{cs} = v_e$，那么 $\Delta v = 0$，道路流量为 $\Delta TR_{L_i} = \Delta N \times v_e$，表示驶入道路 L_i 且改变行驶速度的车辆产生的流量增量。也就是说，当驶入道路 L_i 的车辆行驶速度与已经在道路上行驶的车辆速度保持一致时，新驶入道路的车辆并不会带来道路流量的增量。如果 $v_{cs} = 0$，那么 $\Delta v = v_e$，道路流量为 $\Delta TR_{L_i} = N_e \times v_e$，表示驶入道路 L_i 的车辆产生的流量增量。$v_{cs} = 0$ 表示驶出道路的车辆行驶速度为 0，道路中原有车辆并不会产生道路流量增量，即只有新驶入道路的车辆会带来流量增量。在式（10-8）中，N_e 与 v_{cs} 的值可以根据周期时间内驶入道路车辆的数量和驶出道路车辆的数量及速度计算出单位时间驶入道路车辆的数量和驶出道路车辆的数量及速度。然而，影响 Δv 值的因素较多，需要进一步分析车辆在道路行驶过程中速度变化对于 Δv 值的影响。例如，当前端车辆的速度发生变化时，后续车辆并不能在同一时间就能够与前端车辆速度变化保持一致，因此，车辆速度变化会产生时延。也就是说，前端车辆速度在周期时间 Δt 内从 v_e 变化至 v_{cs}，此时后续

车辆的速度并不能立刻达到 v_{cs}，即 $v_e \neq v_{cs}$ 且 $\Delta N \neq N_e - N_{cs}$。根据车辆的跟驰模型[22]，后车速度变化值可以定义为

$$\Delta v = \frac{1 + T \times \eta}{T}(v_{cs} - v_e) \qquad （10-9）$$

式中，T 与 η 分别为后车的松弛时间和反应系数且 η 为一个常量。也就是说，后车要想从当前行驶速度 v_e 变化至 v_{cs}，需要按照加速度 $(v_{cs} - v_e)/T$ 行驶 $1 + T \times \eta$ 个单位时间。此外，ΔN 可以定义为

$$\Delta N = \rho / T \qquad （10-10）$$

式中，$1/T$ 表示单位时间内发生速度变化的网格数量。因此，当道路 L_i 上的车辆数量 $N_i \in (N_c, N_{\max}]$ 时，道路 L_i 的流量可以被重新定义为

$$\Delta \mathrm{TR}_{L_i} = \Delta N \times \Delta v + N_e \times \Delta v = \left(\frac{1}{T}\rho + N_e\right) \times \Delta v \qquad （10-11）$$

将式（10-7）与式（10-11）合并，道路 L_i 的流量可以被定义为

$$\mathrm{TR}_{L_i} = \begin{cases} N_e v_{\max}, & N_i \in (0, N_c] \\ N_e(v_e - \Delta v) - \dfrac{\rho}{T}\Delta v, & N_i \in (N_c, N_{\max}] \end{cases} \qquad （10-12）$$

如果车辆以恒定行驶速度驶入道路 L_i，且遵循泊松分布，那么 v_e 为常量且 $N_e = \lambda$。如果车辆驾驶员的驾驶能力差异被忽略，那么 T 和 η 也为常量。道路 L_i 的流量只与 v_{cs} 的变化相关。通过对于道路 L_i 上车辆行驶历史记录的分析，驶入道路 L_i 和驶出道路 L_i 的车辆速度的均值可以被视为 v_e 与 v_{cs} 的值。通过道路 L_i 在不同时间区间内的流量 TR_i 可以计算数值解。可以根据上述方法计算每条道路的流量（即通行能力）。在城市区域内，从车辆的初始位置到行驶目的地拥有多条行驶路径（每条行驶路径由一条或若干条道路组成）。例如，设位置 A 到位置 B 的通行路径为 $P_{A \to B} \Leftrightarrow (\mathrm{cp}_1, \mathrm{cp}_2, \cdots, \mathrm{cp}_n)$，$P_{A \to B}$ 中任意元素 cp_i 表示位置 A 到位置 B 的候选行驶路径。车辆通常会根据行驶的路程成本和时间成本来规划行驶路径，因此，$P_{A \to B}$ 中任意两个元素 cp_i 和 cp_j 可以利用候选路径的道路流量加权和来比较，cp_i 和 cp_j 的通行成本分别被定义为 $\mathrm{DC}_i = \dfrac{\mathrm{LC}_i}{\mathrm{MAX}[\mathrm{LC}_i, \mathrm{LC}_j]} \times \dfrac{1}{\mathrm{TR}_i}$ 和 $\mathrm{DC}_j = \dfrac{\mathrm{LC}_j}{\mathrm{MAX}[\mathrm{LC}_i, \mathrm{LC}_j]} \times \dfrac{1}{\mathrm{TR}_j}$。其中，$\mathrm{LC}_i$ 与 LC_j 分别表示候选路径 cp_i 和 cp_j 的路径长度（包含所有道路长度之和，表示路程成本）；$\mathrm{MAX}[\mathrm{LC}_i, \mathrm{LC}_j]$ 返回 LC_i 和 LC_j 中的最大值；$\dfrac{\mathrm{LC}_i}{\mathrm{MAX}[\mathrm{LC}_i, \mathrm{LC}_j]}$ 表示路程成本的权重值；TR_i 与 TR_j 分别为 cp_i 和 cp_j 的流量，表示 cp_i 和 cp_j 的时间成本。

若 cp_i 的行驶路径长度 LC_i 大于 LC_j，则 $\dfrac{LC_i}{\text{MAX}[LC_i, LC_j]}=1$、$\dfrac{LC_j}{\text{MAX}[LC_i, LC_j]}<1$，

从而实现对于 cp_i 和 cp_j 的流量值的加权调节。若 $DC_i < DC_j$，则表明 cp_i 的通行成本低于 cp_j。将 $P_{A \to B}$ 中元素进行逐一两两对比，将 $P_{A \to B}$ 中通行成本最小的候选路径作为位置 A 到位置 B 的行驶模式，即大多数车辆将具有通行成本最小的候选路径作为行驶路径，能够降低行驶成本和时间成本。由于城市区域内道路车辆数量及速度是动态变化的，使得不同时间间隔内相同起始位置对应的通行成本是不同的，可能存在不同的时间间隔对应的行驶模式是不同的。因此，需要对相同起始位置根据不同的时间区间分别定义行驶模式。例如，任意两个位置 A 和 B 间的行驶路径可以被定义为 $P_{AB} = (cp_i, t_s, t_e)$，其中，$t_s$ 与 t_e 分别表示路径 P_{AB} 的行驶模式有效时间区间的起始时间和终止时间。城市区域内所有起始位置在不同时间区间对应的行驶模式构成集合 DPS。

10.5　基于车辆移动行为相似的视频资源共享策略

车辆行驶模式抽取的目的是通过识别车辆行驶模式计算车辆运动行为的相似性。如果车辆在同一时刻内拥有相同的行驶模式，那么车辆的运动行为可以视为一致，具有较高的相似性。精确地识别车辆的行驶模式能够有效地降低计算车辆运动行为相似性的误差。车辆行驶模式的识别可以分为以下两种情况。

（1）当车辆的起点和终点被提前获知时（如车辆导航状态），车辆的运动模式很容易通过已预知的起点和终点在集合 MPS 中搜索获得。例如，车辆 A 与车辆 B 分别对应两个行驶模式 tr_A 和 tr_B。车辆 A 和车辆 B 的运动行为相似度可以由式（10-13）计算获得。

$$S_{AB} = \frac{\sum\limits_{i=1}^{|tr_A \bigcap tr_B|-s} D(L_i)}{\text{MAX}[\sum\limits_{e=1}^{|tr_A|-a} D(L_e), \sum\limits_{c=1}^{|tr_B|-b} D(L_c)]}, \quad L_i \in tr_A \bigcap tr_B \qquad (10\text{-}13)$$

式中，$|tr_A \bigcap tr_B|$ 表示 tr_A 和 tr_B 中交集元素的数量；$D(L_i)$ 表示道路线段 L_i 的长度；s 为在 $tr_A \bigcap tr_B$ 中被车辆 A 和车辆 B 行驶过的线段数量的最大值；$|tr_A \bigcap tr_B|-s$ 表示车辆 A 和车辆 B 对应的行驶模式中所含去除已行驶过的共同线段的剩余数量；a 与 b 分别为车辆 A 和车辆 B 已经行驶过的剩余线段数量；S_{AB} 为 tr_A 和 tr_B 的共同线段长度与 tr_A 或 tr_B 的线段长度最大值之间的比值。若 S_{AB} 大于等于规定的阈值 V，则表明车辆 A 和车辆 B 拥有相似的运动行为；否则，若 S_{AB} 小于规定的阈值 V，则表明车辆 A 和车辆 B 的运动行为不相似。

（2）如果车辆的终点无法预先获知（如隐私保护限制），可以计算当前车辆行驶轨迹与现有车辆行驶模式间的隶属度，根据所隶属的车辆行驶模式预测车辆未来的行驶路径。例如，如图 10-4 所示，车辆 A 在 t_1 已经从 S_{D0} 移动到 S_{AE}。根据车辆 A 的行驶时间 t_1 和现有的行驶轨迹 $\text{tr}_A = (L_{S_{D0} \to S_{AD}}, L_{S_{AD} \to S_{AE}})$，车辆 A 的行驶模式仅限于集合 MPS 中的一个子集 SMPS_A。然而，仅仅利用车辆 A 的行驶时间 t_1 和现有的行驶轨迹 $\text{tr}_A = (L_{S_{D0} \to S_{AD}}, L_{S_{AD} \to S_{AE}})$ 是难以确定车辆 A 的行驶模式的。例如，当车辆 A 移动到 S_{AE} 时，车辆 A 可以拥有多个行驶目的地（如 S_{E0}、S_{F0}、S_{A1}）。因此，需要利用式（10-14）计算车辆 A 从起点 S_{D0} 到达任意目的地的概率。

$$P_A^{S_{F1}} = \frac{N(S_{D0}, S_{F1})}{\sum_{i=1}^{m} N(S_{D0}, S_i)} \qquad (10\text{-}14)$$

式中，N（S_{D0}, S_{F1}）为在时间周期 t_1 内车辆以 S_{D0} 为起点且以 S_{F1} 为终点的在集合 MTS 中的车辆数量；m 为所有以 S_{D0} 为起点的车辆数量；N（S_{D0}, S_i）为在集合 MTS 中以 S_{D0} 为起点且以任意目的地为终点的车辆数量；$\sum_{i=1}^{m} N(S_{D0}, S_i)$ 为在集合 MTS 中以 S_{D0} 为起点的车辆数量；$P_A^{S_{F1}}$ 为车辆 A 以 S_{D0} 为起点且到达终点 S_{F1} 的概率。如果 $P_A^{S_{F1}}$ 的值在所有以 S_{D0} 为起点的目的地中最大，那么可以认为车辆 A 的目的地为 S_{F1}，车辆 A 的行驶模式为 $\text{tr}_{S_{D0} \to S_{F1}}$。在 t_1 时刻，如果从多个起点行驶至 S_{AE} 的车辆数量为 k，可以获得这些车辆的形式模式。当车辆在 t_1 时刻行驶至 S_{AE} 时，可以计算获得车辆 A 与其他 k 个车辆的运动行为相似度。如果车辆 A 与任意车辆 C 之间的运动行为相似度 S_{AC} 大于车辆 A 与其他 $k–1$ 个车辆的运动行为相似度计算结果且 $S_{AC} > V$，那么车辆 A 和 C 拥有相似的运动行为；否则，如果 $S_{AC} < V$，那么车辆 A 和车辆 C 的运动行为不相似。当车辆 A 和车辆 C 拥有相似的运动行为时，车辆 A 和车辆 C 可以彼此分享存储在本地的视频资源。如果车辆 A 在后续的运动过程中发现车辆 C 已经离开了自己的一跳通信范围，那么车辆 A 可以在行驶过程中重新搜索新的具有相似运动行为的车辆，并实施视频资源共享。

10.6　仿真测试与性能评估

10.6.1　测试拓扑与仿真环境

使用前面提出的移动相似度估计方法 MSMM 来代替在前期工作：车联网中性能感知的基于移动社区的视频点播服务（performance-aware mobile community-based VoD service over vehicular ad hoc networks，PMCV）中[9]运动相似度的估计方法（新的视频共享解决方案称为 M-PMCV），并比较了 M-PMCV 和 PMCV 的视频共享的性能。两种解决方案 M-PMCV 和 PMCV 通过使用 NS-2 部署在基于 VANET 的环境中。仿真时间是 500s。仿真无线网络环境参数表如表 10-1 所示。1000m×1000m 的区内设置 300 个移动节点。城市区域结构包括 4 个水平和 4 个垂直街道，每条街道都有两个方向的车道，12 个配备 IEEE 802.11p WAVE 接口的 AP 被部署在 VANET 中，如图 10-9 所示。四条道路 $L_{A_0 \to A_1}$、$L_{D_0 \to D_1}$、$L_{E_0 \to E_1}$、$L_{H_0 \to H_1}$ 允许行驶速度最大值为 16m/s，车辆制动长度为 25m；四条道路 $L_{B_0 \to B_1}$、$L_{C_0 \to C_1}$、$L_{F_0 \to F_1}$、$L_{G_0 \to G_1}$ 允许行驶速度最大值为 12m/s，车辆制动长度为 15m。每条道路的横截面包括两辆行驶方向不同的车辆，即 $\rho = 2$。

表 10-1　仿真无线网络环境参数表

参数	值
区域大小/m²	1000×1000
通信信道	Channel/WirelessChannel
网络层接口	Phy/WirelessPhyExt
链路层接口	Mac/802 11Ext
带宽/(Mbit/s)	25
频率/GHz	9.14
多载波调制	OFDM
传输能量/dBm	33
无线传输范围/m	250
接口队列类型	Queue/DropTail/PriQueue
接口队列长度	50 packets
天线类型	Antenna/OmniAntenna
路由协议	DSR
节点移动速度范围/(m/s)	[0, 20]
网络层协议	IP
传输层协议	UDP
接入点带宽/(Kbit/s)	625
接入点传输范围/(m/s)	250
接入点数量	12

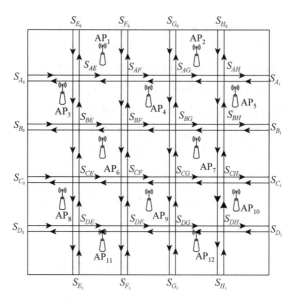

图 10-9　VANET 下 AP 部署策略

VANET 网络所在区域设置 32 个顶点，车辆的起点和终点从 32 个顶点中随机选择分配。在 1000m×1000m 的区域中每条线段的长度被设置为 200m。车辆长度被定义为 4m，每个线段最大可容纳的车辆数值为 50，即 $N_{max} = 50$。首先通过模拟 100 辆车的运动行为生成 10000 条车辆的运动轨迹[23]。在每辆车被分配行驶的起点和终点后，车辆沿着在道路上拥有最大线段速度累积和的路径行驶。如果有多个候选路径具有速度的累加和最大值，那么将车辆随机分配到候选路径中的任意一条路径。所有车辆以线段允许的最大值驶入线段，当车辆在线段上行驶时，文献[22]中的模型为每个车辆设置加速行为、减速行为和停止行为。例如，当车辆的速度降低/增加时，车辆在新分配周期时间内为车辆立即分配新的速度继续行驶。在指定的时间段内按照新速度移动，即过程加速和减速不被模拟。当线段上的车辆数量达到最大值时，新驶入线段的车辆在线段的入口处等候驶入。为了简单地模拟加速和减速，车辆的速度是随机调节的。10000 个节点运动轨迹被用来提取车辆的运动模式。此外，重新生成 300 条车辆运动轨迹，网络中的 300 个车辆的运动行为遵循上述生成的 300 条运动轨迹。根据车辆行驶模式，车辆在行驶前被随机分配行驶的起点和终点。当车辆到达指定的终点时，车辆将终点视为新的起点，被重新分配新的终点，然后按照对应新的起点和终点的运动模式继续行驶。

视频服务器的带宽为 30Mbit/s，本地存储视频数量为 1，且视频的长度为 600s。视频被分成 20 个块，每个块的长度为 30s。根据用户播放行为特征统计结果[23]，创建 10200 条用户视频播放日志，其中，10000 个视频播放日志为历史视频播放日志，用于提取用户的播放模式。200 个移动节点按照泊松分布在仿真时间（0～

300s）加入视频系统，并从 200 个视频播放日志中随机地为移动节点分配视频播放日志，在视频播放日志中为移动节点分配需要请求的视频和播放时间长度，移动节点需要在加入系统后按照视频播放日志请求视频资源。当已经加入系统的移动节点完成了整个视频的播放后，节点退出系统。移动节点视频播放速率为 128Kbit/s。在 PMCV 中，阈值 T_{Hm} 设置为 0.5；λ 与 θ 的值设置为 50 和 60°。代理节点和服务器间交换信息的周期时间影响参数 μ 的值被设置为 1；m 为模糊程度，m 的值被设置为 2；α 的值被设置为 0.5；M-PMCV 中阈值 V 的值被设置为 0.3。

10.6.2　仿真性能评价

M-PMCV 和 PMCV 的性能主要从平均启动时延、PLR、吞吐量、视频质量等方面进行对比。

（1）平均启动时延：从节点发送视频请求消息开始的时间到视频提供者收到请求消息的时间被定义为视频查询时延；从视频提供者发送视频数据到视频请求节点接收到首个视频数据的时间间隔被定义为视频数据传输时延；视频查询时延与视频数据传输时延之和被定义为启动时延。平均启动时延随仿真时间变化过程的计算方法为在一段时间内所有节点启动时延的平均值。

图 10-10 和图 10-11 展示了平均启动时延结果对应 PMCV 和 M-PMCV 的两条曲线的变化情况。PMCV 和 M-PMCV 的平均启动时延随仿真时间和请求节点数量增加的变化而变化，其中，$T = 50s$，请求节点数为 20。如图 10-10 所示，M-PMCV 曲线在 0～200s 快速上升，在 250～450s 缓慢上升，最后在 450～500s 呈现下降的趋势。PMCV 曲线在 0～150s 上升相对缓慢，在 150～350s 快速增加，在 350～450s 出现轻微波动后，在 450～500s 开始下降。虽然 M-PMCV 曲线在 0～150s 高于 PMCV，但 M-PMCV 的曲线在 200～500s 内平均启动时延值、增量及峰值均低于 PMCV。

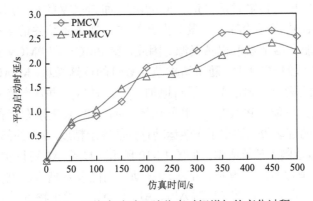

图 10-10　平均启动时延随仿真时间增加的变化过程

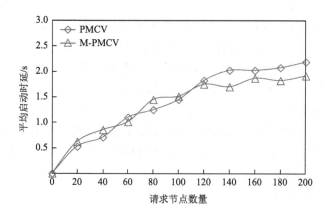

图 10-11　平均启动时延随请求节点数量增加的变化过程

在图 10-11 中，M-PMCV 的平均启动时延在请求节点数量从 0 增加到 80 的区间内快速上升，在请求节点数量从 80 增加到 200 的区间内保持缓慢增长。PMCV 的平均启动时延在请求节点数量从 0 增加到 200 的区间内总是保持快速增长的趋势。M-PMCV 曲线在请求节点数量从 0 增加到 100 的区间内平均启动时延大于 PMCV，但 M-PMCV 曲线在请求节点数量从 120 增加到 200 的区间内的平均启动时延值、增量和峰值均低于 PMCV。

视频查询时延和视频数据传输时延决定了请求节点的启动时延。PMCV 根据节点间播放行为和移动行为的相似性构建节点社区。因为 M-PMCV 和 PMCV 拥有相同的节点播放行为度量方法（M-PMCV 和 PMCV 的节点移动行为度量方法是不同的），拥有相似播放行为且移动行为不相似的节点成为节点社区的准成员节点，M-PMCV 和 PMCV 构建相同的节点社区。因为 M-PMCV 和 PMCV 构建的节点社区内普通成员与准成员的数量可能不同，所以 M-PMCV 和 PMCV 构建的节点社区内请求节点可能搜索到不同的视频提供者。因此，请求消息的传输时延与视频数据的传输时延决定了 M-PMCV 和 PMCV 的平均启动时延性能处于不同级别。在仿真开始时，少量节点开始加入视频系统并请求视频内容，这些节点只能从服务器上获取视频资源。因此，M-PMCV 和 PMCV 的平均启动时延值能够保持在较低的水平。随着请求节点数量的逐渐增加，MPMCV 和 PMCV 的节点社区连续构建，请求节点不断地加入节点社区，并从节点社区内的视频提供者获取视频资源。PMCV 使用车辆经过的 AP 来表示车辆的运动轨迹，VANET 中 AP 的部署策略决定了车辆运动行为的表示精度。AP 的部署策略主要依赖于 AP 的覆盖范围和部署成本。如图 10-10 所示，12 个 AP 可以实现对 1000m× 1000m 区域的全覆盖，但很难保证车辆运动行为的表示精度。例如，当车辆 A 从 S_{E_0} 移动到 S_{G_0} 时，接入的 AP 为 AP_1、AP_4 和 AP_2。当车辆 B 从 S_{F_0} 移动到 S_{H_0}

时，车辆 B 还访问三个 AP：AP_1、AP_4 和 AP_2。因此，PMCV 无法精确地描述车辆的运动轨迹。此外，PMCV 根据车辆的运动行为在预测和历史方面的相似性，利用马尔可夫过程来预测和估计未来车辆的运动行为。因为 PMCV 并没有考虑道路的流量和车辆的运动行为特征，基于马尔可夫过程的预测运动行为的准确性难以保证。此外，PMCV 较低的运动行为表示精度也影响了车辆之间的移动性与相似性评估精度，从而对节点社区构建和视频资源提供者的选择产生较大的负面影响。例如，车辆之间的移动相似性评估精度较低，从而导致节点社区构建存在误差，一些节点可能是社区中的准成员而不是普通成员。如果两个节点 n_i 和 n_j 之间的移动相似性被错误地评价，即 n_i 被误评为普通节点，n_i 被选为 n_j 的视频提供者，视频请求消息和视频数据的传输将会受到 n_i 和 n_j 之间相似度较低的移动行为的影响。视频请求消息与视频数据的传输延时会随着 n_i 和 n_j 的移动速度的增加而延长。M-PMCV 利用精确的车辆地理位置评估车辆和道路线段之间的隶属关系。车辆的运动行为可以根据计算的隶属度用道路线段准确描述。通过道路流量建模和分析车辆历史运动轨迹、提取车辆的运动模式，M-PMCV 能够准确地识别车辆的运动模式，根据车辆运动行为的特点，确定车辆的运动模式，并利用现有的车辆运动轨迹来计算车辆之间的移动行为相似度。运动行为准确表示、运动模式的精确提取和识别可以确保车辆之间运动行为相似度估计具有较高的准确性。

车辆之间运动行为相似度的准确估计能够有效地降低请求消息和视频数据传输路径变化而引起的传输时延抖动发生的风险。M-PMCV 能有效地减少请求消息和视频数据的传播时延。因此，随着仿真时间和请求节点数的增加 M-PMCV 的平均启动时延低于 PMCV。

（2）PLR：视频请求者接收的视频数据数量与视频提供者发送的视频数据的总数的比值被定义为 PLR。在时间间隔 T 内所有节点丢包率的平均值被定义为平均 PLR。

图 10-12 和图 10-13 展示了 PMCV 与 M-PMCV 的平均 PLR 随仿真时间增加过程和请求节点数量增加过程的变化情况，其中时间间隔 $T = 50s$，请求节点数量为 20。如图 10-12 所示，PMCV 曲线在 0～350s 呈快速上升的趋势，在 350～500s 波动比较剧烈。M-PMCV 曲线在 0～350s 呈快速上升的趋势，在 350～500s 出现轻微的波动。虽然 M-PMCV 的 PLR 结果在 50s、100s 和 250s 时高于 PMCV，但 M-PMCV 的 PLR 整体低于 PMCV。M-PMCV 的峰值（$t = 500s$ 时峰值为 43.5%）小于 PMCV（$t = 450s$ 时峰值为 50.7%）。

如图 10-13 所示，PMCV 曲线在请求节点数量从 0 增加到 100 的区间内快速上升，在请求节点数量从 100 增加到 200 的区间内缓慢上升。M-PMCV 曲线在请求节点数量从 0 增加到 120 的区间内快速上升，在请求节点数量从 140 增加到 200

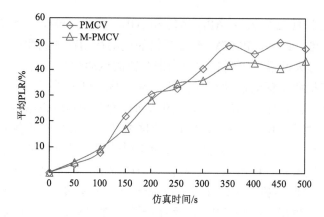

图 10-12　平均 PLR 随仿真时间增加的变化过程

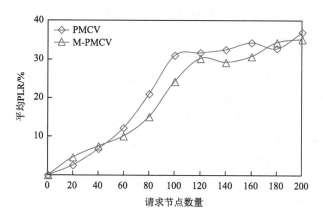

图 10-13　平均 PLR 随请求节点数量增加的变化过程

的区间内缓慢上升。当请求节点数分别为 20、40 和 180 时，M-PMCV 的平均 PLR 大于 PMCV，在其他情况下，M-PMCV 的平均 PLR 低于 PMCV，且当请求节点数为 200 时 M-PMCV 的峰值小于 PMCV 的峰值。

　　200 个移动节点在 0～300s 内加入系统请求视频资源，且请求视频资源的过程服从泊松分布。仿真初始时，少量节点开始请求视频资源，VANET 拥有相对充足的带宽来满足较低的视频流量需求，PMCV 和 M-PMCV 存在较低的 PLR 值。随着请求节点的数量快速增长，不断增加的视频流量消耗大量的 VANET 中的网络带宽，从而引起网络拥塞，这会导致大量视频数据丢失。例如，如图 10-12 和图 10-13 所示，PMCV 与 M-PMCV 的平均 PLR 随着仿真时间和请求节点数量的增加而快速增加。PMCV 和 M-PMCV 依赖于车辆之间相似的运动行为，实现底层视频流量的卸载，减少核心网络的流量负载。PMCV 利用被车辆通过的 AP 来描述车辆的运动轨迹。基于 AP 的车辆运动轨迹表示方法难以精确地描述车辆的运动行为，使得车辆真实的运动轨迹和表示的运动轨迹之间存在较大误差，该误差导致车辆运动行为相似性的评估精度较低，使视频请求者选择具有相异运动行为的概率增加。因此，具有相异运动行为的视频请求者和视频提供者在视频数据传输的过程中会受到移动行为的影响，导致视频数据传输路径发生动态变化，从而增加了视频数据丢失的风险。此外，具有相异运动行为的视频请求者和视频提供者间的视频数据传输路径受到移动性变化带来的影响，引起视频数据传输路径的中继节点数量增加，在增加了视频数据传输时延的同时消耗了更多的网络带宽，又增加了网络拥塞的风险及程度。严重的网络拥塞不仅导致大量的视频数据丢失，而且也会带来较高的视频数据传输时延。M-PMCV 评估车辆地理位置和道路线段之间的隶属关系，M-PMCV 利用道路线段进行精确定位并表示车辆的运动轨迹，有效地提升车辆之间运动行为相似性的评估精度。通过分析车辆历史行驶轨迹以抽取车辆行驶模式，M-PMCV 能够有效地识别车辆的运动模式、准确度量车辆之间运动行为的相似性。车辆之间运动行为相似度的准确测量可以使视频请求者选择具有与其较高相似行为的视频提供者，从而有效地减少视频请求者和视频提供者间的视频数据传输路径的中继节点数量，以支持将视频流量卸载到底层网络。因此，M-PMCV 的拥塞程度低于 PMCV，M-PMCV 的平均丢包率结果低于 PMCV。

　　（3）吞吐量：请求节点接收到视频数据的规模可以定义为接收到的视频数据的数量和大小的乘积。所有请求节点接收到的视频数据和时间间隔 T 之间的比值表示系统总吞吐量；系统的总吞吐量除以请求节点数量的商表示平均吞吐量。

　　图 10-14 为 PMCV 和 M-PMCV 的系统总吞吐量随仿真时间增加的变化过程，其中 $T = 25$s。在图 10-14 中，PMCV 曲线表示的系统总吞吐量在 0～275s 内保持快速增加的趋势，在 275～350s 内开始下降，并在 350～500s 内保持严重的抖动趋势。PMCV 曲线在 $t = 275$s 时达到峰值（15613.44Kbit/s）。M-PMCV 曲线在 0～325s 内迅速增加，并在 325～350s 内短暂下降，在 350～500s 内保持轻微的波动。M-PMCV 的曲线在 300s 时达到峰值 15999.36Kbit/s。M-PMCV 与 PMCV 相比，M-PMCV 的吞吐量增长周期更长，并且 M-PMCV 的峰值大于 PMCV 的峰值。图 10-15 展示了 PMCV 和 M-PMCV 的平均吞吐量随着请求节点数量增加的变化过程。PMCV 的平均吞吐量在请求节点数量从 20 增加到 100 内呈下降趋势，且在请求节点数量从 120 增加到 200 内有轻微的波动。M-PMCV 的平均吞吐量随请求节点数量在 20 增加到 100 内拥有下降过程，并在请求节点数量从 120 增加到 200 内保持轻微波动。虽然 M-PMCV 的平均吞吐量在请求节点数分别为 20、40 和 180 时低于 PMCV 的吞吐量值，但 M-PMCV 的平均吞吐量在其他情况下整体高于 PMCV。

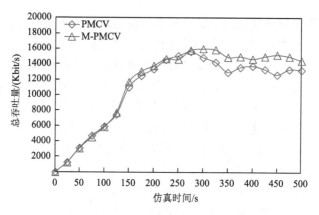

图 10-14　系统总吞吐量随仿真时间增加的变化过程

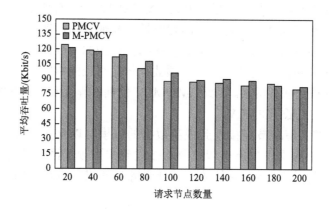

图 10-15　平均吞吐量随请求节点数量增加的变化过程

　　在 PMCV 和 M-PMCV 中，200 个移动节点在 0～300s 内请求视频资源，且请求视频资源的过程服从泊松分布。随着请求节点数量不断增加，网络中的视频流量快速增加（PMCV 和 M-PMCV 对应的两条曲线在 0～275s 内保持快速上升的趋势）。视频流量的增加也给网络带来了较大的负荷、造成局部网络拥塞。在 300s 后，200 个请求节点查询视频内容并获取视频内容，巨大视频流量导致严重的网络拥塞，从而引起大量的视频数据丢失。PMCV 和 M-PMCV 的系统总吞吐量在 300～500s 内保持降低和波动的趋势。图 10-15 展示了不断增长的视频流量会对每个节点的平均吞吐量产生严重的负面影响。当请求节点数量不断增加时，PMCV 和 M-PMCV 的平均吞吐量保持快速下降的趋势。如果视频请求者与视频提供者之间视频数据传输路径包含过多的中继节点，当一个节点成为多个视频数据传输路径的中继节点时，中继节点的带宽被快速消耗，从而导致局部网络拥塞，造成视频传输路径上大量视频数据丢失。PMCV 和 M-PMCV 通过评估视频资源请求者和视频资源提供者之间移动行为相似程度，使得视频资源请求者能够选择与其移动行为相似程度较高的节点作为其视频提供者，减少视频资源请求者与选择的视频资源提供者之间的视频数据传输路径所含中继节点，实现它们之间的视频数据的高效交付，将视频流量在底层网络中卸载，降低骨干网络流量负载。视频请求者和视频提供者之间相似或相同的移动行为可以降低节点移动性变化对视频数据传输路径稳定性的影响，减少视频请求者和视频提供者之间的地理距离，减少视频数据传输路径中中继节点的数量。PMCV 采用基于 AP 的车辆运动轨迹表示方法，难以准确地描述车辆的运动特性。此外，PMCV 将车辆运行行为构建成一个马尔可夫过程，以预测未来车辆的运动行为，难以精确地表述车辆的运动特性并增加车辆之间运动行为预测结果的误差。另外，PMCV 忽略了车辆的运动行为特征，导致车辆运动行为预测精度较低。在 PMCV 中，由于视频请求者与视频提供者间运动行为相似度评估精度较低，提高了视频请求者选择具有相异运动行为的视频提供者的概率，视频数据传输路径快速变化，难以确保视频数据交付效率。因此，PMCV 的严重的网络拥塞会导致丢失大量的视频数据及系统总吞吐量和平均吞吐量较低。M-PMCV 采用基于道路线段的车辆运动轨迹的表示方法。车辆的运动轨迹精确的表示能够有效地支持车辆之间运动行为相似性的准确评估。根据道路流量评估及车辆运动行为特征考察，M-PMCV 提取和识别车辆的运动模式，并进一步计算车辆之间运动行为的相似性。因此，在 M-PMCV 中，视频请求者可以选择具有相似移动行为的节点作为视频提供者，从而缓解网络拥塞水平并降低丢失的视频数据数量。因此，M-PMCV 的吞吐量要高于 PMCV。

（4）视频质量：峰值信噪比用来表示视频 PMCV 和 M-PMCV 的视频质量（峰值信噪比越小，视频质量越好）[24]。峰值信噪比被定义为

$$PSNR = 20 \cdot \lg\left(\frac{MAX\_Bitrate}{\sqrt{(EXP\_Thr - CRT\_Thr)^2}}\right) \tag{10-15}$$

式中，MAX_Bitrate 表示流媒体解码过程中的平均比特率；EXP_Thr 表示流媒体数据在网络中的期望平均吞吐量；CRT_Thr 表示测量后的真实吞吐量。根据仿真设置，MAX_Bitrate 和 EXP_Thr 的取值为 128Kbit/s。使用 $\overline{THR}$ 来计算对应的 PSNR，即每个请求节点的平均视频质量。

图 10-16 为 PMCV 和 M-PMCV 的峰值信噪比随请求节点数量增加的变化过程。PMCV 的峰值信噪比在请求节点的数量为 0～100 内快速下降，并在请求节点的数量为 120～200 内保持轻微抖动。M-PMCV 的峰值信噪比也有与 PMCV 相同的变化，即在请求节点的数量为 0～100 内快速下降后，在请求节点的数量为 120～200 内有轻微的抖动。虽然 M-PMCV 的峰值信噪比在请求节点数量分别为

20、40 和 180 处低于 PMCV，在其他情况下，M-PMCV 的峰值信噪比整体高于 PMCV。

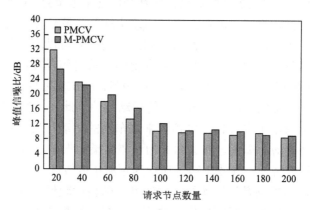

图 10-16　峰值信噪比随请求节点数量增加的变化过程

　　视频质量反映了网络中每个请求节点观看视频的过程中的体验质量。用户的视频质量值越大，观看质量越好。视频质量值与用户视频播放速率及 PLR 有关。高播放速率表示请求节点需要接收到的大量视频数据来支持流畅和高清播放。然而，高播放速率要求更多的网络带宽，这会增加网络拥塞水平。高 PLR 表示请求节点没有接收到足够的视频数据，无法支持连续流畅的播放，给用户的观看质量带来了严重的负面影响。在 PMCV 中，车辆运动行为之间的相似性评估精度较低，导致了较高的 PLR，使得 PMCV 的视频质量迅速下降，最终将波动保持在低水平。在 M-PMCV 中，车辆之间的移动行为相似度评估精度较高，有效地支持近地理距离视频传输，从而有效地降低 PLR。虽然 M-PMCV 的视频质量值也很快降低，但下降速率和减量相对于 PMCV 较低。因此，M-PMCV 的视频质量优于 PMCV。

10.7　本　章　小　结

　　本章首先提出了一个基于车辆移动行为相似性评估的视频资源共享方法——MMSM。MSMM 对车辆地理位置进行精化，并估算车辆位置和道路之间的隶属关系，利用道路线段描述车辆的运动轨迹。MSMM 根据流体力学和车辆跟驰模型建立了道路流量评价模型，通过对车辆运动轨迹的历史记录分析，抽取车辆的运动模式，评估道路流量。MSMM 根据车辆当前的运动轨迹识别车辆的运动模式，使用已识别的模式计算车辆之间运动行为的相似性。使 MSMM 来代替前期工作 PMCV 中运动相似度的估计方法，新的视频共享解决方案称为 M-PMCV。仿真结果表明，M-PMCV 在平均启动时延、PLR、吞吐量、视频质量方面均优于原有方法 PMCV。

参 考 文 献

[1] Chen S，Zhao J. The requirements，challenges and technologies for 5G of terrestrial mobile telecommunication. IEEE Communications Magazine，2014，52（5）：36-43.

[2] Ye Y，Ci S，Lin N，et al. Cross-layer design for delay-and energy-constrained multimedia delivery in mobile terminals. IEEE Wireless Communications，2014，21（4）：62-69.

[3] Sun L，Shan H，Huang A，et al. Channel allocation for adaptive video streaming in vehicular networks. IEEE Transactions on Vehicular Technology，2016，66（1）：734-747.

[4] Chow C Y，Mokbel M F，Leong H V. On efficient and scalable support of continuous queries in mobile peer-to-peer environments. IEEE Transactions on Mobile Computing，2011，10（10）：1473-1487.

[5] Xu C，Zhao F，Guan J，et al. QoE-driven user-centric VoD services in urban multihomed P2P-based vehicular networks. IEEE Transactions on Vehicular Technology，2013，62（3）：2273-2289.

[6] Xu C，Jia S，Zhong L，et al. Ant-inspired mini-community-based solution for video-on-demand services in wireless mobile networks. IEEE Transactions on Broadcasting，2014，60（2）：322-335.

[7] Shen H，Li Z，Lin Y，et al. SocialTube: P2P-assisted video sharing in online social networks. IEEE Transactions on Parallel and Distributed Systems，2014，25（9）：2428-2440.

[8] Xu C，Jia S，Zhong L，et al. Socially aware mobile peer-to-peer communications for community multimedia streaming services. IEEE Communications Magazine，2015，53（10）：150-156.

[9] Xu C，Jia S，Wang M，et al. Performance-aware mobile community-based VoD streaming over vehicular ad hoc networks. IEEE Transactions on Vehicular Technology，2015，64（3）：1201-1217.

[10] Cruces O T，Fiore M，Ordinas J M B. Cooperative download in vehicular environments. IEEE Transactions on Mobile Computing，2012，11（4）：663-678.

[11] Yoon J，Noble B，Liu M，et al. Building realistic mobility models from coarse-grained traces. ACM International Conference on Mobile Systems，Applications and Services，Uppsala，2006.

[12] Kim M，Kotz D，Kim S. Extracting a mobility model from real user traces. Proceedings of IEEE INFOCOM，Barcelona，2006.

[13] Jia S，Xu C，Guan J，et al. A novel cooperative content fetching-based strategy to increase the quality of video delivery to mobile users in wireless networks. IEEE Transactions on Broadcasting，2014，60（2）：370-384.

[14] Lee J G，Han J，Whang K Y. Trajectory clustering: A partition-and-group framework. Proceedings of ACM SIGMOD，New York，2007.

[15] Lee J K，Hou J C. Modeling steady-state and transient behaviors of user mobility: Formulation，analysis，and application. ACM International Symposium on Mobile ad hoc Networking and Computing，Florence，2006.

[16] Lim J，Yu H，Kim K，et al. Preserving location privacy of connected vehicles with highly accurate location updates. IEEE Communications Letters，2017，21（3）：540-543.

[17] Zhang Y，Tan C C，Xu F，et al. VProof: Lightweight privacy-preserving vehicle location proofs. IEEE Transactions on Vehicular Technology，2015，64（1）：378-385.

[18] Aloquili O，Elbanna A，Al-Azizi A. Automatic vehicle location tracking system based on GIS environment. IET Software，2009，3（4）：255-263.

[19] Staras H，Honickman S N. The accuracy of vehicle location by trilateration in a dense urban environment. IEEE Transactions on Vehicular Technology，1972，21（1）：38-43.

[20] Du J, Barth M J. Next-generation automated vehicle location systems: Positioning at the lane level. IEEE Transactions on Intelligent Transportation Systems, 2008, 9 (1): 48-57.

[21] Ku C H, Tsai W H. Obstacle avoidance in person following for vision-based autonomous land vehicle guidance using vehicle location estimation and quadratic pattern classifier. IEEE Transactions on Industrial Electronics, 2001, 48 (1): 205-215.

[22] Helbing D, Tilch B. Generalized force model of traffic dynamics. Physical Review E, 1998, 58 (1): 133-138.

[23] Brampton A, Macquire A, Rai I, et al. Characterising user interactivity for sports video-on-demand. Proceedings of ACM NOSSDAV, Urbana, 2007.

[24] Lee S B, Muntean G M, Smeaton A F. Performance-aware replication of distributed pre-recorded IPTV content. IEEE Transactions on Broadcasting, 2009, 55 (2): 516-526.

第 11 章　移动内容中心网络下基于贡献度感知与节点协同的视频交付方法

本章介绍内容中心网络下基于节点协同的视频共享方法，允许节点与其他节点建立并维护邻居关系，共享缓存的视频资源信息，并实现基于单播的视频查找。通过考察邻居节点的内容查询时延、缓存视频数、查找成功率和地理距离评估邻居节点内容查询与交付能力，使节点能够决定是否与其建立邻居关系，设计节点间邻居关系的维护方法，使节点根据邻居节点内容查询与交付能力决定是否保持和删除当前的邻居关系，并设计基于内容查询和交付能力的视频内容查询方法，有效地减少视频内容查询时延，提高视频内容查询成功率，最后，对提出的方法进行仿真和性能比较。

11.1　引　　言

无线移动网络的带宽的提升和网络化技术（如移动自组网、车联网、无线局域网等）的进步极大地促进了移动互联网应用的发展[1]，如社交、电子商务和多媒体。移动视频服务依靠为用户提供丰富的可视内容和通过手机等移动设备接入内容的便利性，已经逐步发展成为移动互联网中最为流行的应用[2-5]。视频服务对于用户的体验质量要求较高，尤其是在观看内容的清晰度和接入内容的访问时延上要求高观看质量和低等待时延[6]。移动视频服务能够提供丰富的可视内容和内容接入的便利性，这使得这种大规模访问消耗了巨大的网络带宽，从而导致网络拥塞，以至于严重影响用户的视频播放连续性和造成较高等待时延。在移动视频服务中视频资源分布优化和视频数据的传输是降低网络负载，提升用户体验质量的主要手段。优化的视频资源分布能够使视频请求消息迅速地被本地的资源提供者响应，从而将流量卸载到本地网络，降低核心网络的负载，降低拥塞发生的风险；高质量的视频数据传输能够根据动态的网络环境变化及时地调整传输策略，从而降低丢包发生的概率，避免影响用户播放的连续性。基于 P2P/MP2P 的视频系统利用在线客户端的存储、计算和带宽资源来增加资源的供给，以满足不断增长的流量需求。然而，移动设备的存储、计算、带宽资源和续航能力相对有限，而且在线客户端的状态不断发生变化（如缓存的资源动态替换等），视频系统需要根据网络中资源的分布情况来动态地实施优化，以确保资源供需平衡，很难能够处理基础庞大且不断持续增长的视频流量的问题[7-10]。

内容中心网络（content-centric networking，CCN）是一个全新的网络架构，利用重新设计的网络协议来代替传统的基于主机到主机的协议栈[11]。CCN 采用内容缓存的方法来实现内容的近端获取，从而降低内容的搜索和传输时延。如图 11-1 所示，在移动内容中心网络（mobile content-centric networks，MCCN）中，每个移动节点均维护三个数据结构：内容存储（content store，CS）和未处理的兴趣消息表（pending interest table，PIT）及转发信息库（forwarding information base，FIB）。移动节点发送兴趣包（内容请求消息）至其一跳邻居节点[12]。如果其一跳邻居节点在其 CS 中缓存了请求的视频，那么该视频的数据直接被返回至请求节点。否则，如果一跳邻居节点没有在 CS 中存储请求的视频，那么将内容请求消息记录在本地的 PIT 中，并向其所有的邻居节点广播该请求消息。如果该节点已经在 PIT 中记录了这个请求消息，那么将收到的请求消息丢弃。通过不断地广播该请求消息，直至将请求消息转发至内容提供者，内容提供者沿着反向搜索路径将视频数据转发至内容请求者。搜索路径中所有的中继节点缓存该视频内容。当内容请求者的其他邻居节点想要获取同一视频内容时，可以在本地获取该视频内容。

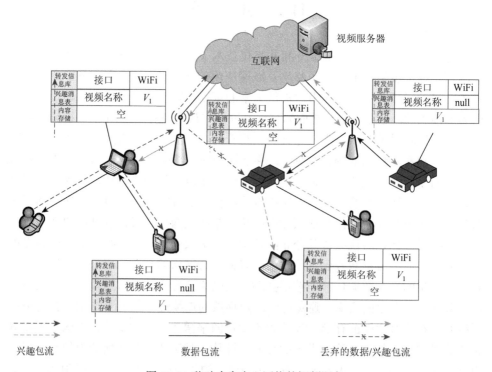

图 11-1　移动内容中心网络的视频服务

在 MCCN 中，传统的内容缓存方法不论该视频内容是否为其他节点所需均缓存至本地，从而消耗了大量的存储、计算和带宽资源。这种利用消耗网络节点资源实施缓存来实现内容近端获取的方法并不适用于 MCCN 中计算、存储和带宽资源相对有限的移动节点。此外，移动节点在地理区域中的移动也会造成内容分布变化。因为，移动节点作为内容携带者会在地理上产生位移，从而导致内容在地理分布上发生变化。传统的内容缓存策略利用中继节点缓存来实现内容在地理位置上的位移，从而确保内容的近端获取，以支持流量卸载到本地，降低核心网络压力。然而，节点的移动性会极大地降低传统缓存策略的效果。此外，在 MCCN 中采用的基于广播的请求消息路由策略也会消耗大量的网络带宽。为了处理传统的内容缓存策略和请求消息路由策略引起的存储、计算和带宽资源消耗巨大的问题，新的内容缓存和请求消息路由的方法也不断涌现。在基于广播的请求消息路由方面，业内提出的基于计时器的请求消息转发策略要求内容搜索路径中的每个中继节点在收到请求消息后，会在一个预先设定的周期时间内监控彼此之间的通信质量。若请求消息在规定的时间窗口内被中继节点接收到，则中继节点会迅速地将该请求消息转发至其一跳邻居节点；否则，若请求消息在规定的时间窗口以外被中继节点接收到，则该请求消息会被丢弃。这种基于计时器的请求消息转发策略会导致较长等待时延，并不适用于时延敏感的视频服务。一种邻居感知的信息转发方法（a neighbor-aware information forwarding method，NAIF）利用请求消息转发的统计信息来实施请求消息路由。在搜索路径中的中继节点根据定义的转发速率决定继续广播或丢弃已收到请求消息。通过不断地调整转发率，NAIF 能够促进请求消息的转发，降低网络带宽的消耗。然而，NAIF 并没有考虑下一跳节点的选择问题，因此，很容易产生较长的内容搜索时延。显然，基于广播的请求消息转发策略依然需要消耗大量的网络带宽，极大地提升了网络拥塞的风险。一些基于单播的请求消息路由方法被不断提出，以降低请求消息路由的成本和时延。在内容命名过程中一种车联网下基于地理位置的请求消息转发策略将内容提供者的地理位置信息添加至内容名中。通过一跳邻居节点间地理位置信息的交换，中继节点可以根据请求的内容名来选择与内容提供者在地理位置上邻近的下一跳节点，从而降低请求消息转发时延。然而，在 MCCN 中，节点的地理位置会随着节点的移动性不断变化，从而导致内容名中所含的内容提供者的地理位置信息快速失效，降低请求消息转发的效率[13]。

　　本章设计了一个移动内容中心网络下基于贡献度感知与节点协同的视频交付方法（a contribution-aware neighbor-assisted video delivery method over mobile content-centric networks，CNVD）。CNVD 允许移动节点建立和维护一个逻辑邻居列表（逻辑邻居可以不是一跳邻居），每个移动节点除了与其一跳邻居节点共享本地缓存的视频信息，还与其逻辑邻居周期地交互本地缓存的视频信息和维护的逻辑邻居信息，以支持基于单播的请求消息路由。为了提高视频搜索成功率及降低搜索成本和时延，CNVD 设计一个逻辑邻居节点贡献度评估方法。网络节点可以收集每次搜索过程中中继节点的缓存资源、搜索成功率、地理位置和转发时延等信息，评价整个搜索过程的质量，从而计算逻辑邻居节点的贡献度。CNVD 分别设计节点间逻辑邻居关系的构建过程、维护策略和请求消息转发策略。CNVD 可以适用于无线移动网络中的车联网、移动自组网、蜂窝网络和无线局域网等场景。

11.2　相 关 工 作

文献[12]和[13]提出的 MCCN 中的内容查找方法主要使用基于内容查询消息广播的查询方法。当内容请求节点想要搜索内容时，内容请求节点就广播兴趣消息至整个网络。接收内容请求消息的移动节点成为内容查询路径的中继节点。如果中继节点没有存储内容请求节点所请求的内容，中继节点会对其邻居节点继续广播收到的内容请求消息。基于广播内容请求消息的方法会消耗大量的网络带宽，增加了网络拥塞的风险，并消耗了大量的移动节点的能量。为了减少内容查询成本，文献[14]提出了一种基于计时器的兴趣转发方法。内容查询路径中的中继节点接收内容请求消息后，中继节点周期地监听信道状态。如果在时间窗口内重复收到内容查询消息，那么中继节点根据记录的 PIT 内记录的信息丢弃重复的内容查询消息。否则，中继节点将内容请求消息转发至其他的邻居节点。然而，时间窗口会产生额外的交付时延，难以适应时延敏感的视频服务。文献[15]提出了一种邻居感知的内容请求消息转发方法，根据内容请求消息转发的统计信息制定转发策略。内容查询路径中的中继节点根据转发速率决定了是否广播或丢弃收到的内容请求消息。通过调整内容请求消息转发速率，以提升内容请求消息转发效率，减少网络带宽消耗。然而，该方法并没有考虑选择合适的下一跳邻居节点。如果在内容请求消息转发过程中内容请求消息总是转发到缓存请求内容的节点，那么内容请求节点所请求的内容能够被快速满足，降低了内容查询时延。反之，如果在内容请求消息转发过程中内容请求消息总是没有转发到缓存请求内容的节点，内容请求消息需要经过多个中继节点转发，增加了内容查询时延和降低了用户的QoE。内容请求消息转发效率很容易受到下一跳中继节点选择的影响。

为了进一步提升内容请求消息转发效率，一些内容查询方法采用基于单薄的内容请求消息转发策略。文献[16]提出了一种车联网中基于命名数据网络化（named data networking，NDN）地理位置的内容消息转发策略。在命名数据的过程中数据源的位置定位信息被添加到数据名中。通过周期地与一跳邻居节点交换位置信息，如果节点收到内容查询消息，那么节点选择与其地理距离较近的一跳邻居节点作为内容请求消息的转发者，从而减少内容请求消息转发时延。文献[17]提出了基于蚁群优化概率的自适应内容请求消息转发方法。通过对下一跳邻居节点的内容查询性能进行度量，并利用蚁群优化算法计算下一跳中继节点选择的概率，具有内容查询性能较高的下一跳邻居节点被选择概率越高。基于概率的下一跳节点选择提高了内容交付质量，平衡了节点间内容请求消息转发负载。文献[18]提出了一个数据传播方法，利用用户的社交关系模式和视频内容兴趣程度评价用户的社交中心性，接收内容请求消息的节点根据节点中心性利用单播或多播将内容请求消息转发给下一跳节点。被挑选的下一跳节点拥有中心性的最大值，具有较高的遭遇概率，提升了内容查找效率和数据传播效率。事实上，基于中心性的内容散播方法依赖于移动节点中心性的先验知识。移动节点需要不断地计算和交换与其他遭遇节点的中心性值，从而占用移动节点大量资源。文献[19]提出了一种基于单播的内容请求消息转发节点选择策略，从而解决内容请求消息广播风暴问题。该方法要求每个车辆节点与其他邻居节点共享成功供给内容的统计数据信息。所有邻居节点维护本地邻居供给成功列表（successful supply list of neighbors，NSL），存储缓存的内容信息，通过选择最优的内容请求消息转发节点以有效地提高内容查询性能。然而，移动节点在能源、计算、存储、带宽等方面性能较弱，难以承受用于维护 NSL 中信息引起的高昂的维护成本。反之，规模较小的缓存内容信息的维护增加了内容查询失败的风险。显然，基于单播的内容查询方法能够提高内容查找效率，并降低内容请求消息转发过程中带宽的消耗。事实上，MCCN 中内容查询性能关键问题在于如何平衡内容感知与内容交付的成本。

11.3　邻居节点贡献能力评估

MCCN 中，任意节点 n_i 想要获取内容时，n_i 依赖邻居节点去搜索网络中存储请求内容的资源提供者。MCCN 可以采用基于消息广播和基于消息单播的方法实现请求消息的转发。基于消息广播的请求转发方法采用消息泛洪的方式在网络中传播请求消息，使每个网络节点在接收到请求消息后继续向其邻居节点广播该请求消息，直至发现资源提供者或当该请求消息达到最大转发次数时终止转发。基于消息广播的请求转发方法不仅需要消耗大量的网络带宽及网络节点的计算与带宽资源，并且容易引起网络拥塞，对用户的体验质量产生极大的负面影响。基于消息单播的请求转发方法使每个网络节点在接收到请求消息后根据节点间关于内容信息交互后所收集的内容信息将请求消息转发至下一跳节点，迭代转发过程并最终搜索到资源提供者或当请求消息达到最大转发次数时终止转发。基于消息单播的请求转发方法利用收集的内容信息以较低网络带宽消耗的方式转发请求消息，网络节点仅需要消耗一定的存储、带宽和计算资源来收集与维护邻居节点存储的内容信息。显然，基于消息单播的请求转发方法要优于基于消息单播的请求转发方法。为了提高内容搜索的成功率，降低请求节点的等待时延，邻居节点的选择成为决定内容搜索性能的关键因素。

CNVD 允许网络中的节点维护一些逻辑邻居节点，以支持其在 MCCN 中实施视频内容搜索。这些逻辑邻居节点并不一定是这些网络节点在邻近地理区域内的一跳邻居节点，也可以是网络节点在邻近地理区域内的多跳邻居节点。这种逻辑邻居节点在地理区域上的离散分布有利于网络节点扩大视频内容信息的感知与收集范围。例如，网络节点 n_i 利用向网络中的其他节点发送包含 n_i 缓存的视频内容信息的消息，以实现视频内容信息的交换。通过建立视频内容信息与节点 ID 之间的映射管理来构建一个本地的逻辑邻居节点列表 $NL_i = \{(n_a, CL_a), (n_b, CL_b), \cdots, (n_k, CL_k)\}$，其中，$n_a$ 为节点 ID；CL_a 为 n_a 本地缓存的视频内容信息列表。事实上，CL_a 中包含的视频内容信息不仅包括 n_a 本地存储的视频内容，而且还包含 n_a 通过信息交换后获取的其他节点存储的视频内容。初始时，n_i 可以利用一跳消息广播的方式与其一跳节点进行视频内容信息交换。由于 n_i 的一跳节点 n_a 也可以获取 n_a 的一跳节点维护的视频内容信息，因此，随着节点间视频内容信息不断交换，n_i 不仅可以获得其一跳节点本地缓存的视频内容信息，而且也可以获得一跳范围之外其他节点缓存的视频内容信息，从而增加了 n_i 对整个网络中视频内容的感知能力，以提升视频内容搜索性能。当 n_i 想要观看一个视频内容 v_j 时，n_i 会发送一个兴趣包至 NL_i 的一个元素 n_h，n_h 负责为 n_i 在网络中搜索 v_j。n_h 首先检查本地缓存的视频内容，若本地已存储 v_j，则 n_h 直接返回 v_j 的数据至 n_i；否则，n_h 会查询 n_h 的逻辑邻居列表 NL_h 中是否拥有存储 v_j 的邻居。

如果 n_h 的逻辑邻居列表 NL_h 中所包含的节点没有存储 v_j，那么 n_h 需要选择一个一跳节点作为下一跳节点去继续转发该请求消息。显然，在 MCCN 中，对于视频内容搜索性能而言，邻居节点的选择是至关重要的。邻居节点存储视频数量和缓存视频资源的节点信息是决定视频内容搜索性能的重要影响因素。如果 n_h 的一跳邻居节点在本地存储的视频内容越多，那么 n_h 的请求消息被邻居节点响应和处理的概率就越高（即邻居节点包含 v_j 的概率越高）；如果 n_h 的一跳节点维护的缓存视频资源的节点信息越多，即使这些一跳节点没有存储 v_j，它们也可以迅速地将请求消息转发至存储 v_j 的节点。CNVD 根据资源供给和搜索能力来评估节点的贡献能力。网络中的节点 n_i 可以根据贡献能力来决定是否维护其逻辑邻居节点。例如，若 n_i 的一个逻辑邻居节点 n_a 的贡献能力较低，即 n_a 无法为 n_i 提供本地存储的视频内容，也无法为 n_i 提供快速的内容搜索，n_i 就无须消耗自身的计算、带宽和存储资源去维护与 n_a 之间的逻辑连接。反之，若 n_a 拥有较强的贡献能力，能

够为 n_i 提供充足的本地存储资源及快速资源搜索性能，则 n_i 会付出更多的资源去维护与 n_a 之间的逻辑连接。

视频服务具有时延敏感特性，对视频内容的交付（搜索与传输）性能具有较高的要求。用户的启动时延（视频请求到视频播放的时间）是度量系统交付性能和服务质量的重要因素。用户的启动时延主要包括视频内容的搜索时延和视频数据的传输时延（此处的视频数据是指支持用户开始播放视频的数据，而非整个视频内容）。视频内容请求者总是希望能够将请求消息转发至贡献能力较强的节点，从而实现启动时延的最小化，以满足用户自身的体验质量要求。设 d_{ui} 表示根据 n_i 自身的体验质量要求而设定的启动时延上限值，即 d_{ui} 是 n_i 可以忍受的启动时延的最大值。若 n_i 想要获取视频 v_j，则 n_i 将请求消息转发至逻辑邻居列表中 NL_i 的一个元素 n_h，当 n_h 为 n_i 搜索到 v_j 并使 n_i 完成启动后，d_{rh} 就表示为 n_i 的真实启动时延。若 d_{ui} 小于 d_{uh}，则 n_h 承担的此次搜索任务是失败的，n_i 需要考虑是否继续维护 n_i 与 n_h 之间的逻辑连接；否则，如果 $d_{uh} \in [0, d_{ui}]$，那么 n_h 承担的此次搜索任务是成功的，满足 n_i 的体验质量要求，n_i 会继续维护 n_i 与 n_h 之间的逻辑连接。n_i 可以利用当前搜索结果来评估 n_h 对于本次搜索任务的贡献度。

$$C_h(\mathrm{VC}_j) = \begin{cases} w_h r_h \left(1 - \dfrac{d_{rh}}{d_{ui}}\right), & d_{rh} < d_{ui} \\ 0, & d_{rh} \geq d_{ui} \end{cases} \tag{11-1}$$

式中，VC_j 是 n_i 请求的视频 v_a 所属的种类，即 $v_a \in \mathrm{VC}_j$，限定了视频搜索的范围；$C_h(\mathrm{VC}_j)$ 表示当搜索对应于视频种类 VC_j 的内容时节点 n_h 的贡献度值。n_i 并没有针对每一个视频的搜索任务来评估 n_h 的贡献度，而是评估该视频对应的种类的贡献度。这是因为，在同一视频种类中的视频内容存在相关或相似，当一个用户对同一视频种类中的某些视频感兴趣时，表明该用户对该视频种类感兴趣，很可能该用户会继续搜索此类视频。因此，计算节点对于视频种类的贡献程度，实际上就是计算节点对某一限定范围的内容相关或相似的视频的搜索能力。$d_{rh} < d_{ui}$ 表示当前视频搜索对于 n_h 是成功的；$1 - (d_{rh}/d_{ui})$ 表示 d_{rh} 和 d_{ui} 之间的距离比，其中，$1 - (d_{rh}/d_{ui}) \in (0, 1)$。$d_{rh}$ 的值越小，n_h 的贡献度越高。否则，若 $d_{rh} \geq d_{ui}$，则当前视频搜索对于 n_h 是失败的，n_h 的贡献度为 0。例如，n_i 在 t_s 时刻发送了一个对于视频 v_a 的请求消息至其逻辑邻居节点 n_h。当 n_i 在 t_r 时刻收到了 v_a 的视频数据时，n_i 会计算真实的启动时延 $d_{rh} = t_r - t_s$，并且会计算 n_h 关于 v_a 所属视频种类 VC_j 的贡献度 $C_h(\mathrm{VC}_j)$。在 MCCN 中，存在两种对于请求节点启动时延的影响因素：①搜索路径包含的中继节点数量；②请求消息和视频数据的转发能力。搜索路径包含的中继节点数量决定了请求消息和视频数据的转发次数。中继节点数量越多，请求消息和视频数据的转发时延就越长，从而导致较高的启动时延。中继节点的选

择是降低启动时延的关键因素。如果一个逻辑邻居节点缓存了大量的与请求的视频相关或相似的视频内容，那么节点请求的视频被该逻辑邻居节点缓存的概率就越高，从而降低了启动时延。反之，如果逻辑邻居节点缓存的视频数量越少，并且这些缓存的视频与请求的视频既不相关也不相似，那么该逻辑邻居节点将请求消息转发的概率也就越高，从而增加了启动时延。另外，由于搜索与数据传输路径的中继节点彼此互为逻辑邻居节点，中继节点之间的地理距离和通信质量往往被忽略。若中继节点间地理距离较长，则数据的传输时延和请求消息转发时延也会增加；若中继节点间的通信质量较低（如网络拥塞），不仅会增加搜索和数据传输时延，而且也会造成请求消息和视频数据的丢失，从而增加启动时延。中继节点间的物理距离与通信质量可以作为评价中继节点转发请求消息和视频数据能力的重要参数。为了更加全面地评估中继节点的资源供给与转发能力对于请求消息和视频数据转发的性能（即启动时延）的影响，为 $1-(d_{rh}/d_{ui})$ 增加两个影响因素 w_h 和 r_h。w_h 表示逻辑邻居的视频供给能力的影响因子；r_h 表示逻辑邻居的请求消息与视频数据转发能力的影响因子。

11.4　逻辑邻居节点资源供给能力的评估

在 MCCN 中，逻辑邻居的资源供给能力是降低视频搜索与传输路径长度的重要影响因素。影响资源供给能力的因素主要包括节点缓存的视频数量（number of cached video，NCV）和其他存储相关视频的节点信息数量。即使逻辑邻居节点无法利用本地存储的视频为请求节点提供资源，也可以将该请求消息成功转发至其逻辑邻居节点，帮助请求节点获取资源。因此，可以利用搜索成功率（lookup success rate，LSR）来描述逻辑邻居节点缓存的其他存储相关视频的节点信息数量的水平。缓存的视频数量和搜索成功率可以被用来评估逻辑邻居节点 $n_h \in [0, 1]$ 的 $w_h \in [0, 1]$ 的值。

逻辑邻居节点的搜索成功率事实上表示当请求节点将搜索任务交付给该逻辑邻居节点时，该逻辑邻居节点就负责帮助请求节点搜索请求的视频。无论该逻辑邻居节点如何选择下一跳转发节点或是直接返回请求视频的数据，请求节点只是等待接收视频数据。因此，搜索成功率也可以被视为对中继节点的逻辑邻居节点资源供给能力的评价。若逻辑邻居节点缓存了大量与请求视频相似的视频资源，搜索成功率也就越高。缓存的视频数量和搜索成功率可以视为对搜索路径所含中继节点的缓存视频数量及相关度的考察。另外，在 MCCN 中，所有节点缓存的视频是随节点需求变化而动态变化的。移动设备的存储、计算、带宽和续航能力较为有限，使得移动设备存储视频的数量较低，限制了移动设备资源供给能力。移动设备为了观看更多的视频资源，需要删除本地存储的已看完的视频才能缓存新的视频。显然，网络中节点缓存视频数量的变化实际上反映出网络中可用资源的动态变化过程。

一次成功的搜索必然是将请求消息逐渐转发至最有可能存储请求视频的节点。在搜索路径中所有中继节点的缓存视频数量及其搜索成功率可以用来评估逻辑邻居节点的资源供给能力。例如，n_i 想要观看一个视频 v_a。n_i 将请求消息转发至其逻辑邻居节点 n_h 处。此时，n_h 负责为 n_i 搜索视频 v_a。如果 n_h 及其逻辑邻居节点没有缓存 v_a，那么 n_h 选择其一个逻辑邻居节点 n_k 作为下一跳节点，将请求消息转发至 n_k。n_k 会继续在其维护的逻辑邻居间搜索 v_a。v_a 的提供者 n_p 收到请求消息，并返回 v_a 的数据后，搜索过程收敛。$LP_h = (n_h, n_k, \cdots, n_p)$ 可被视为此次搜索过程的搜索路径。n_i 会利用 LP_h 中所含中继节点的缓存视频数量和搜索成功率来评价 n_h 对于视频种类 VC_j 的供给能力。首先，式（11-2）介绍了 n_i 的逻辑邻居节点 n_h 缓存视频数量的计算方法。

$$RV_h = \frac{NV_{VC_j}}{NV_t} \tag{11-2}$$

式中，NV_{VC_j} 表示 n_h 缓存的属于视频种类 VC_j 的视频数量；NV_t 表示 n_h 本地缓存视频的总数量；RV_h 表示 n_h 对于视频种类 VC_j 的感兴趣程度。RV_h 值越大，n_h 观看 VC_j 的视频数量越多，对 VC_j 的视频越感兴趣，n_h 缓存 v_a 的概率也就越高，或者 n_h 与其他存储 v_a 相关或相似视频的节点之间交互频率也就越高。其次，式（11-3）介绍了 n_i 的逻辑邻居节点 n_h 对于视频种类 VC_j 的搜索成功率的计算方法。

$$R_{ih}(VC_j) = \frac{RN_s}{RN_t} \tag{11-3}$$

式中，$R_{ih}(VC_j)$ 是对应于 n_i 请求 VC_j 所含视频的搜索成功率；RN_s 与 RN_t 分别表示成功的搜索次数和总的搜索次数。除了 n_h 的缓存视频数量和搜索成功率，n_i 还需要获得整个搜索路径中其他中继节点的缓存视频数量和搜索成功率信息。这是因为 n_i 可以根据搜索路径中所有中继节点的缓存视频数量和搜索成功率信息来判断以 n_h 为起点的搜索路径是否满足中继节点缓存视频数量和搜索成功率递增的要求，也就是说，搜索路径内的中继节点所感兴趣的视频内容是否与 n_i 请求视频 v_a 的相关度越来越高。可以利用一个基于视频提供者的反馈方法来获取所有中继节点的缓存视频数量和搜索成功率。由于视频提供者作为搜索路径的终点，若每个中继节点将自身的缓存视频数量和搜索成功率信息添加至转发的请求消息中，视频提供者就能够收集所有的中继节点的缓存视频数量和搜索成功率信息。例如，当 n_h 收到来自于视频请求者 n_i 的请求消息后，n_h 就将自身的 RV_h 和 $R_{ih}(VC_j)$ 添加至请求消息中，并将该请求消息转发至其选择的下一跳节点 n_k，若 n_k 也未存储

v_a，则 n_k 会将自身的 RV_k 和 R_{ik}（VC_j）添加至请求消息中，并将请求消息转发至其所选的下一跳节点。经过不断地迭代，n_j 发现了视频提供者 n_p，并将自身的 RV_j 和 R_{ij}（VC_j）添加至请求消息中，转发至 n_p。视频提供者 n_p 收到了请求消息后，将所有中继节点和自身的缓存视频数量与搜索成功率信息添加至 v_a 的数据中，并发送给 n_j。n_j 会继续按照反向搜索路径将该数据返回至 n_i。n_i 可以获得搜索路径所含所有中继节点的缓存视频数量和搜索成功率信息，即 $RS_i = (R_{ih}, R_{ik}, \cdots, R_{ij}, R_{ip})$ 和 $RVS_i = (RV_h, RV_k, \cdots, RV_j, RV_p)$。由于灰色关联分析模型中灰色关联系数可以度量由离散数据构成的两条曲线之间的相关程度，因此，可以利用灰色关联系数来评价两个集合 RS_i 和 RVS_i 构成曲线的相关程度。根据式（11-4）将 RS_i 和 RVS_i 中所有元素进行标准化处理。

$$x^*(\text{att}) = \frac{x(\text{att}) - \text{lower}_{\text{att}}}{\text{upper}_{\text{att}} - \text{lower}_{\text{att}}}, \quad x^*(\text{att}) \in [0,1] \tag{11-4}$$

式中，att 表示评估参数，即缓存视频数量（RS_i）和搜索成功率（RVS_i）；$x(\text{att})$ 是评估参数（RS_i 和 RVS_i）所含的元素；$\text{upper}_{\text{att}}$ 和 $\text{lower}_{\text{att}}$ 分别是评估参数中所含元素的最大值与最小值。RS_i 和 RVS_i 之间的关联度可以使用式（11-5）计算。

$$\text{GRC}(RS, RVS) = \frac{1}{\sum \theta_{\text{att}} |x^*(\text{att}) - 1| + 1}, \quad \text{GRC}(RS, RVS) \in [0,1] \tag{11-5}$$

式中，θ_{att} 是 $x^*(\text{att})$ 的权重；$\text{GRC}(RS, RVS)$ 表示由两个集合 RS_i 和 RVS_i 构成曲线的相关程度。若 RS_i 和 RVS_i 构成曲线均呈现递增趋势，则可以认为 RS_i 和 RVS_i 具有较高的正相关度，即整个搜索路径是沿着对视频类别 VC_j 感兴趣程度越来越高的梯度方向展开的，$\text{GRC}(RS, RVS)$ 为正值；若 RS_i 和 RVS_i 构成曲线均呈递减趋势，则可以认为 RS_i 和 RVS_i 具有较高的负相关度，即整个搜索路径是沿着对视频类别 VC_j 感兴趣程度越来越低的梯度方向展开的，$\text{GRC}(RS, RVS)$ 为负值。若 RS_i 和 RVS_i 呈无规则抖动、RS_i 递增而 RVS_i 递减或 RS_i 递减而 RVS_i 递增，则表明 RS_i 和 RVS_i 不相关或相关度较低。基于以上分析，根据 RS_i 和 RVS_i 构成曲线的递增与递减情况，可以将 RS_i 和 RVS_i 的相关度值 $\text{GRC}(RS, RVS)$ 定义为[-1, 1]。在整个视频搜索过程中，邻居节点的选择是非常重要的，决定了是否能够尽快地发现视频提供者。n_i 将请求消息转发至 n_h，是希望 n_h 能够帮助 n_i 尽快地搜索到 v_a。以 n_h 为首的中继节点集合对于 v_a 的感兴趣程度和搜索能力的相关度值 $\text{GRC}(RS, RVS)$ 可以作为 n_h 对于 n_i 的贡献度的影响因子：$w_h = 1 - \frac{\arccos(\text{GRC}(RS, RVS))}{\pi}, w_h \in [0,1]$。

由于节点的启动时延包括视频搜索时延和视频数据的传输时延，因此，除了考察邻居节点的视频搜索能力，视频数据的传输能力也是影响启动时延的重要因素。搜索路径所含中继节点之间的地理距离是影响视频数据转发时延的重要因素。

若中继节点间地理距离越近，则在数据转发的周期时间内和传输路径具有较好通信质量的情况下即使中继节点的地理位置发生了变化，也不会对传输时延造成严重的负面影响；反之，若中继节点间地理距离越远，则节点的移动性会导致节点间的传输路径发生变化的概率增加（如当 n_i 和 n_h 在 t_1 时刻为一跳关系，在 t_2 时刻，n_i 与 n_h 的移动性导致 n_i 和 n_h 之间为多跳关系），传输路径的通信质量容易受到中继节点移动性的影响，从而导致数据传输时延的增加。另外，节点的地理距离也能够间接地反映节点移动性的稳定性。若两个节点间的地理距离始终保持在某一较小范围内抖动，则表明两个节点的移动性是稳定的；反之，若两个节点间的地理距离呈线性增加或始终保持在较大范围内抖动，则表明两个节点的移动性是不稳定的。在 MCCN 中，视频数据将会沿着视频搜索路径的反向路径传输至视频请求者。因此，n_i 可以通过考察所有中继节点转发视频数据的时延及其之间的地理距离对视频传输路径的数据传输能力进行评估。

n_i 作为视频数据的传输路径的终点，可以收集包括视频提供者 n_p 及所有中继节点的地理位置和转发时延。n_p 除了将视频数据转发至下一跳节点 n_j，还可以把自身的地理位置信息 (x_p, y_p) 和转发视频数据当前的时间戳 t_p 添加至视频数据包中。同理，n_j 收到来自于 n_p 的视频数据后，继续将自身的地理位置信息和转发视频数据当前的时间戳添加至视频数据包中，转发至下一跳节点。迭代上述过程，直至该视频数据被转发至视频请求者 n_i。因此，n_i 可以获得包括视频提供者 n_p 及所有中继节点的地理位置和转发时延，即 $LS_i = ((x_p, y_p), (x_j, y_j), \cdots, (x_h, y_h))$ 和 $TS_i = (t_p, t_j, \cdots, t_h)$。$n_i$ 首先利用欧氏距离计算包括视频提供者 n_p 及所有中继节点之间的地理距离和时延。式（11-6）描述了 n_p 与 n_j 之间的地理距离和时延的计算方法：

$$d_{pj} = t_p - t_j, \quad D_{pj} = \sqrt{(x_p - x_j)^2 + (y_p - y_j)^2} \tag{11-6}$$

式中，d_{pj} 表示 n_p 与 n_j 之间的视频数据转发时延；D_{pj} 表示 n_p 与 n_j 之间的地理距离。LS_i 与 TS_i 可以被分别重新定义为 $LS_i = (D_{pj}, D_{jl}, \cdots, D_{hi})$ 和 $TS_i = (d_{pj}, d_{jl}, \cdots, d_{hi})$。$n_i$ 总是希望数据传输路径中所含中继节点能够呈现地理距离和转发时延下降的趋势。这是因为除了节点间较近的地理距离可以降低节点移动性对转发时延带来的负面影响，节点间传输路径的通信质量也是影响转发时延的重要因素。若节点间的地理距离较近，但数据转发时延较高，则表明两个节点间传输路径的通信质量较低（如拥塞或无线信号较差）。因此，n_i 可以采用灰色关联分析模型计算 LS_i 和 TS_i 的灰色关联系数，以度量数据传输路径所含中继节点的选择质量。n_i 可以利用式（11-4）对 LS_i 和 TS_i 中元素进行标准化处理，并进一步利用式（11-5）计算 LS_i 和 TS_i 的灰色关联系数 GRC (LS, TS)。若 LS_i 和 TS_i 中元素构成的曲线均呈现下降或上升趋势，表明 LS_i 和 TS_i 是正相关的；若 LS_i 和 TS_i 呈无规则抖动、LS_i 递增

而 TS_i 递减或 LS_i 递减而 TS_i 递增,则表明 LS_i 和 TS_i 不相关或相关度较低。以 n_h 为终点的中继节点集合对于 v_a 的数据传输能力的相关度值 GRC(LS, TS)可以作为 n_h 对于 n_i 的贡献度的影响因子:r_h = GRC(LS, TS)。至此,n_i 可以利用式(11-1)来计算 n_h 对于每次搜索的贡献度。

11.5　节点间邻居关系的构建与维护

在 MCCN 中,移动节点主要依赖于其一跳邻居对请求消息的转发来实现视频内容的搜索。任意节点 n_i 均需要其一跳邻居节点本地存储的视频信息和维护的视频提供者信息。n_i 通过一跳广播的方式将本地缓存的视频信息和维护的视频提供者信息发送至一跳邻居节点。n_i 的任意一跳邻居节点 n_d 收到来自于 n_i 的消息后,将消息中所含的视频信息和视频提供者信息更新至本地的 NL_d 列表中,并返回其本地缓存的视频信息和维护的视频提供者信息。n_i 也根据收集的一跳邻居节点返回的本地缓存的视频信息和维护的视频提供者信息,更新本地的 NL_i。n_i 利用本地缓存的视频信息为网络中其他节点提供视频资源,并依赖 NL_i 中记录的视频与视频提供者间的对应关系为网络中其他节点提供视频请求消息的转发服务。表 11-1 描述了视频内容搜索过程。

表 11-1　视频内容搜索过程

行号	算法
1	flag = 0;j = 0;
2	/* NL is neighbor set of node;$v_a \in VC_j$ is video content requested by requester n_i;RS is set of relay nodes in lookup path.*/
3	**for** (k = 0;k < |NL_i|;k + +)
4	**if** $NL_i[k]$ includes v_a
5	n_i sends interest packet to $NL_i[k]$;
6	flag = 1;
7	break;
8	**end if**
9	**end for**
10	**if** (flag = = 0)
11	n_i sends interest to neighbor $RS[j]$ with the most contribution for VC_j;
12	**while** (flag = 1 or j > TTL)
13	**if** $RS[j]$'s neighbor $RS[j].NL[h]$ includes v_a
14	$RS[j]$ forwards interest to $RS[j].NL[h]$;

续表

行号	算法
15	flag = 1；
16	**else** RS[j] forwards interest to RS[$j + 1$] with the most contribution for VC$_j$；
17	$j + +$；
18	**end if**
19	**end while**
20	**end if**
21	**if**（flag = = 0）
22	n_i broadcasts interest；
23	**end if**

在视频搜索过程中，中继节点总是希望能够将视频请求消息转发至存储与请求视频在内容上较为相似的视频且数量较多的节点，从而提高请求命中的概率，也就是说，在搜索路径中中继节点缓存的与请求视频在内容上较为相似的视频的数量应当呈现增加的趋势（请求命中的概率不断增加）。另外，中继节点也希望能够将视频请求消息转发至搜索能力较强（本地维护的视频提供者信息较多且发现资源提供者的成功率较高）的节点，从而提高请求命中的概率，也就是说，在搜索路径中中继节点对于与请求视频相似或相关视频的搜索能力呈现增加的趋势（成功发现资源提供者的概率不断增加）。然而，并不是所有一跳邻居节点都具有较强的视频搜索能力且缓存了大量与请求视频相似的视频资源（具有逻辑邻居关系的节点可能不是一跳邻居）。例如，当 n_i 收到来自于其他节点转发的对于视频 v_a 的请求消息时，n_i 通过遍历本地及其所有逻辑邻居节点缓存的视频信息后，发现 n_h 存储着视频 v_a 或者 n_i 发现其逻辑邻居 n_h（NL$_i$ 中所含的视频提供者）缓存较多与 v_a 在内容上相似的同类视频，且 n_i 拥有对于该类视频较强的搜索成功率，则 n_i 将请求消息转发至 n_h。若 n_h 作为 n_i 的一跳邻居，则 n_i 直接将请求消息转发至 n_h；若 n_h 不是 n_i 的一跳邻居（多跳关系），则 n_i 利用 n_h 的节点 ID 及 n_h 缓存的视频之间的对应关系将请求消息转发至 n_h。这是因为在 MCCN 中，节点通过请求的内容搜索到内容提供者，无法直接通过节点的 ID 搜索到对应的内容提供者。因此，当 n_h 不是 n_i 的一跳邻居时，n_i 为了将对于 v_a 的请求消息转发至 n_h，需要重新生成一个消息（包含 n_h 缓存的视频、n_h 的节点 ID 及 v_a 的请求消息），利用该消息搜索到 n_h 后，n_h 继续处理对于 v_a 的请求消息。

显然，网络中节点维护的逻辑邻居节点的视频供给能力（缓存视频与请求的视频相关程度高且数量较多）和搜索能力是建立节点间逻辑邻居关系的主要评价因素。然而，初始时，网络中任意节点 n_i 无法获知其他节点的视频供给和搜索能

力。n_i 首先通过与其一跳邻居节点交互，从其一跳邻居节点中选择若干个节点作为其逻辑邻居节点。例如，n_i 将本地缓存的视频内容组织成一个视频信息列表，即 $VI_i = (VL_a, VL_b, \cdots, VL_k)$，其中，$VL_a$ 包含了 n_i 本地存储的所有属于视频种类 VC_a 的视频。n_i 将 VI_i 发送至一跳邻居节点 n_h，则 n_h 收到 VI_i 后也将本地缓存的视频信息 VI_h 发送至 n_i。n_i 利用本地存储播放历史记录 tr_i 抽取其兴趣范围。tr_i 中包含所有 n_i 已经播放的视频，可将 tr_i 中元素按照视频种类进行归类处理，即 tr_i 可以被表示成视频种类的集合 $tr_i = (VL_a, VL_b, \cdots, VL_m)$。设 $\bar{N}_{VL} = \dfrac{\sum\limits_{c=1}^{h} |VL_c|}{h}$ 表示平均视频种类所含视频数量，其中 $|VL_a|$ 表示 VL_a 中所含视频数量；h 为 tr_i 中所有视频对应的视频种类数量。若 $|VL_a| > \bar{N}_{VL}$，则可以认为 VL_a 是 n_i 感兴趣的视频种类。从而可以获得 n_i 感兴趣的视频种类集合 $SI_i = (VL_a, VL_b, \cdots, VL_t)$。$n_i$ 可以利用式（11-7）计算对 n_h 存储的视频资源的兴趣程度。

$$I_{ih} = \frac{|VI_h \cap SI_i|}{MAX[|VI_h|, |SI_i|]}, \quad I_{ih} \in [0,1] \tag{11-7}$$

式中，$|VI_h \cap SI_i|$ 表示集合 VI_h 和 SI_i 的交集中所含视频种类的数量；$MAX[|VI_h|, |SI_i|]$ 表示返回集合 VI_h 和 SI_i 中拥有视频种类数量的最大值。设 $R_h = \dfrac{N(VI_h \cap SI_i)}{N(VI_h)}, R_h \in [0,1]$ 为 VI_h 和 SI_i 的交集中所含视频数量与 VI_h 中所含视频数量的比值，其中，$N(VI_h \cap SI_i)$ 与 $N(VI_h)$ 分别返回集合 $VI_h \cap SI_i$ 和 VI_h 中所含视频的数量。若 $I_{ih} \geqslant R_h$，则表明 n_i 与 n_h 在视频内容兴趣方面是相似的；否则，若 $I_{ih} < R_h$，则表明 n_i 与 n_h 在视频内容兴趣方面是不相似的。若 n_i 与 n_h 在视频内容兴趣方面是相似的，则 n_i 将 n_h 视为逻辑邻居节点，n_i 向 n_h 发送建立逻辑邻居关系的请求消息。利用上述方法，n_h 可以进一步计算与 n_i 在视频内容兴趣方面的相似度，n_h 会接受来自于 n_i 的邀请，n_h 与 n_i 建立逻辑邻居关系；否则，n_i 与 n_h 中任意节点认为在视频内容兴趣方面是不相似的，n_i 与 n_h 无法建立逻辑邻居关系。此外，当 n_i 与 n_h 已经建立逻辑邻居关系时，n_h 缓存的视频及其维护的视频提供者缓存的视频也可以被视为 n_i 可以利用的视频资源，若 n_i 与另一个一跳邻居节点交互本地缓存的视频信息，则可以将 n_h 缓存的视频及其维护的视频提供者缓存的视频添加至 VI_i 中。

　　除了节点的视频供给能力，节点视频搜索能力也是建立节点间逻辑邻居关系的重要评价因素。若 n_h 的视频搜索能力较低，一旦 n_i 无法从 n_h 处直接获得请求的视频，则 n_i 也希望 n_h 能够帮助其快速地从网络中搜索到请求的视频，满足 n_i 的体验质量要求。然而，一跳邻居缓存的视频资源与维护的视频提供者的信息相对有限。一旦 n_i 无法从一跳邻居节点处获得请求的视频数据或发现缓存请求视频的节点，n_i 缓存的视频及其维护的视频提供者缓存的视频的请求消息仍然需要被不断转发，在整个网络中搜索视频提供者。因此，n_i 可以从非一跳邻居节点中选择其他节点作为逻辑邻居。例如，当 n_i 利用维护的逻辑邻居节点成功搜索到请求的视频时，n_i 发现该视频提供者 n_p 没有与其建立逻辑邻居关系，n_i 可以向 n_p 发送建立逻辑邻居关系的请求消息（由于 n_i 的视频请求消息已经成功地被转发至 n_p，说明 n_i 已经与 n_p 建立起一条可达的消息转发路径），n_p 收到 n_i 的建立逻辑邻居关系的请求消息后，判断其是否与 n_i 拥有在视频内容兴趣方面的相似性，若有相似性，则与 n_i 建立逻辑邻居关系，否则拒绝 n_i 建立逻辑邻居关系的请求。

n_i 需要消耗其自身的计算、带宽和存储资源来维护逻辑邻居节点，而且 n_i 也需要为逻辑邻居节点提供视频搜索服务。如果 n_i 的逻辑邻居节点 n_h 存储的视频资源无法满足 n_i 的需求，而且 n_h 也无法为 n_i 提供成功的搜索服务（n_h 的搜索时延大于 n_i 的要求），那么 n_h 与 n_i 之间的逻辑邻居关系是无意义或冗余的，n_i 可以将它们之间的逻辑邻居关系删除。设 T_{ih} 表示 n_h 与 n_i 之间的逻辑邻居关系的有效周期时间，即 n_h 与 n_i 建立逻辑邻居关系且经过周期时间 T_{ih} 后，n_h 与 n_i 并没有为彼此分配视频搜索任务，n_h 与 n_i 之间逻辑邻居关系失效，n_h（n_i）会删除维护的 n_i（n_h）的信息。如果 n_h（n_i）完成 n_i（n_h）分配的视频搜索任务，那么将会计算 n_i（n_h）的贡献度，从而延长逻辑邻居关系的有效周期时间。例如，当 n_h 完成 n_i 分配的搜索任务后，n_i 可以利用式（11-8）计算延长的有效时间。

$$VT_{ih} = VT_{ih}^* + T_{ih} \times C_h(VC_j), \quad C_h(VC_j) \in [0,1] \tag{11-8}$$

式中，VT_{ih}^* 表示 n_h 与 n_i 之间逻辑邻居关系剩余的有效时间；$C_h(VC_j)$ 表示 n_h 完成 n_i 分配的搜索视频种类 VC_j 的贡献度；VT_{ih} 表示更新后的 n_h 与 n_i 之间逻辑邻居关系的有效时间。显然，若 n_h 与 n_i 之间彼此分配的搜索任务越多且成功搜索的数量越多，则 n_h 与 n_i 之间逻辑邻居关系的有效时间就越长。网络中的节点可以按照上述方法与其他节点建立逻辑邻居关系，利用式（11-8）和逻辑邻居关系有效时间决定是否删除逻辑邻居关系，并利用维护的逻辑邻居节点在网络中搜索请求的视频内容，搜索过程如表 11-1 所示。

11.6　仿真测试与性能评估

11.6.1　测试拓扑与仿真环境

将 CNVD 和基于单播的内容请求消息转发策略 RUFS[19]进行性能对比，CNVD 和 RUFS 在仿真工具 NS-3 中进行建模与实施。移动节点数量越多，请求的视频数据规模越大，引起的网络拥塞就越严重。为了降低网络拥塞对仿真结果的影响，

200 个移动节点被视为车辆节点，并被部署在一个 2000m×2000m 的区域内，该区域有五条横向街道和五条纵向街道，每个街道为双向车道。每个移动节点的带宽为 10Mbit/s。节点的移动性导致移动节点间的地理距离频繁变化，从而增加了视频数据查询和传输时延。随机节点运动行为难以真实地反映运动环境，所以移动节点的运动行为遵循曼哈顿移动模型[20-24]。为了模拟真实的城市环境，移动节点运动速度范围设置为[15, 20]m/s。33 个路旁设备被部署在 2000m×2000m 的区域内，并为移动节点提供初始视频数据。移动节点和 RSU 配备了 IEEE 802.11p WAVE 网络接口，支持数据传输。网络最大传输单元（maximum transmission unit，MTU）设置为 1500B，每个节点的内容存储器（content store，CS）的大小设置为 10000MTU，等于视频内容大小总数的 5%。移动节点的信号范围设置为 250m。仿真时间为 1000s。将 100 个视频文件分为 20 个视频类别，其中，每个文件的长度为 100s。在模拟之前，创建 200 条播放日志，为 200 个移动节点定义播放行为。200 个移动节点根据定义的 200 个播放日志请求来播放不同的视频内容，观看时间为随机值。当节点已经完成视频播放时，这些节点根据播放日志请求新的视频。200 个移动节点跟随泊松分布进入视频系统，请求和播放视频内容。在 CNVD 中，节点之间链接的有效时间 T 设置为 20s。所有节点感兴趣程度的阈值设置为 0.5，每个节点维护的邻居节点数都在[1, 10]内。θ_{att} 的值设置为 0.5。对应的所有视频类别的 ω 的值被设置为 0.5。所有请求节点的启动时延上限设置为 5s。

11.6.2　仿真性能评价

CNVD 和 RUFS 的性能主要从查询时延、缓存命中率、播放冻结频率、维护负载等方面进行对比。

（1）查询时延：将视频内容请求节点发送内容请求消息的时间戳与视频内容提供节点收到的时间戳之间的差值定义为查询时延。

将每 20s 内所有查询时延的平均值作为平均查询时延。图 11-2 和图 11-3 展示了 CNVD 与 RUFS 的平均查询时延随仿真时间增加和请求节点数量增加的变化情况。如图 11-2 所示，CNVD 曲线在 200s 之前快速增长，在 360s 处下降到最低点（2s）。CNVD 的查询时延值在 3s 左右波动，在 600s 处保持相对稳定。RUFS 曲线在 200s 之前呈现剧烈波动，在 200~600s 保持轻微增加，并在 600s 后保持小幅波动。显然，CNVD 的查询时延低于 RUFS。

将 20 个节点增加过程中所有查询时延的平均值作为平均查询时延。图 11-3 展示了 CNVD 和 RUFS 的平均查询时延随请求节点数量的变化过程。CNVD 平均查询时延在请求节点数量由 20 增加到 140 时保持轻微上升的趋势，当节点数量由 140 增加到 200 时快速下降，其中，CNVD 的平均查询时延值在 2.5~3s 波动。

RUFS 平均查询时延与 CNVD 相似，也保持先降后升的趋势。RUFS 的平均查询时延值的范围为[2.8, 3.5]s。RUFS 的平均查询时延大于 CNVD。

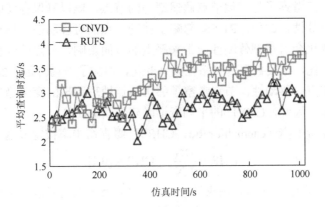

图 11-2　平均查询时延随仿真时间增加的变化过程

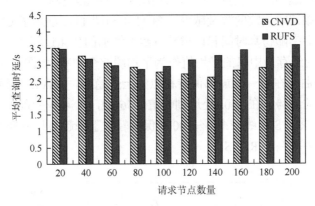

图 11-3　平均查询时延随请求节点数量增加的变化过程

　　仿真初始时，少量的移动节点请求和缓存的视频内容。RSU 为请求节点提供初始的视频资源，确保了视频内容查询时延保持在较低的水平。随着请求节点数量的增加，视频需求规模的增长带来了巨大的视频流量，较大的视频流量触发网络拥塞，并导致查询时延快速上升。当节点完成所有视频的播放时，这些节点退出系统。随着网络中视频流量的降低，网络拥塞程度也随之降低，使得平均查询时延也随之下降。在 CNVD 中，节点通过考察其他节点视频供给与查询能力（内容请求消息转发时延、地理距离、查询成功率和缓存视频数量）构建和维护邻居关系。具有较强视频供给和交付能力的邻居节点能够降低内容请求消息转发次数，从而降低内容查询时延。链接优化删除机制驱使着节点不断地寻找更多合适的具有相似的兴趣和强视频供应及交付能力的邻居节点，从而提升了邻居节点的内容查询能力。因此，CNVD 能够使内容查询时延保持在较低水平且有轻微的抖动。在 RUFS 中，中继节点的选择依赖于邻居节点的转发能力。然而，对于邻居节点的转发能力，仅考察了与其他节点偶然遭遇的节点，难以确保存储的内容信息和地理位置的有效性。此外，RUFS 忽略了移动节点的可移动性，移动节点的可移动性及位置变化会对视频传输性能带来严重的负面影响，节点的位置变化引起网络拓扑动态变化，导致数据传输路径频繁变化，增加了查询时延。虽然 CNVD 没有考虑移动节点的移动性，节点考察了邻居节点地理距离的变化趋势及传输过程中的维护时延。因此，CNVD 的平均查询时延低于 RUFS。

（2）缓存命中率（cache hit ratio，CHR）：缓存命中率被定义为

$$CHR = \frac{HN}{RN}, \quad CHR \in [0,1] \tag{11-9}$$

式中，RN 为节点收到的内容请求消息总数；HN 为节点利用本地缓存的视频成功响应视频请求的数量。缓存命中率是展示视频提供节点服务能力重要的指标参数。缓存命中率的值越高表示视频提供节点利用本地存储的视频成功响应视频请求的数量越多，视频请求失败的数量越少。图 11-4 和图 11-5 展示了 CNVD 与 RUFS 的平均缓存命中率随仿真时间和请求节点数量增加的变化过程。

将每 20s 内缓存命中率的平均值作为平均缓存命中率。如图 11-4 所示，CNVD 和 RUFS 两条曲线在 0～200s 都保持相似的上升趋势。CNVD 曲线在 200～400s 保持不断上升的趋势，在 460s 达到峰值（36%），在 400～1000s 保持下降趋势并有轻微波动。RUFS 曲线在 100～1000s 保持轻微下降趋势且有轻微抖动。CNVD 的平均缓存命中率高于 RUFS。

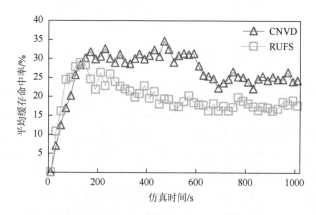

图 11-4　平均缓存命中率随仿真时间增加的变化过程

将每 20 个节点加入系统的周期时间内所有缓存命中率的平均值作为平均缓存命中率。如图 11-5 所示，CNVD 的平均缓存命中率随移动节点数量增长呈快速

上升的趋势,其中增加速率从节点数量100增加到200时呈渐进递增的趋势。RUFS
的平均缓存命中率呈现上升的趋势,但 RUFS 的平均缓存命中率结果始终保持连
续抖动。CNVD 的平均缓存命中率与 RUFS 相比高出 20%。

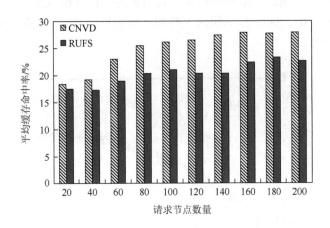

图 11-5　平均缓存命中率随请求节点数量增加的变化过程

初始时,少量的移动节点加入视频系统和请求视频内容。发送的内容请求消
息相对较少。RSU 为视频请求节点提供初始的视频数据,所以平均内容查询命中
率值持续快速上升。随着内容缓存的增加,视频内容被快速传播到整个网络,使
得视频副本数量逐渐快速增加。随着请求数量的增加,请求视频的数量也会快速
增长。当请求节点无法从 RSU 获取请求的视频资源且需要从网络中获取视频资源
时,导致视频请求节点无法从 RSU 处稳定地获取视频内容,在网络中不平衡的视
频内容分布导致了平均命中率保持下降趋势。在 CNVD 中,根据视频供给能力和
查询能力,网络节点与其邻居节点建立邻居关系。邻居之间的相似兴趣确保邻居
节点缓存和请求相似的视频内容。邻居节点缓存的大规模视频内容能够有效且高
概率地支持视频请求被本地缓冲区中的内容缓存满足。邻居节点维护过程中内容
查询成功率和缓存视频数量的考察不断驱动节点寻找具有更高的查找成功率和更
大缓存视频数量的节点,进一步提高邻居节点间的性能,增加平均内容命中率的
值。因此,CNVD 可以获得较高的平均内容命中率。当移动节点与 RUFS 邻近且
为一跳邻居时,可视为移动节点与 RUFS 遭遇。当移动节点与 RUFS 遭遇时,RUFS
可以收集遭遇节点存储的视频资源信息和位置信息,无法确保移动节点总是获得
所请求的内容信息和位置信息。此外,节点的移动性也会导致收集的位置信息快
速失效。因此,RUFS 的平均内容命中率快速下降,并在 100s 后保持较低水平。

（3）播放冻结率:由视频数据丢失引起的视频播放暂停被定义为播放冻结,

播放冻结发生的频率和持续时间长度表示播放冻结严重程度，播放冻结发生的频率越高、持续时间越长，播放冻结越严重。本章主要考察播放冻结发生频率，在时间间隔内播放冻结发生的频率和时间间隔的比值被定义为播放冻结率。

图 11-6 展示了播放冻结率随仿真时间增加的变化过程。CNVD 和 RUFS 播放冻结频率曲线在 0～1000s 经历快速上升和轻微的抖动。RUFS 播放冻结率结果的增量高于 CNVD。

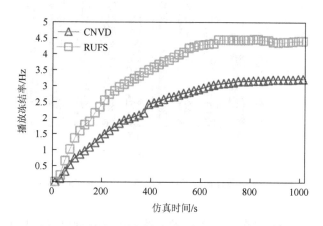

图 11-6　播放冻结率随仿真时间增加的变化过程

在 RUFS 中，节点通过与遭遇的节点进行消息交换，收集遭遇节点的内容信息和位置信息。节点移动加速了收集到的内容信息和位置信息失效。此外，节点只收集相邻节点缓存内容的信息，内容信息收集规模较小，从而增加了内容查询失败的风险。因此，RUFS 的平均播放冻结率在整个仿真过程中保持快速上升，也就是说，节点的 QoE 相对较低。在 CNVD 中，节点通过不断地考察邻居节点的视频供给和查询能力，建立和维护邻居关系，具有较强视频供给和查询能力的邻居节点能够提升内容查询成功率、降低内容查询时延，提高了内容共享效率与性能。因此，CNVD 的播放冻结率相对于 RUFS 的播放冻结率保持较低的增量。

（4）维护负载：每秒用于维护节点状态和交换内容信息所消耗的平均带宽被定义为维护负载。

图 11-7 展示了 CNVD 和 RUFS 的维护负载随着请求节点数量的增加的变化过程。CNVD 和 RUFS 的维护负载随请求节点规模快速上升保持快速上升的趋势。CNVD 的维护负载在请求节点数量从 100 增加到 200 时高于 RUFS，但在其他节点数量增加过程均小于 RUFS。

在 RUFS 中，节点存储和维护一跳邻居节点最小时间间隔内满足视频内容请求的信息，以较高频率交换彼此的状态信息，从而确保了交换信息的有效性，但也产生了较高的维护负载。因此，RUFS 维护负载较高。在 CNVD 中，每个节点的邻居节点数量上限为 10。邻居节点规模较小使得邻居节点间交互的信息相对较

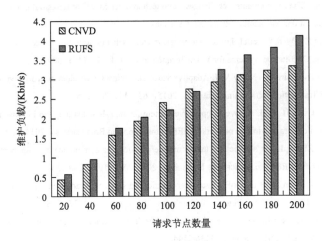

图 11-7　维护负载随请求节点数量增加的变化过程

少，从而降低了维护成本。此外，为了进一步降低邻居节点关系的维护成本，节点根据邻居节点的视频供给和查询能力删除与视频供给和查询能力较低的邻居节点的链接，因为节点与其邻居节点保持较长的邻居关系且能够支持较高的视频供给与查询性能，因此，有限的邻居节点数量不会带来更高的邻居节点维护负载，且不会对内容供给和查询性能带来负面影响。因此，CNVD 的维护负载低于 RUFS。

11.7　本 章 小 结

本章首先提出了移动内容中心网络下基于节点协同与贡献度感知的视频系统——CNVD。CNVD 通过考察邻居节点的查询成功率、缓存视频数量、转发时延和地理距离，构建了邻居节点的能力评估模型。为了确保邻居节点拥有较高的视频供应和查询能力，在构造邻居关系之前，通过评估与邻居节点缓存视频内容的兴趣程度及度量邻居节点内容查询性能，从而决定是否与邻居节点建立逻辑连接。为了激励节点不断改进与邻居节点逻辑关系的使用效率，通过维护与邻居节点间逻辑连接，驱使着节点不断评估邻居节点缓存内容的视频供应和查询能力，使节点与具有较强的视频供应和查询能力的邻居节点建立逻辑连接，从而提升视频内容共享效率。仿真结果展示了 CNVD 在查询时延、缓存命中率、播放冻结率、维护负载方面均优于 RUFS。

参 考 文 献

[1]　Chen S，Zhao J. The requirements，challenges，and technologies for 5G of terrestrial mobile telecommunication. IEEE Communications Magazine，2014，52（5）：36-43.

[2]　Zhou L，Yang Z，Wen Y，et al. Distributed wireless video scheduling with delayed control information. IEEE Transactions on Circuits and Systems for Video Technology，2014，24（5）：889-901.

[3]　Bethanabhotla D，Caire G，Neely M J. Adaptive video streaming for wireless networks with multiple users and helpers. IEEE Transactions on Communications，2015，63（1）：268-285.

[4]　Jia S，Xu C，Guan J，et al. A novel cooperative content fetching-based strategy to increase the quality of video delivery to mobile users in wireless networks. IEEE Transactions on Broadcasting，2014，60（2）：370-384.

[5]　Xu C，Jia S，Zhong L，et al. Socially aware mobile peer-to-peer communications for community multimedia streaming services. IEEE Communications Magazine，2015，53（10）：150-156.

[6]　Xu C，Zhao F，Guan J，et al. QoE-driven user-centric vod services in urban multihomed P2P-based vehicular networks. IEEE Transactions on Vehicular Technology，2013，62（5）：2273-2289.

[7]　Kumar N，Lee J H. Peer-to-peer cooperative caching for data dissemination in urban vehicular communications. IEEE Systems Journal，2014，8（4）：1136-1144.

[8]　Xu C，Jia S，Wang M，et al. Performance-aware mobile community-based VoD streaming over vehicular ad hoc networks. IEEE Transactions on Vehicular Technology，2015，64（3）：1201-1217.

[9]　Zhao Y，Liu Y，Chen C，et al. Enabling P2P one-view multiparty video conferencing. IEEE Transactions on Parallel and Distributed Systems，2014，25（1）：73-82.

[10]　Xu C，Jia S，Zhong L，et al. Ant-inspired mini-community-based solution for video-on-demand services in wireless mobile networks. IEEE Transactions on Broadcasting，2014，60（2）：322-335.

[11]　Jacobson V，Smetters D K，Thornton J D，et al. Networking named content. ACM International Conference on Emerging Networking Experiments and Technologies，Rome，2009.

[12]　Grassi G，Pesavento D，Pau G，et al. VANET via named data networking. IEEE Conference on Computer Communications Workshops，Toronto，2014.

[13]　Zhang L，Afanasyev A，Burke J，et al. Named data networking. ACM SIGCOMM Computer Communication Review，2014，44（3）：66-73.

[14]　Rehman R A，Hieu T D，Bae H M，et al. Robust and efficient multipath interest forwarding for NDN-based MANETs. IFIP Wireless and Mobile Networking Conference，Colmar，2016.

[15]　Yu Y T，Dilmaghani R B，Calo S，et al. Interest propagation in named data manets. International Conference on Computing，Networking and Communications，San Diego，2013.

[16]　Bian C，Zhao T，Li X，et al. Boosting named data networking for efficient packet forwarding in urban VANET scenarios. IEEE International Workshop on Local and Metropolitan Area Networks，Beijing，2015.

[17]　Qian H，Ravindran R，Wang G Q，et al. Probability-based adaptive forwarding strategy in named data networking. IFIP/IEEE International Symposium on Integrated Network Management，Ghent，2013.

[18]　Gao W，Cao G. User-centric data dissemination in disruption tolerant networks. IEEE International Conference on Computer Communications，Shanghai，2011.

[19]　Ahmed S H，Bouk S H，Kim D. RUFS：RobUst forwarder selection in vehicular content-centric networks. IEEE Communications Letters，2015，19（9）：1616-1619.

[20]　Razzaq A，Mehaoua A. Layered video transmission using wireless path diversity based on grey relational analysis. IEEE International Conference on Communications，Kyoto，2011.

[21]　Xu C，Liu T，Guan J，et al. CMTQA：Quality-aware adaptive concurrent multipath data transfer in heterogeneous wireless networks. IEEE Transactions on Mobile Computing，2013，12（11）：2193-2205.

[22]　Xu C，Li Z，Zhong L，et al. CMTNC：Improving the concurrent multipath transfer performance using network coding in wireless networks. IEEE Transactions on Vehicular Technology，2016，65（3）：1735-1751.

[23]　Xu C，Li Z，Li J，et al. Cross-layer fairness-driven concurrent multipath video delivery over heterogeneous wireless networks. IEEE Transactions on Circuits and Systems for Video Technology，2015，25（7）：1175-1189.

[24]　Bai F，Sadagopan N，Helmy A. The important framework for analyzing the impact of mobility on performance of routing protocols for ad hoc networks. Ad Hoc Networks，2003，1（4）：383-403.